ABB——工业机器人
操作与编程

主　编　刘耀元
副主编　韦　娜　魏　超　邹小莲
　　　　周　喆　刘自典

北京理工大学出版社
BEIJING INSTITUTE OF TECHNOLOGY PRESS

内 容 简 介

本教材按职业教育新形态一体化教材思路编写，是智能制造专业群内共享课程教材。教材以 ABB 公司的六轴工业机器人 IRB1410 为载体，以工业机器人编程与装调岗位能力为目标，由具有多年教学经验的教师与企业技术员共同编写。全书分 7 个项目，分别按 ABB 工业机器人教学工作站硬件认知、组成、连接关系；示教器认知与使用；工业机器人基本操作方法；工业机器人使用前标准 I/O 板配置及信号配置；工业机器人三个关键数据设置；工业机器人指令、轨迹规划，编程及调试；模拟冲压生产线综合案例分析逻辑递进，既考虑案例典型，又要适合教学，重视工程应用能力培养。

本书可作为工业机器人技术专业重要核心课程教材使用，还可作为智能制造专业群内机电一体化、电气自动化、机械制造与自动化等专业教材使用，还可作为工程技术人员参考教材或培训教材使用。

图书在版编目（CIP）数据

ABB：工业机器人操作与编程 / 刘耀元主编. －－北京：北京理工大学出版社，2021.7
ISBN 978 － 7 － 5763 － 0027 － 7

Ⅰ. ①A… Ⅱ. ①刘… Ⅲ. ①工业机器人 – 操作 – 职业教育 – 教材 ②工业机器人 – 程序设计 – 职业教育 – 教材
Ⅳ. ①TP242.2

中国版本图书馆 CIP 数据核字（2021）第 136355 号

出版发行 / 北京理工大学出版社有限责任公司
社　　址 / 北京市海淀区中关村南大街 5 号
邮　　编 / 100081
电　　话 / （010）68914775（总编室）
　　　　　（010）82562903（教材售后服务热线）
　　　　　（010）68944723（其他图书服务热线）
网　　址 / http://www.bitpress.com.cn
经　　销 / 全国各地新华书店
印　　刷 / 三河市天利华印刷装订有限公司
开　　本 / 787 毫米 × 1092 毫米　1/16
印　　张 / 21
字　　数 / 493 千字
版　　次 / 2021 年 7 月第 1 版　2021 年 7 月第 1 次印刷
定　　价 / 79.00 元

责任编辑 / 张鑫星
文案编辑 / 张鑫星
责任校对 / 周瑞红
责任印制 / 李志强

前　　言

　　本书依据高等职业教育和应用企业对技术技能人才的培养要求，由多年从事工业机器人编程、装调工程师与一线教师共同开发。力求让学生掌握工业机器人操作、编程的关键技术技能，达到综合应用的目的。教材编写过程中打破以往教材编写思路，立足智能制造专业群底层共享课程目标，将理论教学、实践操作和综合设计应用相结合，将教学工作站硬件组成与应用软件相结合，使学生由容易到复杂的项目任务引领下，突出实践操作为特色。通过任务→知识→操作→思考，由浅入深，层层推进，达到课程培养目标。

　　本书有以下特点：

　　（1）培养工业机器人编程装调岗位关键能力。

　　按最新工业机器人编程装调岗位能力要求，以工业机器人操纵、编程等核心能力，同时拓展电气、气路、机械拆装能力的指导思想组织编写，内容上突出基础操作与编程能力培养，基于工作过程为导向。

　　（2）紧密结合教育部立项项目要求，又具通用性。

　　2017 年初教育部发布了与北京华航唯实机器人科技股份有限公司等 3 家企业合作，在职业教育领域共建 15 个开放公共实训基地，100 个应用人才培养中心的项目名单，持续发布了工业机器人技术专业的人才培养方案、模式等标准。本教材开发依据立项项目规定，基础教学工作站设备为载体，突出以 ABB 工业机器人的操纵、编程的操作技能为主线，既符合立项项目要求，又适用其他 ABB 品牌机器人为载体的教学要求。

　　（3）案例典型丰富，由易到难，形成综合应用项目。

　　项目在设置上力求由简易到复杂，循序渐进，通过各项目中每个任务实施，既可通过实践来获取操作技能，又将课程主要知识融合，适应工作中多样性要求，如指令部分并没有全面介绍，而是把项目实施相关指令进行讲解，不求面面俱到，力求掌握方法、思路，提升思维能力、学习能力。

　　（4）项目组织结构合理，培养工程应用能力。

　　各项目按任务描述、相关知识、实施过程"三级指导"，使教、学、做一体化。设置部分延伸阅读以增长知识面，提升设计能力，启发创新意识。全书共由 7 个项目构成，分三个层次，第一层次是 ABB 工业机器人教学工作站硬件认知、组成、连接关系；示教器使用，工业机器人基本操作方法。第二层次是工业机器人使用前标准 I/O 板配置及信号配置等，三个关键数据设置。第三层次是工业机器人指令、编程及综合案例分析。逻辑递进，既考虑案例典型，又要适合教学，重视工程应用能力培养。

本书由刘耀元主编，韦娜、魏超、邹小莲、周喆、刘自典任副主编，江铃汽车股份有限公司周喆工程师，北京华航唯实机器人股份有限公司刘自典、黄作睿在内容审定、技术支持等方面给予大力帮助，李建辉经理为设备资料等提供帮助，一并表示感谢。

本书可作为工业机器人技术专业重要核心课程教材使用，还可作为智能制造专业群内机电一体化、电气自动化、机械制造与自动化等专业教材使用，还可作为工程技术人员参考教材或培训教材使用。

本书还是高职教学改革中新形态一体化教材建设的探索与尝试，限于编者水平，书中难免存在缺点与不足之处，恳请读者批评指正。作者邮箱 598211099@ qq. com。

编　者

目　　录

项目一
ABB 基础教学工作站与
ABB 机器人

本项目主要以实施教育部与华航唯实、ABB、新时达工业机器人领域职业教育合作项目工业机器人应用人才培养中心为载体，对 ABB 工业机器人基础教学工作站组成与功能；ABB 工业机器人本体等硬件及教学工作站上电、断电进行介绍。

思维导图

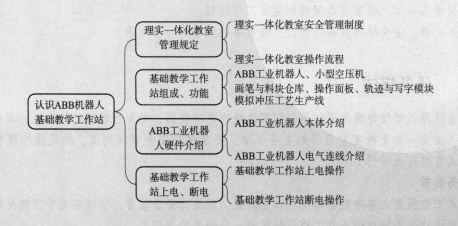

任务 1.1 理实一体化教室管理规定

ABB 工业机器人基础教学工作站是按理实一体化标准建设的实训场所，是学生进行工业机器人操作、编程的工作环境，由于设备带电且工业机器人操纵过程中危险性大，安全责任重于山。

重点知识

熟悉理实一体化教室安全管理制度。
掌握理实一体化教室组成及功能，上电、断电操作流程。

关键能力

读懂理实一体化教室各类管理制度及工作流程。
具备正确、安全操作设备习惯，严谨做事的风格和协作意识。

任务描述

工业机器人编程与操作课程是一门实践操作要求较高、专业性较强的核心能力课程，为确保进入理实一体化教室学习得到安全保障，要求进行安全管理制度、规范操作流程等学习，形成良好职业习惯。

任务要求

进入工业机器人基础教学理实一体化教室必须进行安全教育，明确安全管理制度细则。
明确进行设备操作前准备工作，配电柜、空调等使用规定。

任务环境

ABB 工业机器人基础教学工作站 6 套。
一体化教室管理制度，可开、可关电源控制柜。

相关知识

ABB 工业机器人使用手册中电气标识符号及注意事项。

1. 电气标识符号

工业机器人危险等级图标如表1-1所示。

一体化教学安全教育

表1-1　工业机器人危险等级图标

序号	电气标识符号	名称	含义
1	warning	警告	警告，如果不依照说明操作，就会发生事故，该事故可造成严重伤害（可能致命）或重大的产品损坏
2	danger	危险	警告，如果不依照说明操作，就会发生事故，并导致严重或致命的人员伤害或严重的产品损坏。它适用于诸如接触高压电气装置、爆炸或火灾、有毒气体风险、压轧风险、撞击和从高处跌落等危险所采用的警告
3	Electrical shock	电击	针对可能会导致严重的人员伤害或死亡的电气危险的警告
4	caution	小心	警告，如果不依照说明操作，可能会发生造成伤害或产品损坏的事故。它也适用于包括烧伤、眼睛伤害、皮肤伤害、听觉损害、压轧或打滑、跌倒、撞击和从高处跌落等风险的警告。此外安装和卸除有损坏产品或导致故障风险的设备时，它还适用于包括功能需求的警告
5	Electrostatic Dischange（ESD）	静电放电（ESD）	针对可能会导致严重产品损坏的电气危险的警告
6	note	注意	描述重要的事实和条件
7	tip	提示	描述从何处查找附加信息或如何以更简单的方式进行操作

2. 工业机器人电气安全注意事项

1）紧急停止

紧急停止优先于任何其他机器人的控制操作，它会断开机器人电动机的驱动电源，停止所有运转部件，并切断机器人系统控制且存在潜在危险的功能部件的电源。出现下列情况请立即按下任意紧急停止按钮：

机器人运行中工作区域内有工作人员；

机器人伤害了工作人员或损伤了机器设备。

2）关闭总电源

在进行机器人安装、维护和保养时切记要将总电源关闭。带电作业可能会导致致命后果。如不慎遭高压电击，可能会迅速心跳停止、烧伤或其他严重伤害。

3）灭火

发生火灾时，请确保全体人员安全撤离后再进行灭火。应首先处理受伤人员，当电气设备（例如机器人或控制器）起火时，使用二氧化碳灭火器灭火，切勿使用水或泡沫。

4）工作中的安全

机器人速度慢，但是很重并且力度很大，运动中的停顿或停止都会产生危险，即使可以预测运动轨迹，但外部信号有可能改变操作，会在没有任何警告的情况下，产生预想不到的运动。因此，当进入保护空间时，务必遵循所有的安全条例。

如果在保护空间内有工作人员，请手动操作机器人系统。

当进入保护空间时，请准备好示教器 Flexpendant，以便随时控制机器人。

注意旋转或运动工具，例如旋转台、丝车转台、翻转手爪等，确保在接近机器人之前，这些设备都已停止运动。

注意加热棒和机器人系统的高温表面，机器人的电动机长期运行以后温度很高。

注意手指并确保夹好丝饼，如果手指打开，丝饼会脱落并导致人员伤害，手指非常有力，如果不按照正确的方法操作，也会导致人员伤害。

注意液压、气压系统及带电部件，即使断电，这些电路上残余电量也很危险。

5）示教器的安全

示教器 Flexpendant 是一种高品质的手持式终端，它配备了高灵敏度的一种电子设备。为避免操作不当引起的故障或损害，请在操作时遵循本说明：

小心操作，不要摔打、抛掷或重击 Flexpendant，否则会导致破损故障，在不使用该设备时，将它挂到专门存放它的支架上，以防意外掉地上。

Flexpendant 的使用和存放应避免被人踩踏电缆。

切勿使用锋利物体（例如螺钉、旋具或笔尖）操作触摸屏，这样可能会使触摸屏受损，应用手指或触摸笔（位于带有 USB 端口的 Flexpendant 的背面）操作示教器触摸屏。

没有连接 USB 设备的时候务必盖上 USB 端口保护盖，如果端口暴露到灰尘中，会导致中断或发生故障。

6）手动模式下的安全

在手动减速模式下，机器人只能减速（250 mm/s 或更慢）操作或移动，只要在安全保护空间之内工作，就应始终以手动速度进行操作。

手动模式下，机器人以程序预设速度移动，手动全速模式应用仅用于所有人员都位于安全保护空间之外时，而且操作人员必须经过特殊训练，熟知潜在危险。

7）自动模式下的安全

自动模式用于在生产中运行机器人程序，在自动模式操作情况下，常规模式停止（GS）机制、自动模式停止（AS）机制和上级停止（SS）机制都将处于活动状态。

GS 机制：在任何操作模式下始终有效；

AS 机制：仅在系统处于自动模式时有效；

SS 机制：在任何操作模式下始终有效。

 任务实施

ABB 工业机器人基础教学理实一体化教室操作流程。

1. 学习安全管理制度、操作流程

ABB 工业机器人基础教学工作站制定安全管理制度、操作流程并挂在工作站墙面上，需要认真学习，加强安全教育。

2. 上电操作流程

ABB 工业机器人基础教学工作站设置了多重保护措施，设置了理实一体化教室电源总闸 QF0。

然后再分配至各工位独立控制的空气开关中，控制柜内各工位空气开关接至各工位电源控制柜。

开启电源后，把控制面板上钥匙形开关接通，此时控制面板上相应指示灯亮。

最后打开工业机器人控制柜电源开关，可听到控制柜内风扇转动的声音，此时示教器启动，出现运行画面。

工业机器人系统电源开启操作流程如图 1-1 所示。

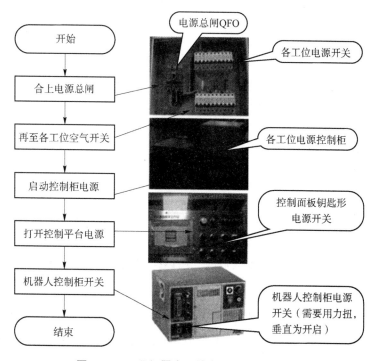

图 1-1　工业机器人系统电源开启操作流程

 延伸阅读

触电与急救

一、电流对人体伤害

触电时通过人体电流的大小是决定人体伤害程度的主要因素之一。按照人体对电流的生理反应强弱和电流对人体的伤害程度，将电流分为三种：

（1）感知电流：是指引起人体感觉但无有害生理反应的最小电流值。男性平均感知电流为 1.1 mA，女性平均感知电流为 0.7 mA。

（2）摆脱电流：是指人触电后能自主摆脱电源的最大电流。男性平均摆脱电流为9 mA，女性平均摆脱电流为 6 mA。

（3）致命电流：是指在较短时间内引起触电者心室颤动而危及生命的最小电流值。一般认为是 50 mA（通电时间在 1 s 以上）。

二、伤害程度与电流大小、路径的关系

1. 通电电流大小与造成伤害

交流电与直流电作用于人体时，产生的伤害并不一样。电流大小对人体的作用特征如表 1－2 所示。

表 1－2　电流大小对人体的作用特征

电流/mA	作用特征	
	50～60 Hz AC	直流电 DC
0.6～1.5	开始感到手指麻刺	没有感觉
2～3	手指强烈麻刺	没有感觉
5～7	手的肌肉痉挛	刺痛，感到灼热
8～10	手已难以摆脱带电体，但终能够摆脱	灼热感增加
20～25	手迅速麻痹，不能摆脱带电体，剧痛，呼吸困难	灼热感更强，产生不强烈的肌肉痉挛
50～80	呼吸麻痹，持续 3 s 或更多时间，心脏麻痹并停止跳动	呼吸麻痹

2. 与途径关系

实践证明从左手至前胸的途径最为危险，所以操作开关时宜单手操作，且用右手操作。

三、触电急救

触电急救

触电事故的发生很多具有偶然性，令人猝不及防，具有多发性、季节性、高死亡率且具有行业特征。万一发生触电事故，急救的要点是抢救迅速、救护得法。

1. 脱离电源

发现有人触电后，首要是尽快使其脱离电源，主要方法有：①拉闸断电；②利器切断电线；③挑开与触电者相接触电线；④拽衣服脱离现场；⑤遇触电者痉挛握住触电电线时垫背或胸，阻断与大地形成回路。

2. 现场救护

若触电者未失去知觉时救护措施：先让触电者在通风暖和的地方静卧休息，密切观察，并请医生前来或送往医院救治。

若触电者已失去知觉时救护措施：用手摸触电者鼻孔看呼吸是否正常，正常时则其平卧，解开衣服以利呼吸；若呼吸困难或心跳失常，则立即施行人工呼吸或胸外心脏按压。

　思考与练习

（1）安全文明生产中，安全帽颜色代表什么？正确佩戴安全帽标准有哪些？

（2）查找理实一体化教室配电箱位置在哪里？明确各空气开关控制区域在哪？

（3）明确理实一体化教室日常管理中有哪些规定？扫旁边二维码阅读教育部对大学实验室管理规定文件。

教育部关于加强高校实验室安全工作的意见

任务 1.2　ABB工业机器人基础教学工作站组成、功能

图 1-2 所示为 ABB 工业机器人基础教学工作站，是工业机器人技术专业学习工业机器人编程操作的硬件平台，请结合现场说明各组成部分的名称与功用。

图 1-2　ABB 工业机器人基础教学工作站

 重点知识

ABB 工业机器人基础教学工作站控制平台模块的按钮、指示灯、PLC、接线模块等；轨迹与写字台、画笔与料块仓组成及功用。

气路系统的组成及元件作用。

 关键能力

正确认知 ABB 工业机器人教学基础工作站组成，明确各组成部分功用。

培养正确、安全操作设备的习惯，严谨的做事风格，团队协作意识。

 任务描述

ABB 工业机器人基础教学工作站是工业机器人技术专业学习工业机器人编程操作的硬件平台，请结合现场说明各组成部分的名称与功用。

任务要求

ABB 工业机器人基础教学工作站控制平台组成与作用。

画笔与料块仓模块、轨迹与写字台组成与作用。

基础教学工作站气路系统及作用。

任务环境

2 人一组的实训平台，可以完成 PPT 教学。

ABB 工业机器人基础教学工作站 6 套。

ABB 机器人教学
工作站现场认知

相关知识

ABB 工业机器人基础教学工作站操作面板如图 1-3 所示，左边区域为机器人 I/O 信号区，中间区域为触摸屏，右边区域为指示灯与按钮区。

图 1-3　ABB 工业机器人基础教学工作站操作面板

1. 操作面板

如图 1-3 所示，ABB 工业机器人基础教学工作站操作面板上有：

1）指示灯与按钮

一个电源指示灯，接通电源时指示灯亮。

一个钥匙开关按钮，控制 ABB 工业机器人基础教学工作站启动和停止。按下启动按钮后，教学操作控制平台即可以工作；按下停止按钮后则停止正在执行当前操作。

一个工作模式的黑色旋钮及三个对应指示灯，分别对应涂胶模式、基础教学模式、流水线模式。模式切换通过模式旋钮实现，也可以直接在显示屏上触摸启动复位等按钮，且每个模式对应触摸屏上的状态指示灯。当需要切换模式时，依次按下停止、急停、复位按钮，必须让各个气缸及其磁性开关恢复到初始状态，否则模式切换后无法启动。

一个紧急停止按钮，当出现紧急情况可以按下紧急停止按钮，工业机器人会立即停止；当气缸运行出现故障，即气缸运行指令发出但气缸不工作时，蜂鸣器会报警提示故障。

生产线模式的启动、停止按钮（带指示灯）。

2）触摸屏

工作站配置西门子品牌触摸屏 siemens simatic HMI。可根据生产任务结合 PLC 控制器设置控制画面，进行无触点式操作。

3）机器人 I/O 区

控制平台左侧区是工业机器人 I/O 状态显示区，分 4 列，即第 1、3 列为开关型输入信号，第 2、3 排为输出信号对应指示灯状态。有 16 个输出指示灯和 16 个输入开关，是可以由用户自定义输入输出信号的预留配置。此区域上方是工业机器人工作电压、工作电流的大小数码管显示。

2. ABB 工业机器人基础教学工作站轨迹与写字台

本工作站能够通过离线编程软件或示教编程完成轨迹、示教编程，离线编程可以通过华航唯实机器人科技股份有限公司开发的 RobotArt 软件或 Robot Studio 软件生成轨迹代码，然后将轨迹代码导入到机器人示教器中，用软笔为工具实现轨迹功能，如图 1－4 所示。若需要完成写字绘图功能可在图中圆形轨迹区域放置白纸并用数个夹子固定，以供工业机器人写字绘图。

3. ABB 工业机器人基础教学工作站画笔与料块仓模块

图 1－5 所示为 ABB 工业机器人基础教学工作站的画笔与料块仓模块，图中当使用同一支笔画图时，笔可放置在最上端模拟涂胶项目；当需要使用不同种颜色画笔时可在画笔库中拾取画笔。料块是通过最上端一个正方形入口后，进入垂直安装的井式巷道，送达料块拾取点，工业机器人取料时需要对拾取点进行精确示教。

井式巷道

画笔存放位置

料块抓取位置点

图 1－4　工业机器人基础教学工作站轨迹与写字台　　　图 1－5　工作站的画笔与料块仓模块

4. ABB 工业机器人本体、控制柜及气源

ABB 工业机器人基础教学工作站采用 IRB1410 及 IRC5C 紧凑型控制柜，如图 1－6所示。

气泵提供基础教学工作站气压，提供压力可调，通常使用压力为 0.4～0.6 MPa。

5. 模拟冲压生产线工艺模块

ABB 工业机器人基础教学工作站配置用于示教编程综合应用的模拟冲压生产线模块如

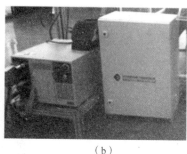

（a）　　　　　　　　　　（b）　　　　　　　　　　（c）

图1-6　工业机器人本体、控制柜、气泵

（a）本体；（b）控制柜；（c）气泵

图1-7所示。模块用来满足工业机器人将物料块送至井式送料口后，垂直下降到底部由推料气缸将物料块推送至传送带上，送到末端后由机器人将物料块搬运至模拟冲压加工单元，完成冲压加工后，工业机器人将物料块夹取到检测单元进行检测后，根据物料块产品是否合格分别放置在码垛盘中。

图1-7　工业机器人基础教学工作站模拟冲压生产线模块

任务实施

1. 工业机器人本体与示教器

（1）ABB工业机器人基础教学工作站中本体的底座由_____个螺栓进行固定，检查是否有松动。

（2）站在工业机器人正前方，伸出右手判定坐标系，如图1-8所示，分别指出工业机器人的 X 轴位置是_____；Y 轴位置是_____；Z 轴位置是_____。

2. 控制柜面板

（1）结合 ABB 工业机器人基础教学工作站中 IRB1410 本体配置的控制柜，在图 1-9 中分别标出示教器接口、动力线接口、信号线接口位置。

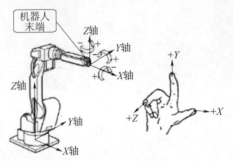

图 1-8 工业机器人坐标系判定方法图

图 1-9 工业机器人控制柜面板接口图

（2）根据现场情况，在断电情况下拆卸示教器连接编码器电缆线。

（3）查看信号电缆线与工业机器人本体的连接。

3. 画笔与料块仓、轨迹与写字台

（1）画笔仓位共可存放_____支画笔，工业机器人夹爪夹取画笔时受力点位置在_____。

（2）将物料块从顶端放入，查看底部料块是否到底部？查看工业机器人夹爪夹取料块时受力点位置在_____，取出的方向_____。

4. 气路组成及连接

（1）如图 1-6（c）所示，气泵及组件提供了基础教学工作站的气源，结合现场用手旋转手动阀，开启位置是_____；关闭位置是_____。

（2）把空压机通电后，把空气压力调节到 0.5 MPa，需要调节_____，调节方法是_____。

（3）图 1-10 所示为模拟冲压加工生产线推料装置气动系统图，回答：

①对照图中二位五通电磁阀在现场设备中找到对应阀；再找到推料气缸。

②对照图中所示气路原理图，在设备中逐一找出。

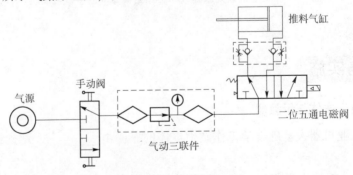

图 1-10 模拟冲压生产线推料装置气动系统图

延伸阅读

气动控制系统

1. 气动阀元件

气动元件是用来传递气压压力、控制气流流量、方向及执行元件顺序等，从而实现预定运动规律。图 1-11 所示为基础教学工作站中使用的二位五通电磁阀，图 1-11（b）可看出有 1、2、3、4、5 个口，称为五通；由断电状态阀芯位置及通电状态阀芯位置分隔出来的阀口状态，称为二位，如图中箭头所示。

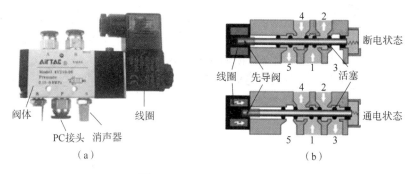

图 1-11　二位五通电磁阀

（a）实物；（b）工作原理

2. 推料气缸

图 1-12 所示推料气缸，活塞杆伸出时将料块推出，完成后活塞杆缩回。安装时要注意进气管与出气管不能接反。

图 1-12　推料气缸

3. 模拟冲压生产线气动系统图

ABB 工业机器人基础教学工作站中夹具、推料气缸使用气动来实现，要求系统提供 0.4 ～ 0.6 MPa 压力。图 1-13 所示为系统使用的部分气动系统，读者可结合现场设备补充完整设备气路系统图。

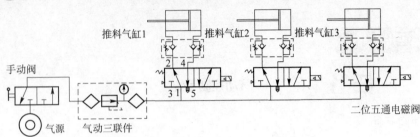

图 1 – 13　系统使用的部分气动系统

 思考与练习

（1）ABB 工业机器人基础教学工作站使用的硬件设备中主要由＿＿＿＿、＿＿＿＿、＿＿＿＿、＿＿＿＿等几大部分及一些辅助设备组成。

（2）查看工作站内设备地面线槽结构，工业机器人与控制柜间有＿＿＿＿根线相连。

（3）图 1 – 13 中气动三联件是指＿＿＿＿、＿＿＿＿、＿＿＿＿三部分，在设备现场指出对应器件。

任务 1.3　ABB工业机器人IRB1410

图 1-14 所示为 ABB 工业机器人 IRB1410 本体及控制柜，它是一款 6 轴多用途工业机器人，具有可靠性强、精度高、外形紧凑、功率大、工作范围广、通用性好等优点。在上下料、弧焊、包装等行业有广泛应用。

　　　　　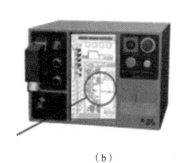

（a）　　　　　　　　　　　　　　　（b）

图 1-14　ABB 工业机器人 IRB1410 本体及控制柜
（a）IRB1410 机器人本体；（b）IRC5C 型控制柜

 重点知识

ABB 工业机器人本体、控制柜、示教器等组成部分及功用。
ABB 工业机器人 IRB1410 主要参数。
工业机器人基础教学工作站控制柜、示教器、本体及电气连接。

 关键能力

根据现场指出工业机器人的各轴位置；说明示教器作用；说明控制柜及各按钮作用。
可根据现场 ABB 工业机器人型号网络或 ABB 官方网站（www.abb.com.cn）查询规格参数。

 任务描述

ABB 工业机器人基础教学工站配置工业机器人 IRB1410，要求在现场找到工业机器人本体及各轴位置、控制柜、示教器及连接电缆，并查看各组成部分间连接电缆。

根据现场配置的 IRB1410 型工业机器人网络查询或 ABB 官方网站（www. abb. com. cn）查询此工业机器人基本规格参数、运动范围及速度，并记录。

任务要求

基础教学工站配置的工业机器人 IRB1410 的机械系统、控制系统和驱动系统分别由哪些部分组成？

ABB 工业机器人示教器主要部件。

ABB 工业机器人电气连接关系。

任务环境

ABB 工业机器人基础教学工作站 6 套，配备常用工具箱。

2 人一组的实训平台，可以完成 PPT 教学。

工业机器人硬件组成及连接

 **相关知识**

1. ABB 工业机器人 IRB1410 组成

IRB1410 是一款 6 轴多用途工业机器人，有效荷重 5 kg，工作范围可达 1 444 mm，可选落地安装、倒置安装或任意角度挂壁安装方式。IRB1410 分标准型、铸造专家型、洁净室型、可冲洗型 4 种机型，所有机械臂均全面达到 P67 防护等级，易于同各类工艺相集成与融合。IRB1410 设计紧凑、牢靠，采用集成式线缆包，进一步提高了整体柔性。可选配碰撞检测功能（实现全路径回退），使可靠性和安全性更有保障。

1）工业机器人 IRB1410 本体

ABB 工业机器人 IRB1410 为 6 轴机器人，各轴均由伺服电动机、减速器、连接线束等组成，如图 1 – 15 所示。图 1 – 15（b）是将图 1 – 15（a）中垂直安装的 1 轴电动机端盖拆除后内部结构，工业机器人本体中主要是减速电动机、连接线束、安装螺栓等。

（a）

拆除电动机端

（b）

图 1 – 15　ABB 工业机器人本体及第 1 轴电机

（a）IRB1410 机器人本体；（b）第 1 轴拆除电动机端盖内部结构

2）工业机器人 IRB1410 工作空间

ABB 工业机器人基础教学工作站所使用机器人 IRB1410 的工作空间如图 1 – 16 所示，图中线条所示为工业机器人所能到达的空间。

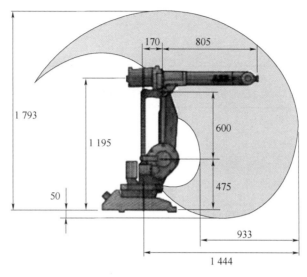

图 1 – 16　工业机器人 IRB1410 的工作空间

3）工业机器人 IRB1410 参数

工业机器人 IRB1410 的性能参数如表 1 – 3 所示。工业机器人 IRB1410 各轴运动范围及最大速度如表 1 – 4 所示。

表 1 – 3　工业机器人 IRB1410 的性能参数

	机器人	承重能力：5 kg	第 5 轴到达距离：1 444 mm	
规格	附加载荷			
	第 3 轴	18 kg	第 1 轴	19 kg
	轴数			
	机器人本体	6 轴	外部设备	6 轴
	集成信号源	上臂 12 路信号	集成气源	上臂最高 8 bar①
性能	重复定位精度	0.05 mm（ISO 试验平均值）	运动	IRB1410
	TCP 最大速度	2.1 m/s	连续旋转轴	6
电气连接	电源电压	三相四线 380 V（15%，−10%），50 Hz		
	额定功率	变压器额定值：4 kV·A/7.8 kV·A，带外轴		
物理特性	机器人安装	落地式	机器人底座尺寸	620 mm × 450 mm
	机器人质量	225 kg		

① 巴，1 bar = 100 kPa。

续表

环境	环境温度	5~45 ℃	相对湿度	最高95%
	防护等级	电气设备为 IP54，机械设备需要干燥环境	噪声水平	最高 70 db（A）
	辐射	EMC/EMI 屏蔽	洁净室	100 级，美国联邦标准 209e

表1-4　工业机器人 IRB1410 各轴运动范围及最大速度

序号	轴名称	运动范围	最大速度
1	1 轴	回转：170°~ -170°	120°/s
2	2 轴	立臂：70°~ -70°	120°/s
3	3 轴	横臂：70°~ -65°	120°/s
4	4 轴	腕：150°~ -150°	280°/s
5	5 轴	腕摆：115°~ -115°	280°/s
6	6 轴	腕传：300°~ -300°	280°/s

图1-17　工业机器人 IRB1410 示教器

2. 工业机器人 IRB1410 示教器

如图 1-17 所示，示教器主要由连接电缆、触摸屏、面板按键、急停按钮、使能按钮及操纵杆等组成。示教器是机器人重要外部设备，是操作者与工业机器人进行"对话"交流的手持输出设备，既可完成手动操控机器人，又可进行示教编程、调试、修改参数等功能，具有举足轻重的地位。界面详细介绍与使用将在下一节介绍。

3. 工业机器人 IRB1410 控制柜

控制柜如图 1-14（b）所示，是工业机器人的重要组成部分，用于安装各种控制单元，进行数据处理及存储和执行程序，是机器人大脑、司令部。操作面板上各按钮功能将在下一节介绍。

 任务实施

1. ABB 工业机器人本体

结合图 1-15（a）工业机器人本体及现场工业机器人 IRB1410 说明 1~6 轴的位置及相应的运动。

第 1 轴实现_____运动，运动范围是_____；最大速度是_____。

第 2 轴实现_____运动，运动范围是_____；最大速度是_____。

第3轴实现_____运动，运动范围是_____；最大速度是_____。

第4轴实现_____运动，运动范围是_____；最大速度是_____。

第5轴实现_____运动，运动范围是_____；最大速度是_____。

第6轴实现_____运动，运动范围是_____；最大速度是_____。

2. 工业机器人 IRB1410 电气连接

工业机器人 IRB1410 电气连接如图 1 – 18 所示。工业机器人的示教器与工业机器人控制柜是连接在一起使用的，一般示教器的另一端是用航空插头与控制柜插接在一起。一般可从外观颜色分辨出来，如 ABB 工业机器人示教器连接线是橘红色的电缆。

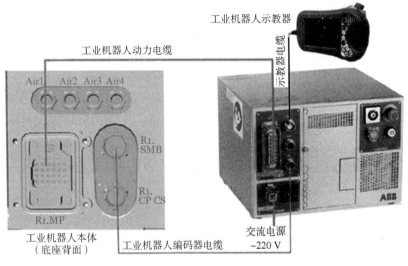

图 1 – 18　工业机器人 IRB1410 电气连接

工业机器人内部的移动关节是由伺服电动机来驱动，需要通过动力电缆把机器人控制柜与工业机器人本体连接起来，以实现内部伺服驱动器提供的功率信号送到各关节轴伺服电动机上。

 延伸阅读

ABB 工业机器人操作安全注意事项

1. 操作安全知识

1）工作中的安全

虽然工业机器人速度慢，但是很重并且力度很大，因此有一定的危险性。即使可以预测它的运动轨迹，但外部信号有可能改变操作，会在没有任务警告的情况下，产生预想不到的运动。因此，当进入工业机器人的保护空间（工业机器人的活动空间）时，要务必遵循以下安全条例：

（1）如果在保护空间内有工作人员，请手动操作工业机器人系统。

（2）当进入保护空间时，请准备好示教器，以便随时控制工业机器人。

（3）注意旋转或运动的工具，如切削工具和锯，确保在接近工业机器人之前，这些工具已经停止运动。

（4）注意工件和工业机器人系统的高温表面（工业机器人电动机长期运转后温度会很高）。

（5）注意检查夹具是否已经夹好工件，如果夹具打开，工件会脱落并可能导致人员伤害或设备损坏。此外，夹具非常有力，如果不按照正确方法操作，也可能会导致人员伤害。

（6）注意液压、气压系统及带电部件，即使断电，这些电路上的残余电量也很危险。

2）示教器安全

示教器是进行工业机器人手动操纵、程序编写、参数配置及监控用的手持装置，也是操作人员最常打交道的控制装置。为避免操作不当引起其故障或损害，请在操作时遵循以下条例：

（1）小心操作，不要摔打、抛掷或重击示教器，这样会导致其破损或故障。在不使用该设备时，应将它挂到专门的存放支架上，以防意外掉落在地面上。

（2）在使用和存放示教器时应避免踩踏电缆。

（3）切勿使用锋利的物体（如螺钉、刀具或笔尖等）操作示教器的触摸屏，这样可能会使触摸屏受损。操作人员应用手指或触摸笔去操作示教器触摸屏。

（4）定期清洁示教器的触摸屏，因为灰尘和小颗粒可能会挡住屏幕，甚至造成故障。

（5）切勿使用溶剂、洗涤剂或擦洗海绵清洁示教器，应使用软布蘸少量水或中性清洁剂清洁。

（6）示教器在没有连接 USB 设备时，须盖上 USB 端口的保护盖，避免端口暴露到灰土中发生故障。

2. 紧急情况处理措施

1）紧急停止

紧急停止优先于任何其他的控制操作，它会断开工业机器人电动机的驱动电源，停止所有运转部件，并切断由工业机器人系统控制且存在潜在危险的功能部件的电源。出现下列情况时请立即按下任意紧急停止按钮。

工业机器人运行时，工作区域内有工作人员；

工业机器人伤害了工作人员或损伤了机器设备。

2）灭火

当电气设备（如工业机器人或控制柜）起火时，应使用二氧化碳灭火器灭火，切勿使用水或泡沫灭火器灭火。

 思考与练习

（1）ABB 工业机器人 IRB1410 是 _____ 轴，有效荷重 _____，工作范围长达 _____，可选安装方式有 _____。

（2）ABB 工业机器人中各轴一般均由 _____、_____ 和 _____ 组成。

（3）现场设备中机器人本体与控制柜间有 _____ 根线相连，从颜色上区分 _____、_____。

（4）将图 1-18 与现场设备对比，并说出哪根是编码器数据线？查询市场价位约多少元？

任务 1.4　ABB工业机器人启动与停止

ABB 工业机器人基础教学工作站在控制工作台模块启动电源钥匙开关合上后，提供电源至工业机器人系统，为启动工业机器人电源做好准备。

重点知识

ABB 工业机器人 IRB1410 控制柜操作面板各按钮作用。
ABB 工业机器人 IRB1410 开机、关机操作步骤。

关键能力

识别工业机器人控制柜按钮符号含义、功能。
结合理实一体化教室空气开关供电柜、基础教学工作站控制工作台、工业机器人控制柜掌握开机、关机步骤。

任务描述

ABB 工业机器人基础教学工作站即将开展操作实训，要求派出一名学员依次开启理实一体化教室电气控制柜电源、基础教学工作站电源、工业机器人控制柜电源，以打开示教器进行操作。

操作过程已完成各项任务，要求学员按规定顺序进行关闭电源，确保理实一体化教学用电安全。

任务要求

通过操作控制按钮启动工业机器人系统，使示教器显示开机界面。
通过示教器界面和控制柜按钮关闭工业机器人系统。

任务环境

2 人一组的实训平台，可以完成 PPT 教学。
ABB 工业机器人基础教学工作站 6 套。

 相关知识

1. ABB 工业机器人 IRB1410

1）工业机器人 IRB1410 控制柜

如图 1-19 所示，ABB 工业机器人 IRB1410 控制柜，IRC5C 是工业机器人重要组成部分，

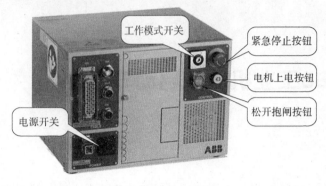

图1-19 工业机器人控制柜

用于安装各类控制单元，进行数据处理、存储和执行程序，是工业机器人的大脑。

2）控制面板四个开关功能

电源开关：逆时针旋转此开关OFF→ON，将工业机器人系统启动；顺时针旋转此开关 ON→OFF将工业机器人系统关闭。

工作模式开关：顺时针转向"🖐"侧为手动模式；逆时针转向"🔄"侧为自动模式。

紧急停止按钮：当按下此按钮后会断开工业机器人电动机的驱动电源，停止所有运转部件，并切断由工业机器人系统控制且存在潜在危险的功能部件电源。此按钮的控制操作优先于工业机器人任何其他的控制操作，一般遇到危险紧急情况下使用。

松开抱闸按钮：解除电动机抱死状态，工业机器人姿态可以随意改变。提示此按钮不可轻易按下，否则容易造成碰撞。

电机上电按钮：按下此按钮，工业机器人电动机上电，处于开启状态。

任务实施

工业机器人
上电、断电步骤

2. 基础教学工作站上电操作

ABB工业机器人基础教学工作站上电操作步骤如表1-5所示。

表1-5 ABB工业机器人基础教学工作站上电操作步骤

序号	操作步骤	图示操作步骤
1	将理实一体化教室配电柜空气开关打到"ON"	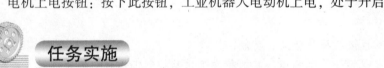

序号	操作步骤	图示操作步骤
2	将 ABB 工业机器人基础教学工作站控制工作台钥匙开关打到"ON"	
3	将工业机器人控制柜电源开关逆时针旋转由 OFF→ON	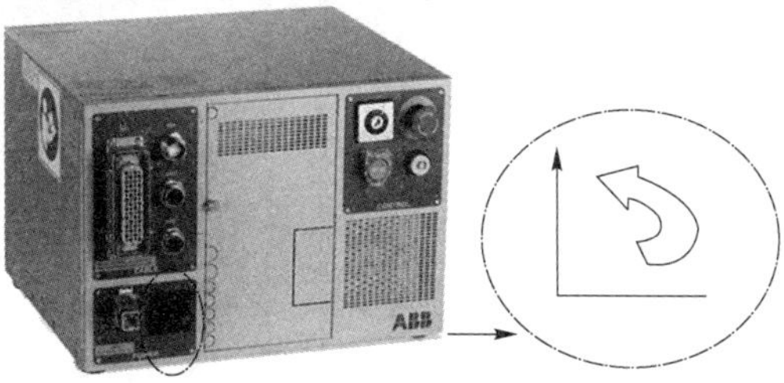
4	工业机器人开始启动，可听见控制柜内风扇声音，稍等，观察示教器出现图示界面即开机成功	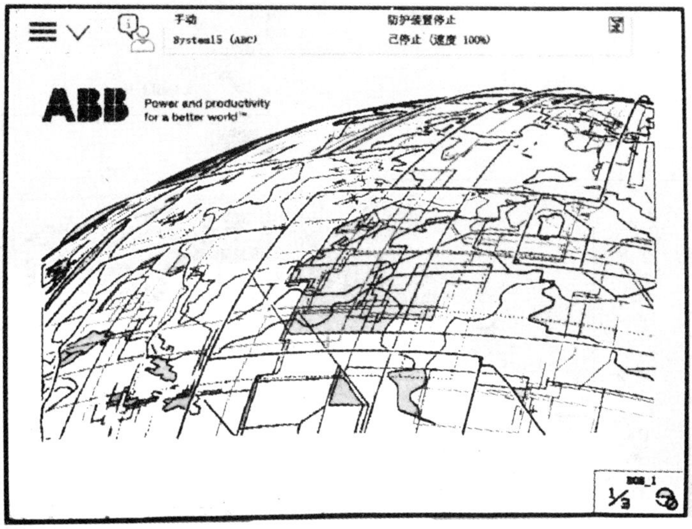

3. 基础教学工作站断电操作

ABB 工业机器人基础教学工作站断电操作步骤如表 1–6 所示。

表 1－6　ABB 工业机器人基础教学工作站断电操作步骤

序号	操作步骤	图示操作步骤
1	工业机器人执行器末端如装有快换工具，则在关机前要先取下来	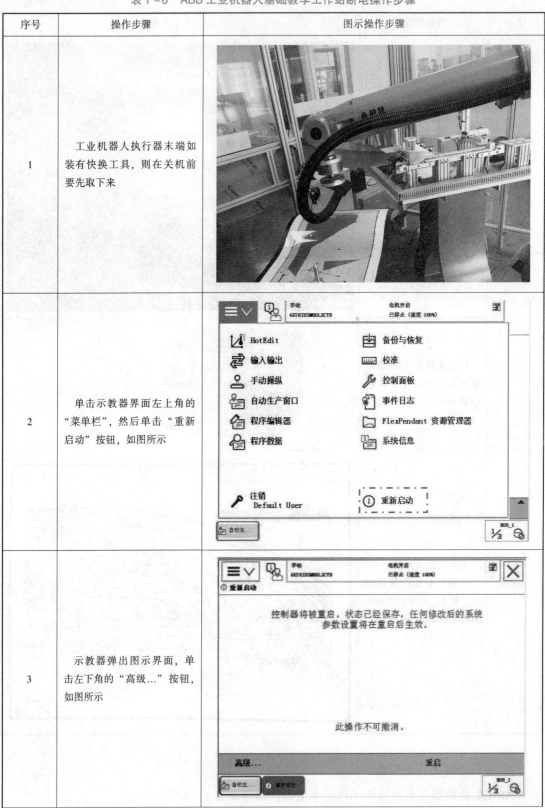
2	单击示教器界面左上角的"菜单栏"，然后单击"重新启动"按钮，如图所示	
3	示教器弹出图示界面，单击左下角的"高级…"按钮，如图所示	

序号	操作步骤	图示操作步骤
4	在弹出的"高级重启"界面中，选择"关闭主计算机"选项，然后再单击"下一个"按钮，如图所示	
5	在弹出提示界面，单击"关闭主计算机"按钮，如图所示	
6	等待示教器屏幕变成白色时，将控制柜电源开关顺时针旋转由 ON→OFF，完成对工业机器人关机	

续表

序号	操作步骤	图示操作步骤
7	理实一体化教室配电柜空气开关打到"OFF"，确保安全用电。(说明：控制柜旁电源柜先关，再关各工作站电源开关，最后关电源总闸)	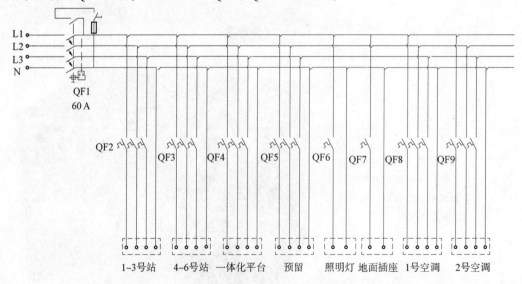

 延伸阅读

ABB 工业机器人基础教学工作站电源线路

结合《电工技术》课程，ABB 工业机器人基础教学工作站中各工位电源线路如图 1－20 所示，理实一体化教室接入外面送入的三相四线制电源端 L1L2L3N 中，经过带漏电保持功能的总开关 QF1，分别配置 1～3 号教学工作站用 QF2 控制，4～6 号教学工作站用 QF3 控制，一体化平台区域用 QF4 控制，预留一路 QF5，照明采用单相制用 QF6 控制，地面插座采用单相制用 QF7 控制，空调分别用 QF8、QF9 进行控制。

图 1－20　ABB 工业机器人基础教学工作站各工位电源线路

读者可结合你所有的实训场所，查看电源电路，分析共有多少路，并绘出电源电路图纸。

 思考与练习

（1）查看电源电压是单相还是三相？结合维修电工知识进行检测验证。提示使用万用表测量。

（2）百度等方式查阅若关机时直接关断总闸的害处有哪些？

（3）查看设备上是否使用直流电？如何区分正负极？

项目二
认识与操作 ABB 工业
机器人示教器

　　示教器又叫示教编程器，是机器人控制系统的核心部件，是一个用来注册和存储机械运动或处理记忆的设备，该设备是由电子系统或计算机系统执行的。得益于机器人在工业生产中的广泛应用，示教器是机器人控制系统中操作较频繁的部件，容易摔落、重压等造成故障，从而影响机器人的正常工作。机器人示教器就是让机器人按照控制器操纵的路径行走，简单说就是控制机器人运动的方向盘。

思维导图

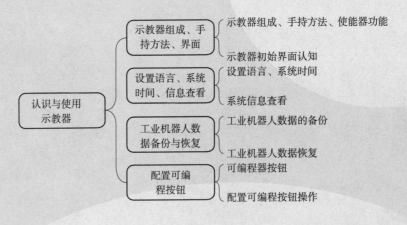

任务 2.1　ABB工业机器人示教器使用

ABB 工业机器人的大部分操作都是通过示教器来完成的，如点动工业机器人，编写、调试和运行机器人程序，设定、查看工业机器人状态信息和位置等，示教器是大家最常打交道的控制装置。

重点知识

ABB 工业机器人示教器组成中各类按钮的名称、功能。
ABB 工业机器人示教器初始界面认知。

关键能力

ABB 工业机器人示教器进行语言设置、系统时间设置操作方法。
掌握正确查找常用信息与事件日志的操作方法。

任务描述

ABB 工业机器人基础教学工作站配备机器人 IRB1410，结合现场进行正确手持示教器，正确使用使能器按钮，利用示教器操作界面各选项的功用。

任务要求
正确手持 ABB 工业机器人示教器，正确使用 ABB 工业机器人使能器按钮、其他按钮。
了解 ABB 工业机器人操作界面各选项功用，完成界面中文设置、系统时间设置。

任务环境
2 人一组的实训平台，可以完成 PPT 教学。
ABB 工业机器人基础教学工作站 6 套。

ABB 示教器结构与使用

1. ABB 工业机器人示教器介绍

1）ABB 工业机器人示教器结构
ABB 工业机器人示教器 FlexPendant 设备由硬件和软件组成，其本身就是一台完整的计算机。FlexPendant 是 IRC5C 的一个组成部分，通过集成电缆与控制器连接。

FlexPendant 可在恶劣的工业环境下持续手动运行，其触摸屏易于清洁，且防水、防油、防溅锡。

图 2-1 所示为 ABB 工业机器人示教器结构及按键功能。

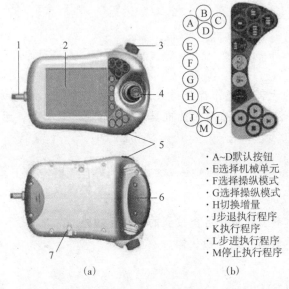

· A~D默认按钮
· E选择机械单元
· F选择操纵模式
· G选择操纵模式
· H切换增量
· J步退执行程序
· K执行程序
· L步进执行程序
· M停止执行程序

(a)   (b)

图 2-1　ABB 工业机器人示教器结构及按钮功能

(a) 结构；(b) 按键功能

1—连接器；2—触摸屏；3—紧急停止按钮；4—操纵杆；5—USB 口；6—使动器；7—重置按钮

2）正确手持示教器

操作示教器时，对于习惯用右手的人来说，通常将示教器放在左手上，然后用右手操作或右手手持触摸笔在触摸屏上操作，如图 2-2 所示。

图 2-2　工业机器人示教器正确手持法

此款示教器是按人机工程学设计的，同时也适合习惯用左手的人操作，只要将显示器旋转180°，使用右手持设备即可。

3）正确使用使能器按钮

使能器按钮是为保证操作人员的人身安全而设计的，只有在按下使能器按钮，并保持"电机开启"的状态，才可对工业机器人进行手动操作、编程、调试等功能。

当发生危险时，人会本能地将使能器按钮松开或按紧，工业机器人则会立即停下来，从而保证操作人员或设备安全。

工业机器人示教器使能器正确使用，如图2-3所示。

图2-3　工业机器人示教器使能器正确使用

2. ABB 工业机器人示教器操作界面功能

工业机器人开机后的示教器默认界面如图2-4所示，此时为英文界面，需要按规定步骤更换显示中文语言后，单击左上角标出的主菜单按钮，示教器界面切换为主菜单操作界面，如图2-5所示。

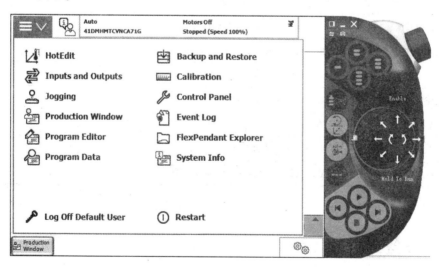

图2-4　工业机器人开机后的示教器默认界面

ABB 工业机器人示教器的操作界面包含了工业机器人参数设置、编程及系统相关设置等功能，比较常用的选项包括输入输出、手动操纵、程序编辑器、程序数据、校准和控制面板等。示教器操作界面选项说明如表2-1所示。

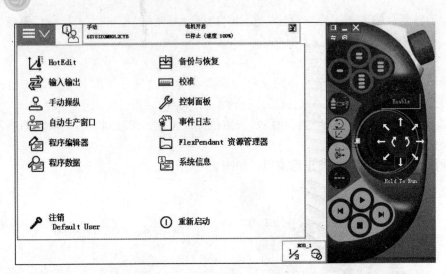

图 2-5　主菜单操作界面（中文）

表 2-1　示教器操作界面选项说明

选项名称	说明
HotEdit	程序模块下轨迹点位置的补偿设置窗口
输入输出	设置及查看 I/O 视图窗口
手动操纵	动作模式设置、坐标系选择、操纵杆锁定及载荷属性的更改窗口
自动生产窗口	在自动模式下，可直接调试程序并运行
程序编辑器	建立程序模块及例行程序的窗口
程序数据	选择编程时所需程序数据窗口
备份与恢复	可备份和恢复系统
校准	进行转数计数器和电机校准的窗口
控制面板	进行示教器的相关设定
事件日志	查看系统出现的各种提示信息
FlexPendant 资源管理器	查看当前系统的系统文件
系统信息	查看控制器及当前系统的相关信息

 任务实施

1. 示教器语言设置

由于示教器出厂时默认的显示语言为英语，将示教器的显示语言设定为中文，既方便又能满足日常操作的需求。通过使用触摸笔，在示教器上完成示教器操作界面显示语言设置，其操作步骤如表 2-2 所示。

表2-2　示教器语言设置步骤

序号	操作步骤	图示操作步骤
1	控制工作台选在基础模式后，工业机器人控制柜选手动模式，单击示教器主界面左上角"主菜单"按钮	
2	在"主菜单"界面单击"Control Panel"选项，如右图所示	Manual 6U78IZOMH0L2CYB　Guard Stop Stopped (Speed 100%) HotEdit　Backup and Restore Inputs and Outputs　Calibration Jogging　Control Panel Production Window　Event Log Program Editor　FlexPendant Explorer Program Data　System Info Log Off Default User　Restart ROB_1 1/3
3	在"Control Panel"界面找到"Language"，单击"Language"选项	Manual 6U78IZOMH0L2CYB　Guard Stop Stopped (Speed 100%) Control Panel Name　Comment　1 to 10 of 10 Appearance　Customizes the display Supervision　Motion Supervision and Execution Settings FlexPendant　Configures the FlexPendant system I/O　Configures Most Common I/O signals Language　Sets current language ProgKeys　Configures programmable keys Controller Settings　Sets Network, DateTime and ID Diagnostics　System Diagnostics Configuration　Configures system parameters Touch Screen　Calibrates the touch screen Control Panel　ROB_1 1/3

续表

序号	操作步骤	图示操作步骤
4	示教器界面弹出各国家语言选项，选中"Chinese"，单击右下角"OK"按钮	
5	弹出右图所示提示框，单击"Yes"按钮，系统重新启动	
6	系统重新启动后，再单击示教器左上角"主菜单"按钮，系统菜单已切换成中文界面	

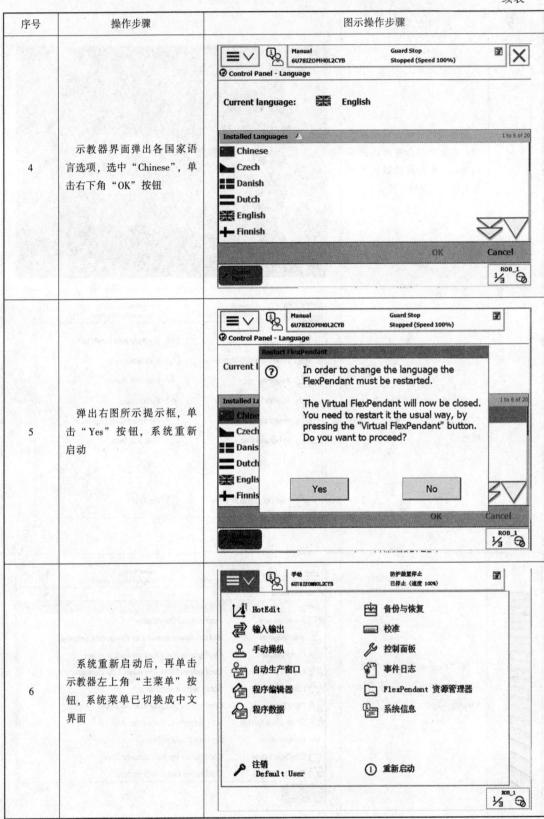

2. 示教器设置工业机器人系统时间

在进行各种操作之前先将工业机器人的系统时间设定为本地时区的时间，方便进行文件的管理和故障查阅。使用示教器设置工业机器人系统时间的详细操作步骤如表2-3所示。

表2-3　示教器系统时间设置步骤

序号	操作步骤	图示操作步骤
1	控制工作台选在基础模式后，工业机器人控制柜选手动模式，单击示教器主界面左上角"主菜单"按钮，如右图所示	
2	在"主菜单"界面单击"控制面板"选项，进入"控制面板"界面，如右图所示	
3	在"控制面板"界面单击"日期和时间"选项	

续表

序号	操作步骤	图示操作步骤
4	示教器界面进入"控制面板－日期和时间"界面进行设置，完成后单击"确定"按钮，如右图所示	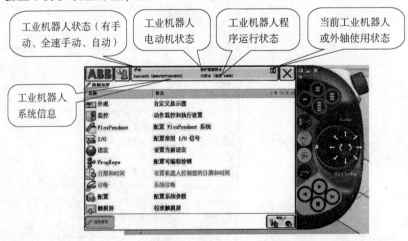

3. 查看 ABB 工业机器人常用信息与事件日志

1）ABB 工业机器人常用信息查看

如图 2-6 所示，ABB 工业机器人示教器操作界面上状态栏显示工作状态信息，通过查看这些信息就可以了解到当前工业机器人所处的状态及存在的一些问题。常用信息主要有 5 类，分别是：

（1）工业机器人状态，有手动、全速手动和自动三种状态；

（2）工业机器人系统信息；

（3）工业机器人电动机状态，如果使能器按钮第一挡按下会显示电动机开启，松开或第二挡按下会显示防护装置停止；

图 2-6　ABB 工业机器人示教器状态栏

（4）工业机器人程序运行状态，显示程序的运行或停止；

（5）当前工业机器人或外轴使用状态。

4. ABB 工业机器人事件日志查看

单击示教器显示画面上的状态栏可查看 ABB 工业机器人的事件日志，如图 2 – 7 所示，事件日志是系统记录功能保存的事件信息，有便于故障的排除。

图 2 – 7　查看"事件日志"

思考与练习

（1）工业机器人使能器按钮共有_____挡，_____将会使电动机断电处理。

（2）工业机器人示教器主界面中状态栏的主要信息有_____、_____、_____、_____和_____等。

（3）工业机器人的状态有_____、_____和_____。

任务 2.2　备份与恢复工业机器人数据

本任务掌握工业机器人数据存储相关知识。

 重点知识

理解工业机器人数据备份与存储意义与方法。
掌握程序模块、系统参数配置文件的导入与导出方法。

 关键能力

可正确操作工业机器人数据"备份"与"恢复"。
可熟练操作程序模块的存盘与导出仿真软件等操作。

 任务描述

为防止操作人员误删除工业机器人系统文件，一般在进行工业机器人系统操作前会进行"备份"。当出现需要重置工业机器人系统时就使用"恢复"功能重新安装。

任务要求

将现在的工业机器人系统"备份"至 U 盘；再进行恢复操作。
将示教器编写的程序导出至 U 盘，并在计算机仿真软件打开。

任务环境

2 人一组的实训平台，可以完成示教器仿真操作。
ABB 工业机器人基础教学工作站 6 套。

系统备份与恢复步骤

 相关知识

1. 工业机器人数据备份与恢复

1）数据备份

数据备份是指为防止系统出现操作失误或系统故障导致数据丢失，而将全部或部分数据集合从应用主机的硬盘复制到其他存储介质的过程。一般在对工业机器人进行操作前备份工业机器人系统，可以有效地避免操作人员对工业机器人系统文件误删所引起的故障。ABB 工业机器人数据备份的对象是所有正在系统内运行的 RAPID 程序和系统参数。

系统备份文件具有唯一性，不能将工业机器人 A 的备份恢复到工业机器人 B 中，否则会造成系统故障。但操作人员可以将程序模块和系统参数配置（EIO. cfg）文件单独导入不同的工业机器人中，此方法多在批量生产时使用。

2）数据恢复

当工业机器人系统遇到无法重新启动或重新安装新系统时，可以通过恢复工业机器人系统的备份文件解决。

2. 导入或导出 RAPID 程序模块

工业机器人编程方式可以用示教器进行点位示教编程，也可以在虚拟仿真软件上（如 RobotStudio 等）使用 RAPID 语言进行编程。在仿真软件上编写好规划轨迹对应程序后，进行虚拟仿真测试后，便可利用 U 盘等导入工业机器人示教器中进行简单调试后使用。

当然也可以从工业机器人将编写好的程序导出到 U 盘等存储设备中。

 任务实施

1. 数据备份操作

工业机器人系统备份操作步骤如表 2 - 4 所示。

表 2 - 4   工业机器人系统备份操作步骤

序号	操作步骤	图示操作步骤
1	在"主菜单"界面单击"备份与恢复"选项，如右图所示	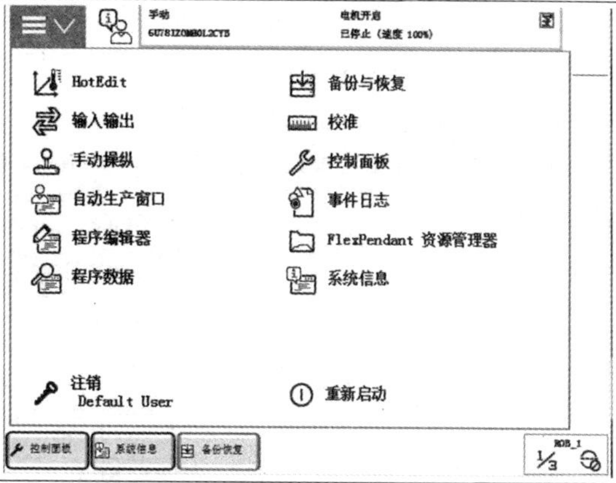 手动 6U78IZOMBOL2CYS 电机开启 已停止（速度 100%） HotEdit 备份与恢复 输入输出 校准 手动操纵 控制面板 自动生产窗口 事件日志 程序编辑器 FlexPendant 资源管理器 程序数据 系统信息 注销 Default User 重新启动 控制面板 系统信息 备份恢复 1/3
2	在界面单击"备份当前系统…"选项后，进入如右图所示界面，命名备份文件夹名称或直接单击"确定"按钮	 手动 6U78IZOMBOL2CYS 防护装置停止 已停止（速度 100%） 由 备份当前系统 所有模块和系统参数均将存储于备份文件夹中。 选择其它文件夹或接受默认文件夹。然后按一下"备份"。 备份文件夹： ABB1410-System1_Backup_20200321_1 ABC... 备份路径： D:/ABB Robot/studio/ABB1410system/BACKUP/ ... 备份将被创建在： D:/ABB Robot/studio/ABB1410system/BACKUP/ABB1410-System1_Backup_20200321_1/ 高级... 备份 取消 备份当前系统 1/3

续表

序号	操作步骤	图示操作步骤
3	在弹出的选择备份位置界面上单击"ABC …"按钮，进行存放备份数据目录名称的设定，单击"确定"按钮完成文件名称设置	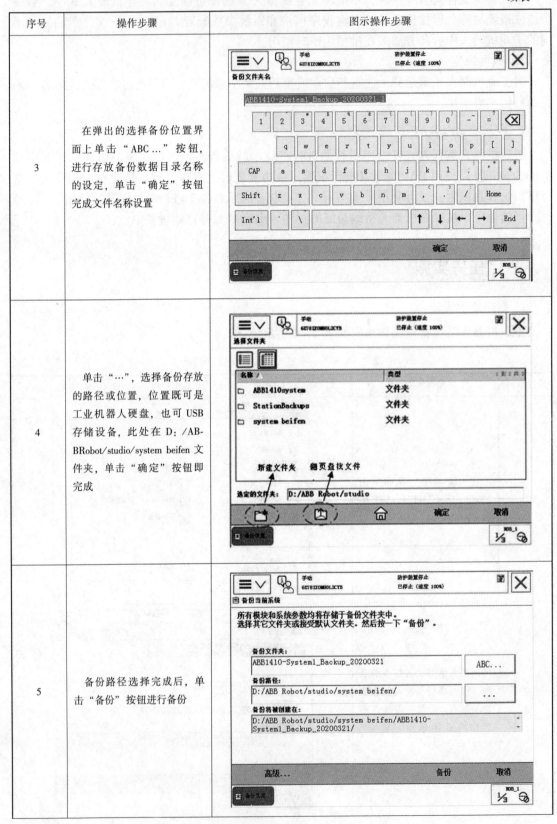
4	单击"…"，选择备份存放的路径或位置，位置既可是工业机器人硬盘，也可USB存储设备，此处在D：/AB-BRobot/studio/system beifen文件夹，单击"确定"按钮即完成	
5	备份路径选择完成后，单击"备份"按钮进行备份	

续表

序号	操作步骤	图示操作步骤
6	如右图所示，出现"创建备份。请等待！"界面，等待文件备份完成，界面消失后，即完成工业机器人系统备份操作	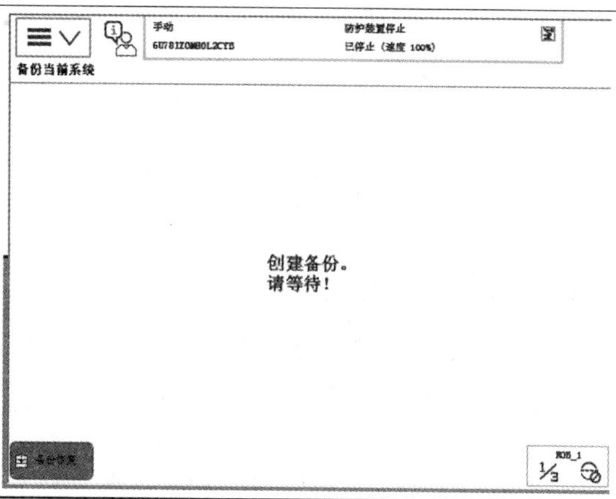 创建备份。请等待！

2. 恢复数据操作

工业机器人系统恢复数据操作步骤如表2-5所示。

表2-5　工业机器人系统恢复数据操作步骤

序号	操作步骤	图示操作步骤
1	在"主菜单"界面单击"备份与恢复"选项，如右图所示	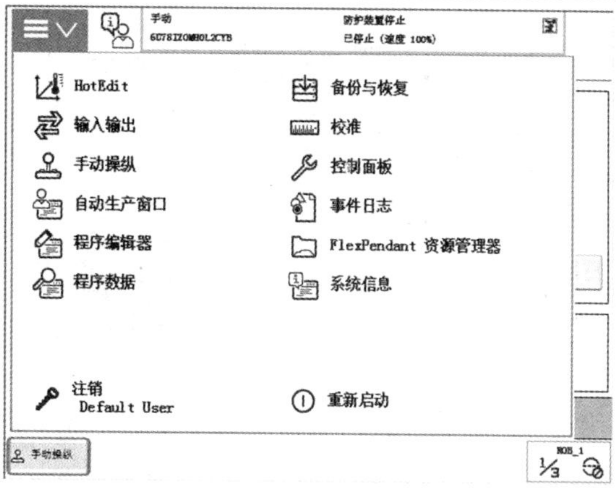 HotEdit　备份与恢复　输入输出　校准　手动操纵　控制面板　自动生产窗口　事件日志　程序编辑器　FlexPendant 资源管理器　程序数据　系统信息　注销 Default User　重新启动
2	进入界面后，单击"恢复当前系统…"选项，弹出如右图所示界面	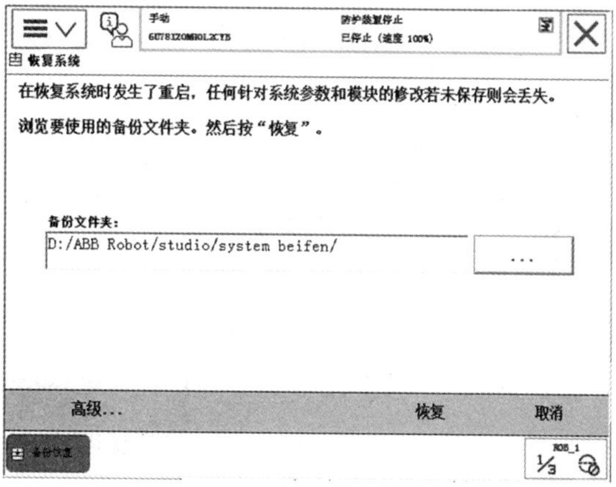 恢复系统。在恢复系统时发生了重启，任何针对系统参数和模块的修改若未保存则会丢失。浏览要使用的备份文件夹。然后按"恢复"。备份文件夹：D:/ABB Robot/studio/system beifen/　高级…　恢复　取消

41

续表

序号	操作步骤	图示操作步骤
3	在弹出的界面上单击"…"按钮，选择备份存放的目录（在文件夹中查找到以前备份的文件夹点选，此处点选前面备份文件夹"system beifen"中"ABB1410_ System_ Back-up_ 20200321"），单击"确定"按钮。之后再单击"恢复"按钮完成系统恢复	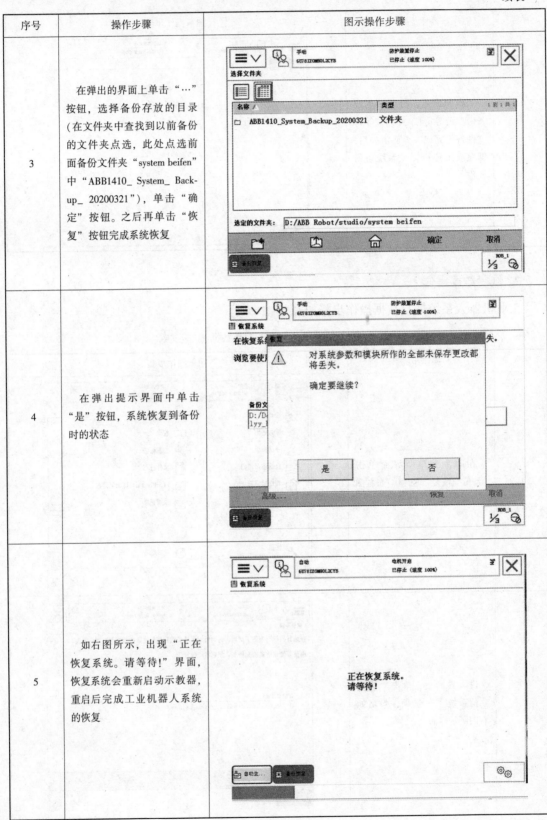
4	在弹出提示界面中单击"是"按钮，系统恢复到备份时的状态	
5	如右图所示，出现"正在恢复系统。请等待!"界面，恢复系统会重新启动示教器，重启后完成工业机器人系统的恢复	

3. 单独导入程序模块

导入程序模块主要是用于离线编程或文字编程生成的代码，用U盘导入到工业机器人中，主要的操作步骤如表2-6所示。

表2-6　示教器导入程序模块的操作步骤

序号	操作步骤	图示操作步骤
1	单击示教器主界面左上角"主菜单"按钮；选择"程序编辑器"按钮，如右图所示	
2	打开程序编辑器后，若示教器中没有程序，会弹出如右图所示的提示界面	
3	单击"取消"，界面会显示出系统模块	

续表

序号	操作步骤	图示操作步骤
4	插入 U 盘，然后单击下方的"文件"，选择"加载模块…"选项	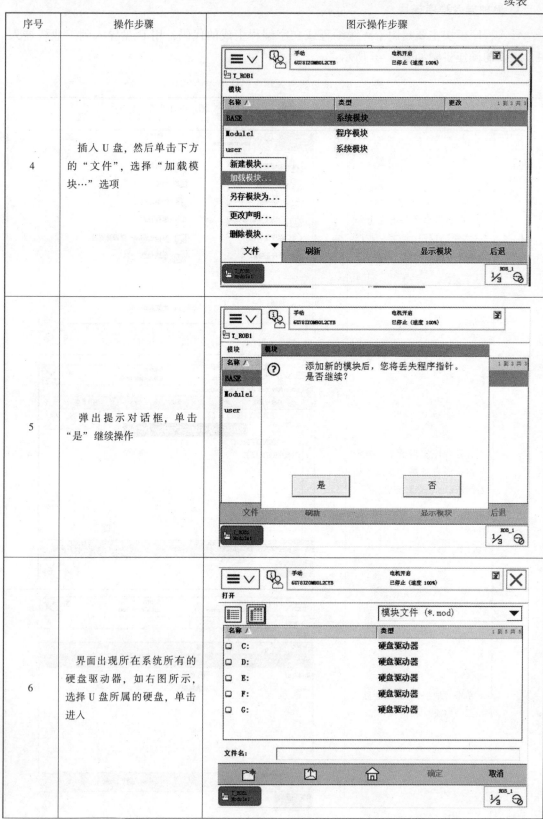
5	弹出提示对话框，单击"是"继续操作	
6	界面出现所在系统所有的硬盘驱动器，如右图所示，选择 U 盘所属的硬盘，单击进入	

续表

序号	操作步骤	图示操作步骤
7	在U盘中找到需要导入的程序文件,然后选中,单击"确定"按钮	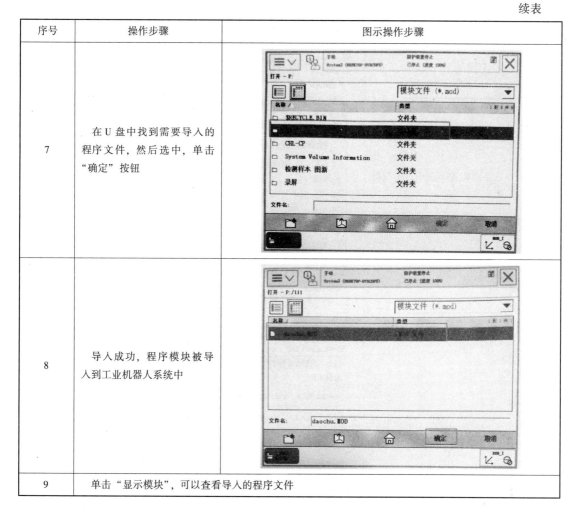
8	导入成功,程序模块被导入到工业机器人系统中	
9	单击"显示模块",可以查看导入的程序文件	

4. 单独导入系统参数配置文件

单独导入系统参数配置文件的操作步骤如表2-7所示。

表2-7 导入系统参数配置文件的操作步骤

序号	操作步骤	图示操作步骤
1	单击示教器主界面左上角"主菜单";选择"控制面板"按钮,如右图所示	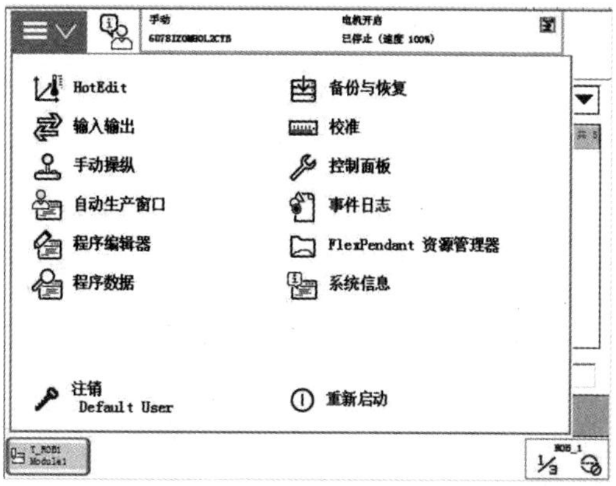

序号	操作步骤	图示操作步骤
2	进入"控制面板"选项，选择"配置"选项，如右图所示	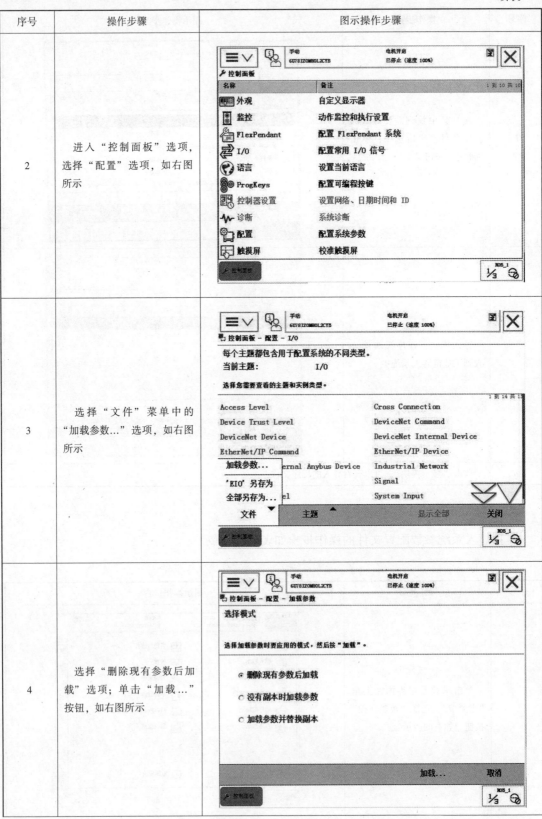
3	选择"文件"菜单中的"加载参数..."选项，如右图所示	
4	选择"删除现有参数后加载"选项；单击"加载..."按钮，如右图所示	

续表

序号	操作步骤	图示操作步骤
5	选择需要加载的系统参数配置文件"EIO.cfg";单击"确定"按钮,如右图所示	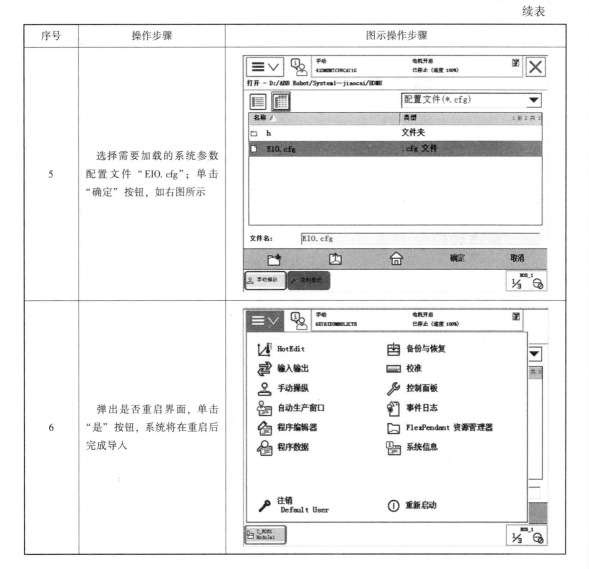
6	弹出是否重启界面,单击"是"按钮,系统将在重启后完成导入	

思考与练习

（1）工业机器人数据备份有_____性,允许_____,但不能_____。

（2）工业机器人在_____需要进行数据恢复,操作步骤有_____。

（3）单独导入系统配置文件"EIO.cfg"主要步骤有_____。

任务 2.3　配置示教器可编程按键

本任务掌握示教器可编程按键配置作用、方法。

重点知识

示教器有 4 个可编程按键作用。

理解 5 种按键功能模式的含义，即"切换""设为 1""设为 0""按下/松开""脉冲"。

关键能力

达到能正确配置可编程按键的数字量信号功能，如配置夹具信号；

具备正确、安全操作设备习惯，严谨做事的风格和协作意识。

任务描述

ABB 工业机器人示教器中可编程按键 1~4 可由操作人员配置某些特定功能，以达到简化编程和测试目的。

任务要求

将可编程按键 1 配置成数字输出信号 do9，实现对机器人夹爪吸合、松开动作控制。

类似将可编程按键 2、3、4 号选一个配置为 do9，实现对夹爪控制。

任务环境

2 人一组的实训平台，可以完成示教器仿真操作。

ABB 工业机器人基础教学工作站 6 套。

图 2-8　示教器可编程按键

相关知识

示教器可编程按键如图 2-8 所示，给可编程按键分配控制的 I/O 信号，以方便对 I/O 信号进行强制与仿真操作，以简化编程和测试，大大提高调试效率。

将数字输入信号与系统控制信号关联起来，就可以对系统进行控制（例如电动机开启、程序启动等）。

系统的状态信号也可以与数字输出信号关联起来，将系统输出给外围设备，以作控制之用。以下任务实施中是在已完成信号 jiazhua（do9）配置基础上完成可编程按键配置。

 任务实施

下面为可编程按键1配置一个数字输出信号 jiazhua（do9），具体操作步骤如表2-8所示。

表2-8 设置示教器的可编程按钮步骤

序号	操作步骤	图示操作步骤
1	单击示教器主界面左上角"主菜单"；选择"控制面板"选项，如右图所示	
2	进入"控制面板"界面，选择"ProgKeys"选项	

序号	操作步骤	图示操作步骤
3	进入配置可编程按键的界面，可以选择对按键 1～4 进行配置，这里单击"按键 1"选项卡；在"类型"下拉列表框中包括"无""输入""输出""系统"选项，我们需要配置 jiazhua（do9）输出信号，单击"输出"选项。 　　提示：前面要配置输出信号 jiazhua（do9）	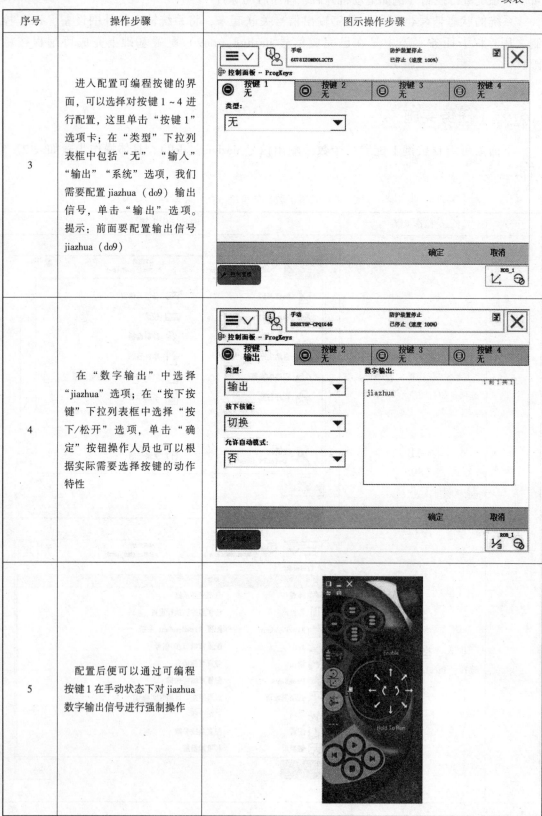
4	在"数字输出"中选择"jiazhua"选项；在"按下按键"下拉列表框中选择"按下/松开"选项，单击"确定"按钮操作人员也可以根据实际需要选择按键的动作特性	
5	配置后便可以通过可编程按键 1 在手动状态下对 jiazhua 数字输出信号进行强制操作	

类似也可以将数字输出信号 jiazhua 配置为可编程按键 2、3、4 中某一个进行控制,详细操作过程可依照表 2 - 8 进行。

 延伸阅读

工业机器人四大家族

在世界知名的工业机器人制造公司中瑞士的 ABB、德国的库卡、日本的发那科和安川电机被人们称为工业机器人四大家族。这四家公司是全球主要的工业机器人供货商,占据全球约 50% 的市场份额,占据国内工业机器人约 70% 的市场份额,在制造领域依然是瑞士、德国、日本等海外企业势头强劲。图 2 - 9 所示为工业机器人四大家族的品牌商标。

(a)　　　　　　　　　(b)　　　　　　　　　(c)　　　　　　　　(d)

图 2 - 9　工业机器人四大家族的品牌商标
(a) ABB;(b) 库卡;(c) 发那科;(d) 安川电机

ABB 是机器人技术的开拓者和领导者,1974 年发明了第一台全电力驱动工业机器人 IRB6,拥有种类和数量最多,是全球装机数量最大供应商。公司核心技术是运动控制系统,于 2009 年 5 月上海 ABB 工程有限公司在上海落成全新生产基地。

库卡机器人是 1898 年成立的,主要经营工业机器人和自动控制系统。1973 年研发了第一台电机驱动 6 轴工业机器人,并命名为 FAMULUS,主要客户为汽车大厂。

发那科机器人于 1956 年成立,公司一直在数控系统硬件研发有强劲实力,1974 年首台工业机器人问世。1987 年 FANUC 公司又成功研制出数控系统 15,被称之为划时代的人工智能型数控系统,它应用了 MMC(Man Machine Control)、CNC、PMC 的新概念。

安川电机(日本株式会社安川电机)是 1915 年成立,主要生产伺服和运动控制器,于 1977 年开发出首台全电气式产业为用机器人,1999 年 4 月,安川电机(中国)有限公司在上海注册成立。

四家工业机器人制造商最终成为全球领先的综合型工业自动化公司,都是掌握了工业机器人本体及其核心零部件的技术,并致力于投入研究,实现一体化发展目标,才有今日全球工业机器人四大家族美誉。

 思考与练习

(1) 用示教器进行可编程按键设置过程中,五种按键功能模式分别是哪些?

(2) 可编程按键配置中若将输入信号 di 与系统控制信号关联,可实现什么功能?而系统状态与 do 信号关联后,又实现什么功能?

(3) 世界工业机器人领域四大家族分别有什么?

项目三
手动操纵 ABB 工业机器人

　　工业机器人操作人员是通过示教器，对工业机器人下达各类指令来完成各类简单、复杂的运动，都是从各种最基本的、简单的操作组合起来。本项目包含手动操作工业机器人单轴运动、线性运动和重定位运动三种运动和转数计数器更新。

思维导图

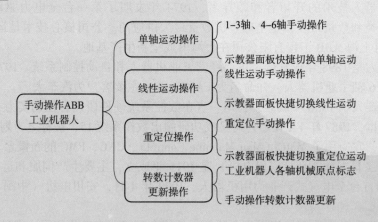

任务 3.1 手动操纵——单轴运动

ABB 公司 IB1410 是一款 6 轴多用途工业机器人，6 个关节轴分别由 6 台驱动电动机驱动，每次手动操作一个关节轴的运动就称之为单轴运动。

重点知识

结合工业机器人本体可快速确定 1-6 轴位置及相对应的运动。
掌握单轴运动应用场合。

关键能力

可利用示教器功能按钮及操纵杆实现对工业机器人 1-6 轴运动控制。
熟悉使用增量模式来控制工业机器人运行速度。
具备正确、安全操作设备习惯，严谨做事的风格和协作意识。

任务描述

工业机器人应用于生产线装调中要调整限位开关安装准确位置，利用单轴操纵方法来移动工业机器人。

任务要求

利用 ABB 工业机器人基础教学工作站进行单轴运动练习。
通过增量模式进行单轴运动操作。

任务环境

2 人一组的实训平台，可以完成示教器仿真操作。
ABB 工业机器人基础教学工作站 6 套。

单独操作 1-6 轴

 相关知识

图 3-1 所示为 6 轴工业机器人中 1-6 轴对应的关节示意图，在示教器右下角可以切换 1-3 轴/4-6 轴/线性，当切换在 1-3 轴时，左手持示教器：
操纵杆向右边推时 1 轴向逆时针转，操纵杆向左边推时 1 轴向顺时针方向转。

操纵杆向后推时 2 轴向后方运动，操纵杆向前拉时 2 轴向前方（操纵者方）运动。

操纵杆顺时针转动时 3 轴俯卧运动，操纵杆逆时针转动时 3 轴仰卧运动。

当切换至 4－6 轴时，各轴运动在任务实施中体验操纵杆移动与轴运动关系。

单轴运动在一些特殊场合使用会更为方便、快捷，比如在进行转数计数器更新的时候可以使用单轴运动来调整各轴到机械原点位置；又如工业机器人出现机械限位和软件限位保护功能时，可以利用单轴运动的手动操作来调整工业机器人的合适位置。

同时单轴运动在进行精确的定位和比较大幅度的移动时，相比其他的手动操作模式会方便、快捷很多。

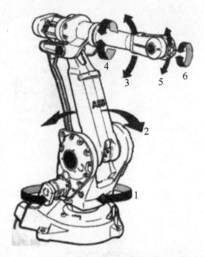

图 3－1　工业机器人六个关节轴

任务实施

1. 单轴运动操纵步骤

ABB 工业机器人单轴运动的操作步骤如表 3－1 所示。

表 3－1　ABB 工业机器人单轴运动的操作步骤

序号	操作步骤	图示操作步骤
1	将工业机器人控制柜面板中机器人状态钥匙切换到右侧的手动状态	
2	在状态栏中确认工业机器人状态已切换为手动，即已处于手动状态	

序号	操作步骤	图示操作步骤
3	单击示教器"主菜单",选择"手动操纵"按钮,如右图所示	
4	在手动操纵的属性界面上,单击"动作模式"按钮,如右图所示	
5	动作模式有4种,选中"轴1-3"选项,然后单击"确定"按钮,就可以对工业机器人轴1-3进行操作;选中"轴4-6"选项,然后单击"确定"按钮,就可以对工业机器人轴4-6进行操作	
6	用手按下使能器按钮,并在状态栏中确认已正确进入"电机开启"状态;手动操作工业机器人操纵杆,完成单轴运动,图中右下角显示的是轴1-3操纵杆方向,箭头方向代表正方向	

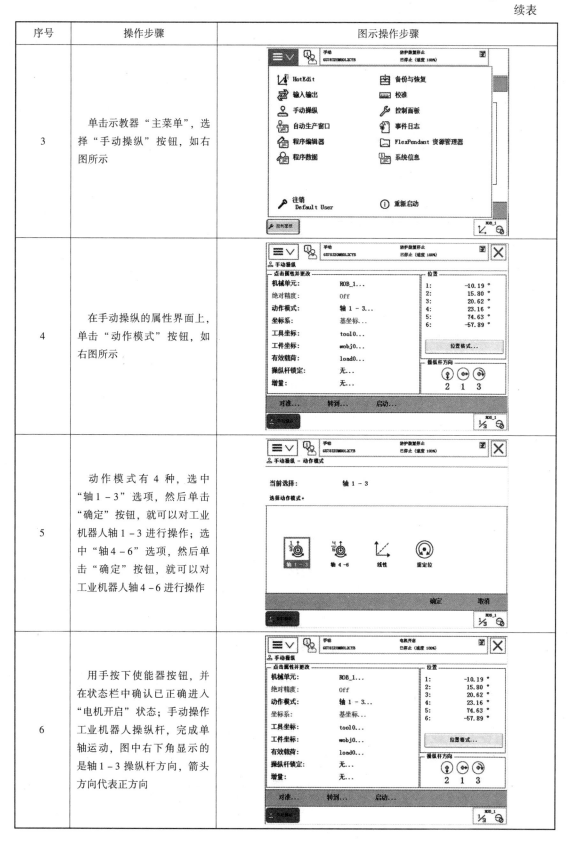

2. 增量模式单轴运动操纵步骤

当使用操纵杆通过位移幅度来控制工业机器人运动的速度不熟练的时候，可以使用"增量"模式来控制工业机器人的运动。在增量模式下操纵杆每移动一次，工业机器人就移动一步。如果操纵杆持续 1 s 或数秒的话，工业机器人就会持续移动。

在熟悉使用单轴运动基础上，采用增量模式操作单轴运动，此时移动距离和角度如表 3-2 所示，详细步骤如表 3-3 所示。

表 3-2　增量模式下移动距离和角度大小

序号	增量	移动距离/mm	角度/（°）
1	小	0.05	0.005
2	中	1	0.02
3	大	5	0.2
4	用户	自定义	自定义

表 3-3　增量模式下单轴运动详细步骤

序号	操作步骤	图示操作步骤
1	进入如右所图所示的主菜单界面后，单击界面右下角的"" 手动运行快捷设置菜单按钮	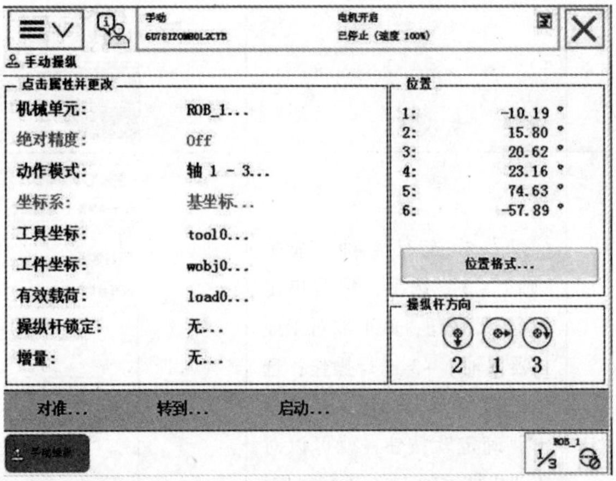
2	弹出如右图所示界面，单击右上角第 2 个 ""增量按钮	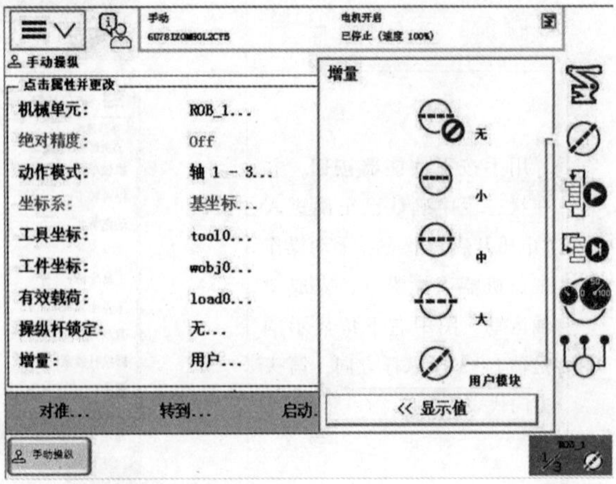

序号	操作步骤	图示操作步骤
3	系统打开"增量"菜单如右图所示，选择"显示值"按钮	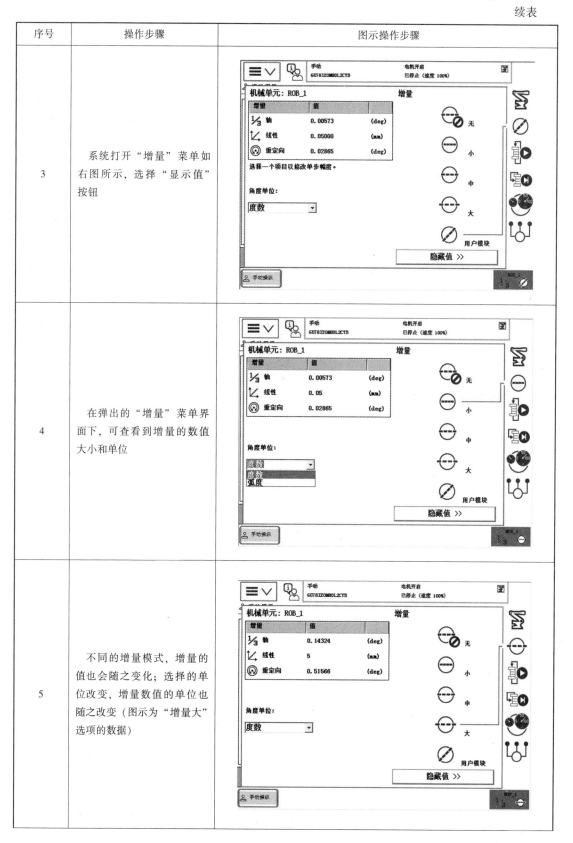
4	在弹出的"增量"菜单界面下，可查看到增量的数值大小和单位	
5	不同的增量模式，增量的值也会随之变化；选择的单位改变，增量数值的单位也随之改变（图示为"增量大"选项的数据）	

续表

序号	操作步骤	图示操作步骤
6	在工业机器人操作中，可选择不同的增量大小来设置工作机器人的步进速度，增量越大，工业机器人运动越快，反之则运动越慢（图示为"增量小"选项数据）	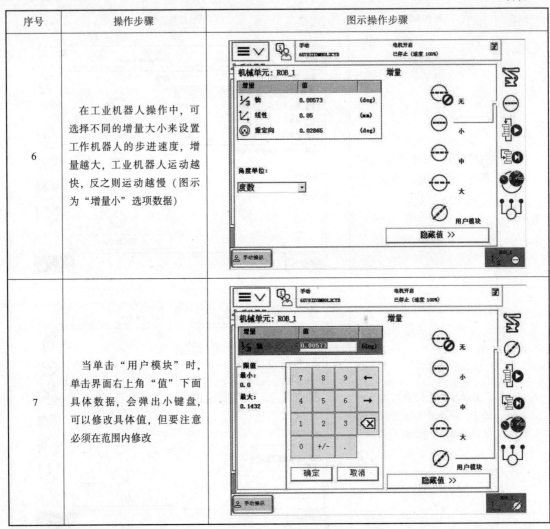
7	当单击"用户模块"时，单击界面右上角"值"下面具体数据，会弹出小键盘，可以修改具体值，但要注意必须在范围内修改	

思考与练习

（1）ABB 工业机器人 IRB1410 本体有_____轴，每个轴均有_____驱动，各轴可以独立运动。

（2）通过示教器操控机器人各轴运动时，在示教器中如何切换 1 - 3 轴运动、4 - 6 轴运动？

（3）增量模式下有"大""中""小""无"供选择，各选项间有何差别？

任务 3.2　手动操纵——线性运动

线性运动用于控制工业机器人第 6 轴法兰盘在对应的坐标系空间中进行直线运动，便于操作者定位。ABB 工业机器人在线性运动模式下可以参考坐标系有"大地坐标系""工具坐标系""基坐标系""工件坐标系" 4 种，各坐标系知识将在项目五做详细介绍。

 重点知识

理解线性运动概念、特点及应用。
掌握手动操作线性运动的操作步骤。

 关键能力

在默认 tool0 情况下进行手动操纵工业机器人线性运动。
设置操纵杆在不同速率下手动操纵工业机器人线性运动。

 任务描述

工业机器人线性运动是多个轴配合工具中心（在 X、Y、Z 空间）一起直线运动的操作，可应用在工业机器人调试过程中精确定位及移动。本次任务要求操纵杆在不同速率下进行手动操纵工业机器线性运动。

任务要求

在默认的工具坐标系 tool0 情况下，手动操纵工业机器人在 100% 速率下线性运动。
通过设置操纵杆速率为 50% 情况下，手动操纵工业机器人线性运动。

任务环境

2 人一组的实训平台，可以完成示教器仿真操作。
ABB 工业机器人基础教学工作站 6 套。

线性操纵机器人

 相关知识

工业机器人的线性运动指安装在工业机器人第 6 轴法兰盘上工具的 TCP 在空间中做线性运动。线性运动是工具的 TCP 在空间 X、Y、Z 的线性运动，移动的幅度较小，适合较为

精确的定位和移动。

在默认情况下，坐标系选择基坐标系作为 TCP 移动方向的基准，在机器人末端没有工具（没有新建工具坐标系）的情况下，工具坐标默认为机器人出厂默认的工具坐标 tool0。

 任务实施

线性操作示范

1. 线性运动操纵步骤

手动操纵机器人在线性状态下运动的操作步骤如表 3-4 所示。

表 3-4 手动操纵机器人在线性状态下运动的操作步骤

序号	操作步骤	图示操作步骤
1	进入如右图所示的"主菜单"界面后，单击"手动操纵"按钮，如右图所示	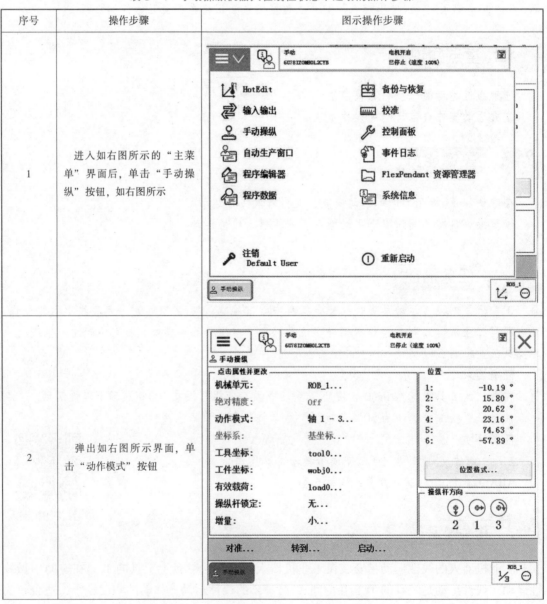
2	弹出如右图所示界面，单击"动作模式"按钮	

序号	操作步骤	图示操作步骤
3	在弹出的动作模式中选择"线性"选项，再单击"确定"按钮	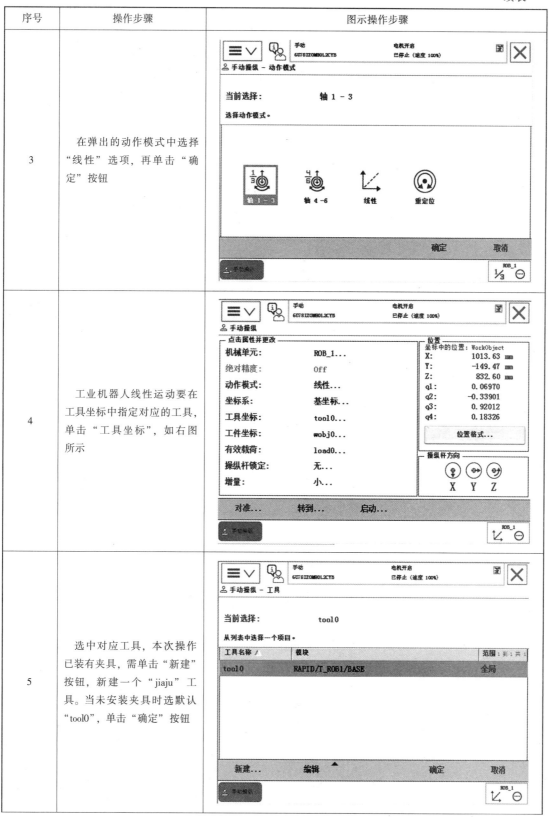
4	工业机器人线性运动要在工具坐标中指定对应的工具，单击"工具坐标"，如右图所示	
5	选中对应工具，本次操作已装有夹具，需单击"新建"按钮，新建一个"jiaju"工具。当未安装夹具时选默认"tool0"，单击"确定"按钮	

续表

序号	操作步骤	图示操作步骤
6	在弹出的界面中，单击名称行"…"按钮	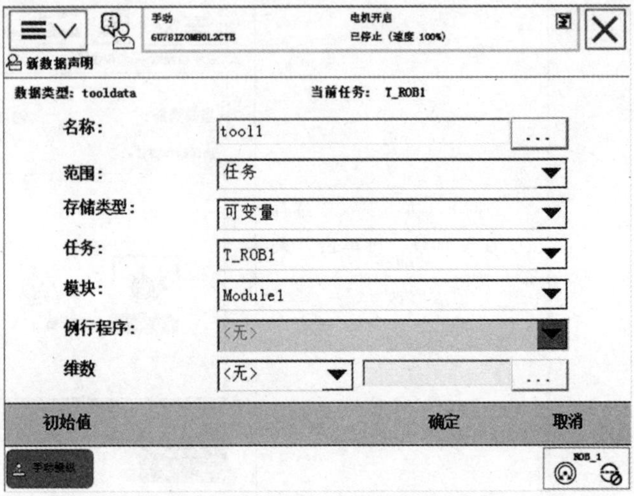 **新数据声明** 数据类型: tooldata　　当前任务: T_ROB1 名称: tool1　… 范围: 任务 存储类型: 可变量 任务: T_ROB1 模块: Module1 例行程序: 〈无〉 维数 〈无〉 初始值　　确定　取消
7	将弹出默认"tool1"修改为"jiaju"，单击"确定"按钮	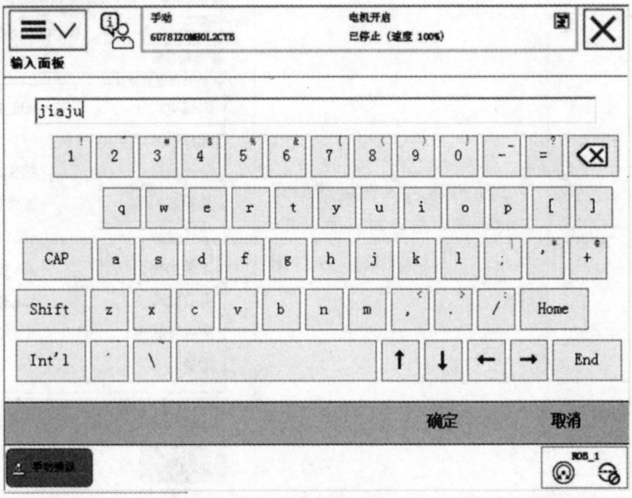 **输入面板** jiaju （键盘） 确定　取消
8	在弹出的界面中，单击左下角"初始值"按钮	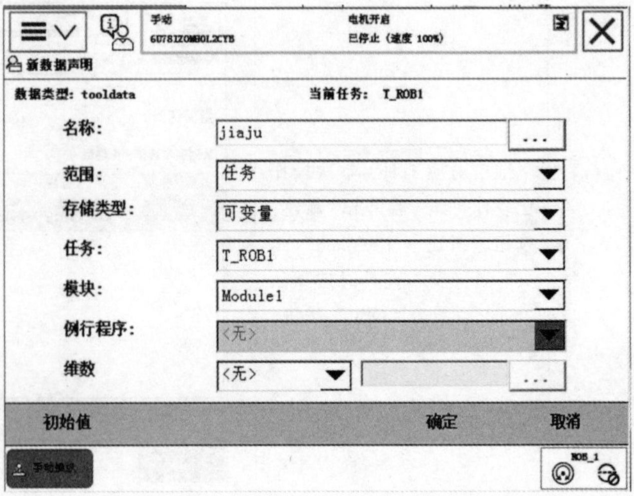 **新数据声明** 数据类型: tooldata　　当前任务: T_ROB1 名称: jiaju　… 范围: 任务 存储类型: 可变量 任务: T_ROB1 模块: Module1 例行程序: 〈无〉 维数 〈无〉 初始值　　确定　取消

序号	操作步骤	图示操作步骤
9	因 ABB 基础教学工作站中配备机器人末端气爪装入后其 TCP 应用按长度延 Z 轴移出 50 mm，故应在"trans"的 Z 坐标值，修改为 50，如右图所示	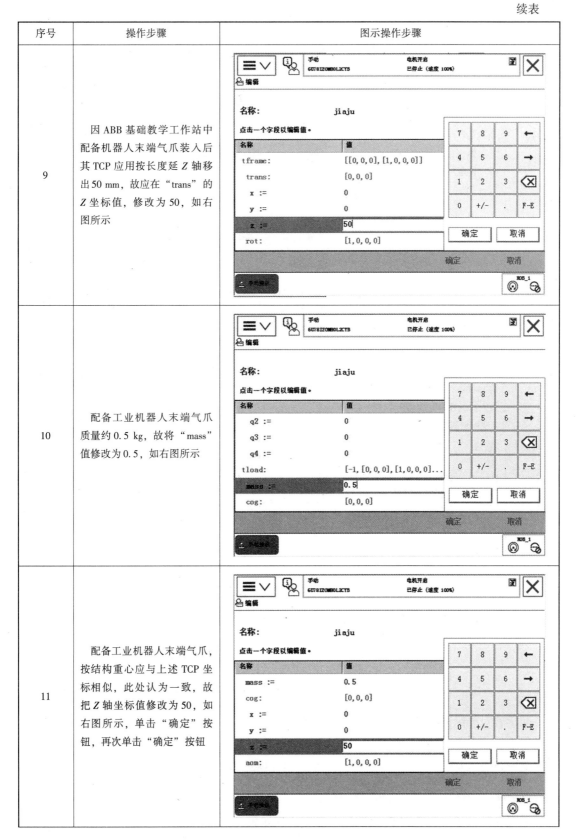
10	配备工业机器人末端气爪质量约 0.5 kg，故将"mass"值修改为 0.5，如右图所示	
11	配备工业机器人末端气爪，按结构重心应与上述 TCP 坐标相似，此处认为一致，故把 Z 轴坐标值修改为 50，如右图所示，单击"确定"按钮，再次单击"确定"按钮	

续表

序号	操作步骤	图示操作步骤
12	在弹出的界面中，再次单击"确定"按钮	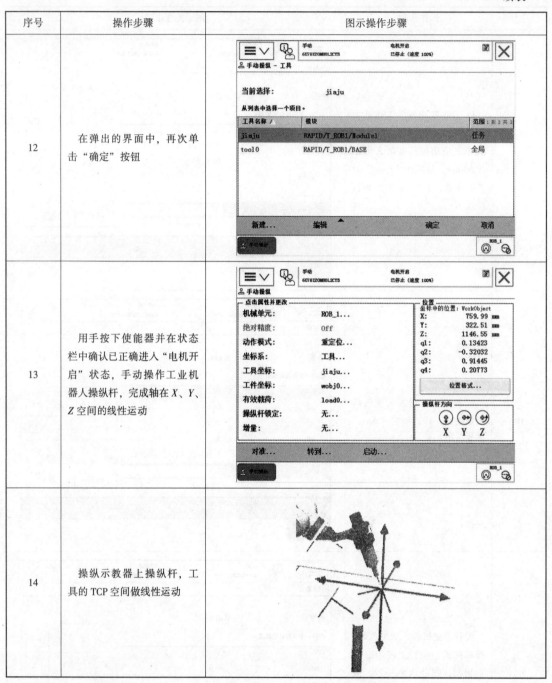
13	用手按下使能器并在状态栏中确认已正确进入"电机开启"状态，手动操作工业机器人操纵杆，完成轴在 X、Y、Z 空间的线性运动	
14	操纵示教器上操纵杆，工具的 TCP 空间做线性运动	

　　初学者对操纵杆不熟练操作时，可采用"增量"模式，即在进入主界面后，单击"手动纵"会弹出界面，选中"增量"又弹出界面，根据操作者需求选"小""中""大""用户"之一进行操作，如图 3 - 2 所示，操作过程与前述类似。

　　2. 设置操纵杆速率 50% 的线性运动操作

　　设置操纵杆速率为 50% 的线性运动操作步骤如表 3 - 5 所示。

（a）　　　　　　　　　　　　　　　　　（b）

图 3 - 2　选择"增量"模式操作过程

（a）选择"增量"模式；（b）选择移动距离

表 3 - 5　设置操纵杆速率为 50% 的线性运动的操作步骤

序号	操作步骤	图示操作步骤
1	进入如右图所示的主菜单界面后，单击界面右下角手动运行快捷设置菜单	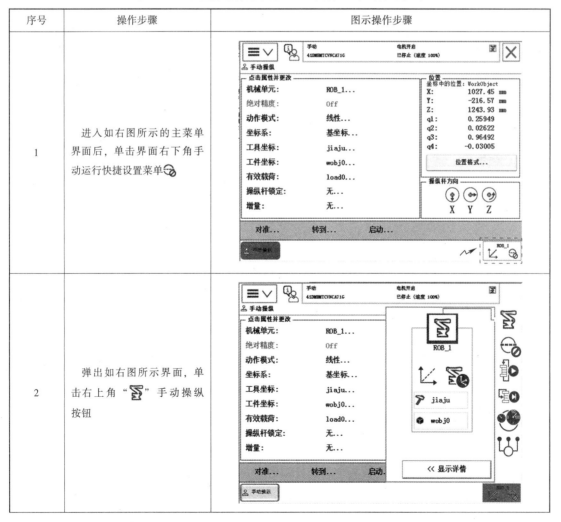
2	弹出如右图所示界面，单击右上角"⇄"手动操纵按钮	

续表

序号	操作步骤	图示操作步骤
3	单击图示框内的"显示详情"按钮，弹出如右图所示界面	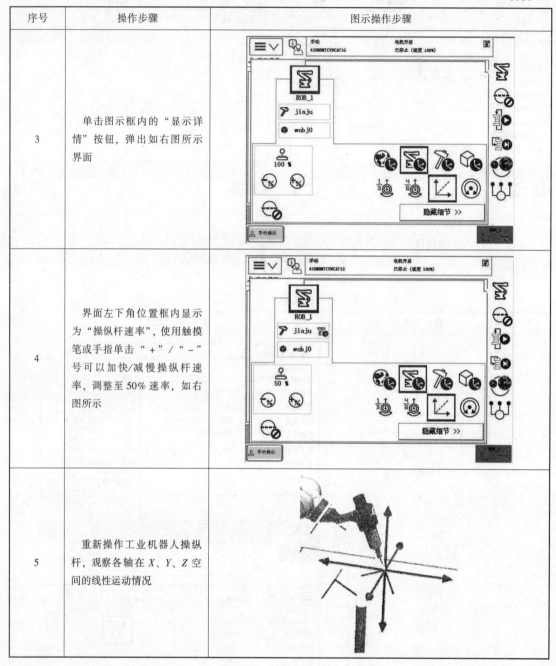
4	界面左下角位置框内显示为"操纵杆速率"，使用触摸笔或手指单击" + "/" − "号可以加快/减慢操纵杆速率，调整至50%速率，如右图所示	
5	重新操作工业机器人操纵杆，观察各轴在 X、Y、Z 空间的线性运动情况	

 思考与练习

（1）线性运动模式下可选择的参考坐标系有_____、_____、_____和_____。

（2）线性运动模式下默认的坐标系一般是哪种坐标系？工具坐标系默认的是哪个？

（3）操纵杆速率在90%与20%时进行线性运动操纵机器人时有什么样的差异？

任务 3.3　手动操纵——重定位运动

ABB 公司 IB1410 是一款 6 轴多用途工业机器人，重定位运动是对工业机器人绕工具中心点所做的姿态变化的运动。

 重点知识

掌握利用重定位运动的方法来改变工业机器人姿态。
理解默认工具坐标系 tool0。

 关键能力

掌握工业机器人重定位运动详细操作步骤。
具备正确、安全操作设备习惯，严谨做事的风格和协作意识。

 任务描述

利用工业机器人默认工具坐标系 tool0 和 hanqiang 两种情况下，手动操纵工业机器人进行重定位运动。

任务要求

工业机器人在默认工具坐标 tool0，操纵杆速率 100% 条件下，进行重定位运动操作。
工业机器人在 hanqiang 的工具 TCP 条件下，进行重定位操作。

任务环境

2 人一组的实训平台，可以完成示教器仿真操作。
ABB 工业机器人基础教学工作站 6 套。

机器人重定位运动

工业机器人的重定位运动指工业机器人第 6 轴法兰盘上的工具 TCP 点在空间中绕着坐标轴旋转的运动，也可以理解为工业机器人绕着工具 TCP 点做姿态调整的运动。重定位运动的手动操作会更全方位的移动和调整。

操作中可直接使用默认的工具坐标系 tool0 进行重定位操作，此时围绕法兰中心旋转，注意观察轨迹变化。读者可仿照表 3–6 步骤进行。为了使效果更明显，表 3–6 以法兰盘安装焊枪为例进行重定位操作，提示焊枪的 TCP 点在焊枪与工件接触位置，需要依照 5.2 节进行 TCP 设置。

 任务实施

1. 工业机器人重定位运动操作步骤

工业机器人重定位运动操作步骤如表 3–6 所示。

表 3–6　工业机器人重定位运动操作步骤

序号	操作步骤	图示操作步骤
1	进入如右图所示的"主菜单"界面后，单击"手动操纵"按钮	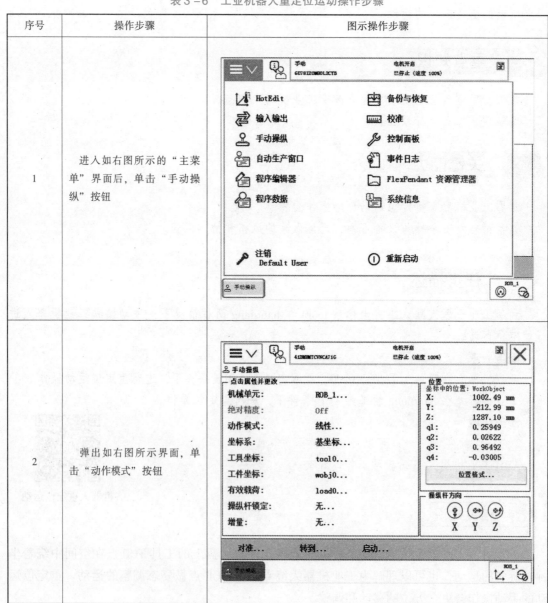
2	弹出如右图所示界面，单击"动作模式"按钮	

续表

序号	操作步骤	图示操作步骤
3	在弹出的动作模式中选择"重定位",再单击"确定"按钮	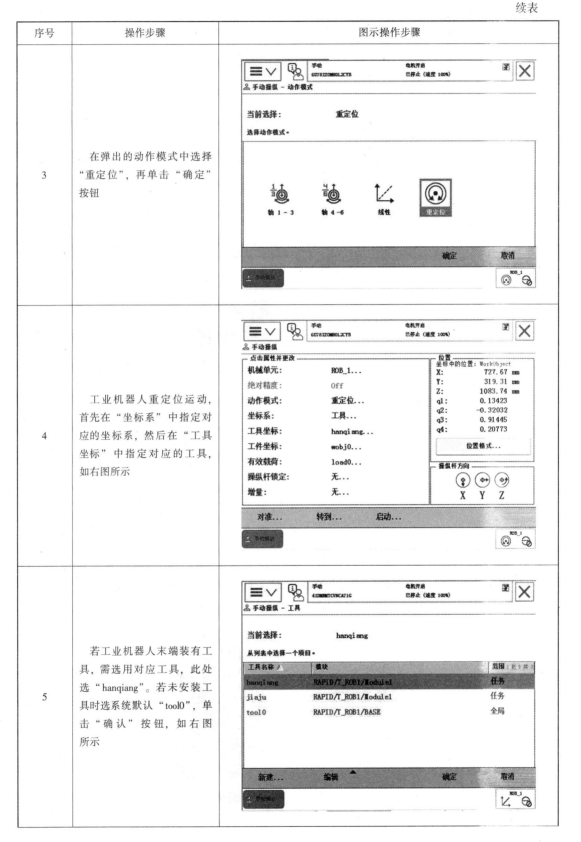
4	工业机器人重定位运动,首先在"坐标系"中指定对应的坐标系,然后在"工具坐标"中指定对应的工具,如右图所示	
5	若工业机器人末端装有工具,需选用对应工具,此处选"hanqiang"。若未安装工具时选系统默认"tool0",单击"确认"按钮,如右图所示	

续表

序号	操作步骤	图示操作步骤
6	按下使能器按钮并在状态栏中确认"电机开启"状态,手动操纵工业机器人操纵杆,完成所选坐标系轴 X、Y、Z 方向上的重定位运动	手动 电机开启 41DMKMTCVNCA71G 已停止(速度 100%) 手动操纵 点击属性并更改 机械单元: ROB_1... 绝对精度: Off 动作模式: 重定位... 坐标系: 工具... 工具坐标: hanqiang... 工件坐标: wobj0... 有效载荷: load0... 操纵杆锁定: 无... 增量: 无... 位置 坐标中的位置: WorkObject X: 1002.49 mm Y: -212.99 mm Z: 1287.10 mm q1: 0.25949 q2: 0.02622 q3: 0.96492 q4: -0.03005 位置格式... 操纵杆方向 X Y Z 对准... 转到... 启动... ROB_1
7	操纵杆工具的 TCP 点在空间中做重定位运动	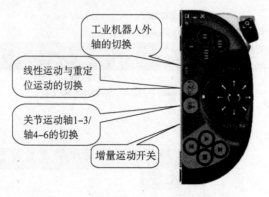

2. 工业机器人手动操纵的快捷按钮

ABB 公司生产的工业机器人 IRB1410 手动操作中很常用的功能集成在 4 个快捷操作按钮上,如图 3 – 3 所示,有工业机器人外轴的切换;线性运动与重定位运动的切换;关节运动轴 1 – 3 和轴 4 – 6 的切换;还有增量运动开关。

工业机器人外轴的切换

线性运动与重定位运动的切换

关节运动轴1-3/轴4-6的切换

增量运动开关

图 3 – 3　工业机器人示教器快捷按钮

手动操纵快捷菜单的具体步骤如表3-7所示。

表3-7 手动操纵快捷菜单的具体步骤

序号	操作步骤	图示操作步骤
1	单击示教器主界面左上角"主菜单";选择右下角快捷菜单按钮,如右图所示	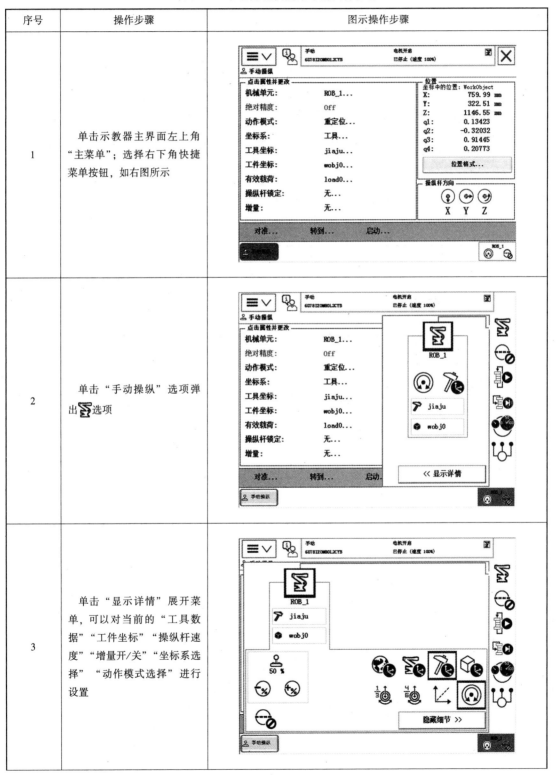
2	单击"手动操纵"选项弹出🔧选项	
3	单击"显示详情"展开菜单,可以对当前的"工具数据""工件坐标""操纵杆速度""增量开/关""坐标系选择""动作模式选择"进行设置	

序号	操作步骤	图示操作步骤
4	单击"增量模式" 按钮，选择需要的增量，如果是自定义增量值可以选择"用户模式"，然后单击"显示值"就可以进行增量值的自定义了	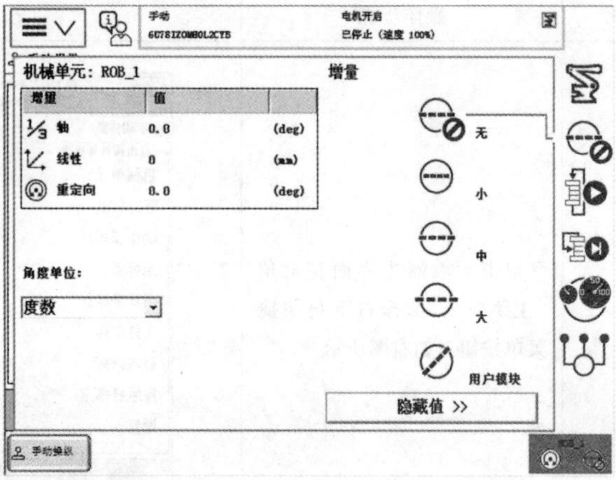

思考与练习

（1）工业机器人重定位运动适用于哪些场合使用？

（2）工业机器人重定位运动时一般选什么坐标系？默认坐标名称是什么？

（3）比较以法兰中心为 TCP 的重定位运动轨迹与以焊枪为 TCP 的重定位运动轨迹有什么不一样？

任务 3.4 手动操纵——转数计数器更新

工业机器人在出厂时，对各关节轴的机械零点进行设定，对应着工业机器人本体上 6 个关节轴同步标记，此零点就是各关节轴运动的基准。但当零点信息丢失或错误就必须进行转数计数器更新，也称六轴原点校正。

重点知识

在工业机器人本体上找出 1 - 6 轴对应机械零点及规定的位置数据。

掌握出现哪些情况应进行转数计数器更新操作。

关键能力

利用示教器把工业机器人 1 - 6 轴机械零点找回并对齐。

掌握转数计数器更新的操作步骤。

任务描述

从工业机器人安装方式角度，一般情况工业机器人与地面配合安装，对 4 - 6 轴位置要求较高。因此在对 ABB 工业机器人 1 - 6 轴进行回机械零点操作时，各关节轴调整顺序为轴 4→5→6→1→2→3。

任务要求

在工业机器人机械零点信息丢失时，掌握将 1 - 6 轴回机械零点操作。

利用示教器进行转数计数器更新操作。

任务环境

2 人一组的实训平台，可以完成示教器操作工业机器人。

ABB 工业机器人基础教学工作站 6 套。

六关节机器人
转数计数器更新

工业机器人各轴的机械零点位置是在工业机器人本体上可以直观观察到的一个相对位置，当某一轴转动到机械零点位置时，编码器对应的编码信息即为工业机器人的零点基准位

置。只有在工业机器人得到充分和正确的标定零点时，其效果才会最好，才能达到最高的点精度和轨迹精度，以完成编程设定的动作任务。

完整的工业机器人零点标定过程是包括为每一个轴标定零点。同时要清楚机械零点位置与工业机器人原始设计有关系，不同厂家工业机器人的机械零点位置各不相同。

IRB1410 工业机器人各轴机械零点如图 3 - 4 所示。

图 3 - 4   IRB1410 工业机器人各轴机械零点

 任务实施

机器人转数计数器
更新示范操作

1. 工业机器人转数计数器更新操作步骤

转数计数器更新的操作步骤如表 3 - 8 所示。

表 3 - 8   转数计数器更新的操作步骤

序号	操作步骤	图示操作步骤
1	进入如右图所示的主菜单界面后，单击"手动操纵"按钮	 手动 6U78IZOM9OL2CYB 电机开启 已停止(速度 100%) 手动操纵 点击属性并更改 机械单元: ROB_1... 绝对精度: Off 动作模式: 重定位... 坐标系: 工具... 工具坐标: jiaju... 工件坐标: wobj0... 有效载荷: load0... 操纵杆锁定: 无... 增量: 无... 位置 坐标中的位置: WorkObject X: 759.99 mm Y: 322.51 mm Z: 1146.55 mm q1: 0.13423 q2: -0.32032 q3: 0.91445 q4: 0.20773 位置格式... 操纵杆方向 X Y Z 对准... 转到... 启动... 手动操纵 控制面板 ROB_1

续表

序号	操作步骤	图示操作步骤
2	弹出右图所示界面，单击"动作模式"按钮。按轴4－5－6－1－2－3顺序依次转到机械原点刻度位置，各轴的机械原点参考图3－4	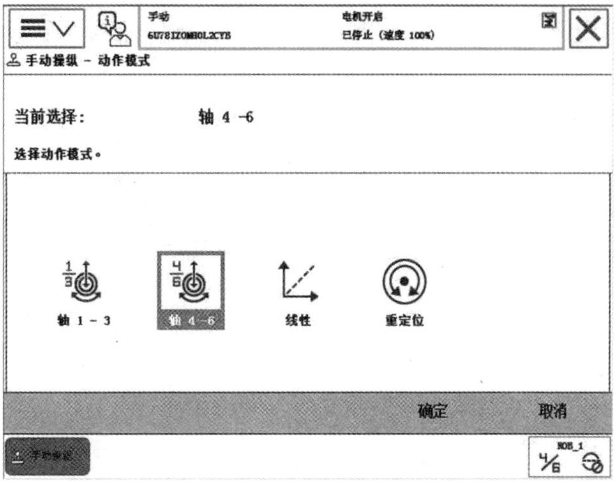 （手动操纵－动作模式界面，当前选择：轴4－6，选择动作模式：轴1－3、轴4－6、线性、重定位）
3	在主菜单界面选择"校准"选项	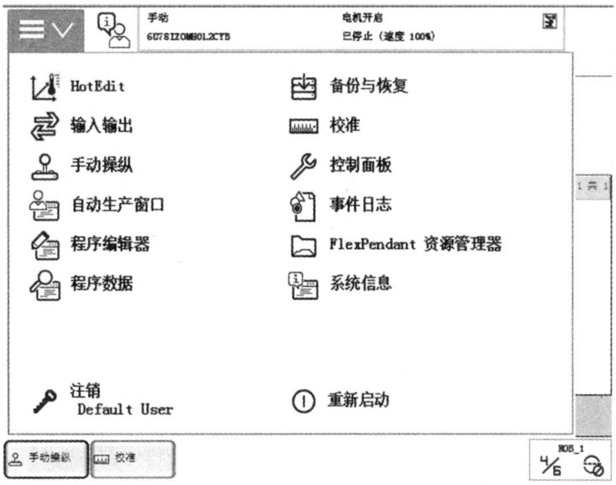 （主菜单界面：HotEdit、输入输出、手动操纵、自动生产窗口、程序编辑器、程序数据、备份与恢复、校准、控制面板、事件日志、FlexPendant资源管理器、系统信息、注销 Default User、重新启动）
4	选择需要校准的机械单元，单击"ROB 1"	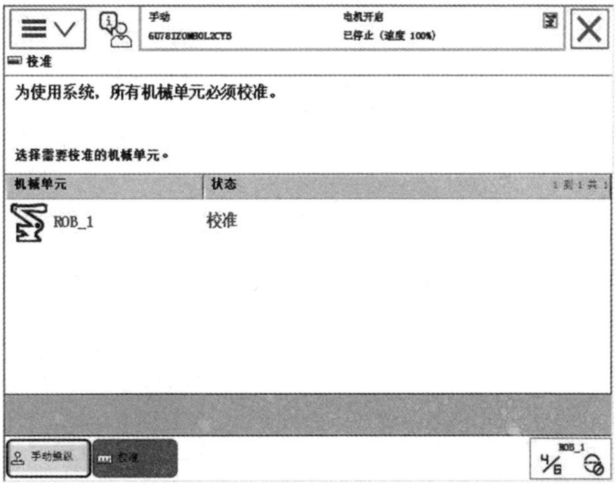 （校准界面：为使用系统，所有机械单元必须校准。选择需要校准的机械单元。机械单元 ROB_1，状态 校准）

续表

序号	操作步骤	图示操作步骤
5	选择"校准参数",并双击"编辑电机校准偏移…"选项	
6	在弹出界面中单击"是"按钮	
7	在"编辑电机校准偏移"界面,要对6个轴的偏移参数进行修改	

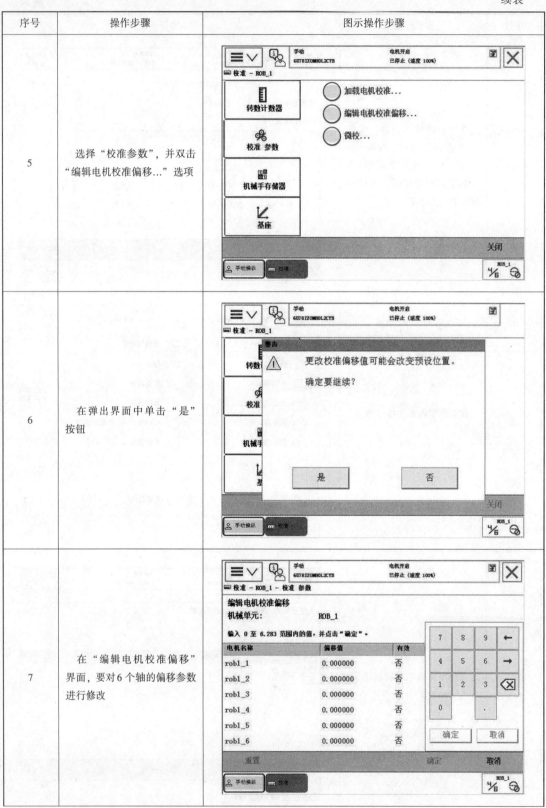

续表

序号	操作步骤	图示操作步骤
8	将以工业机器人本体上电机校准偏移数据为依据，对校准偏移值进行修改	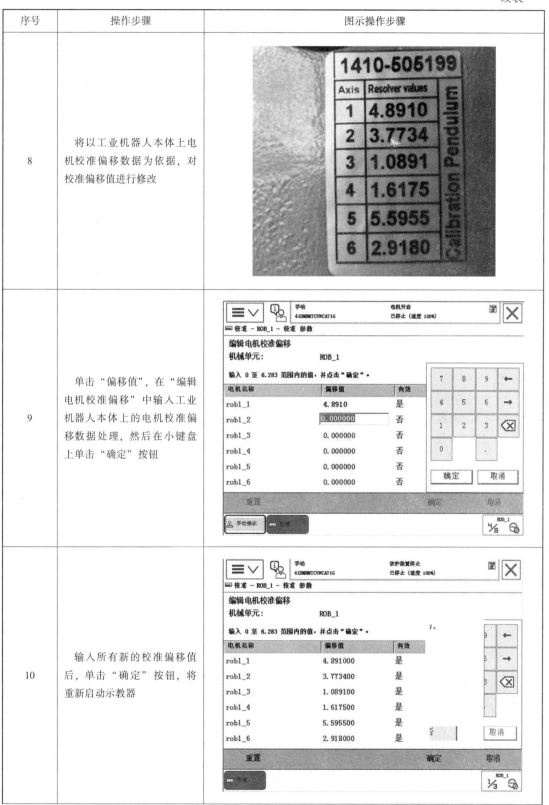
9	单击"偏移值"，在"编辑电机校准偏移"中输入工业机器人本体上的电机校准偏移数据处理，然后在小键盘上单击"确定"按钮	
10	输入所有新的校准偏移值后，单击"确定"按钮，将重新启动示教器	

序号	操作步骤	图示操作步骤
11	如果示教器中显示的电机校准偏移值与工业机器人本体上的标签数值一致，则不需要进行修改，直接单击"取消"跳至 15 步	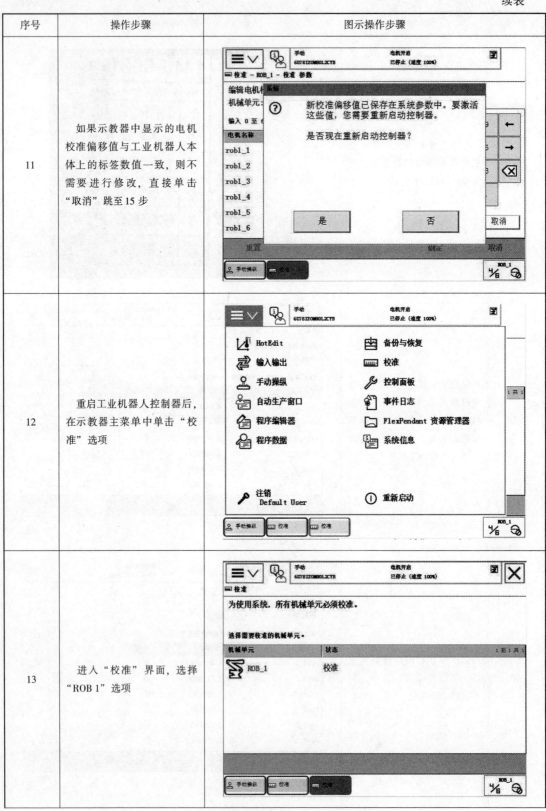
12	重启工业机器人控制器后，在示教器主菜单中单击"校准"选项	
13	进入"校准"界面，选择"ROB 1"选项	

序号	操作步骤	图示操作步骤
14	选择"转数计数器",再选择"更新转数计数器..."选项	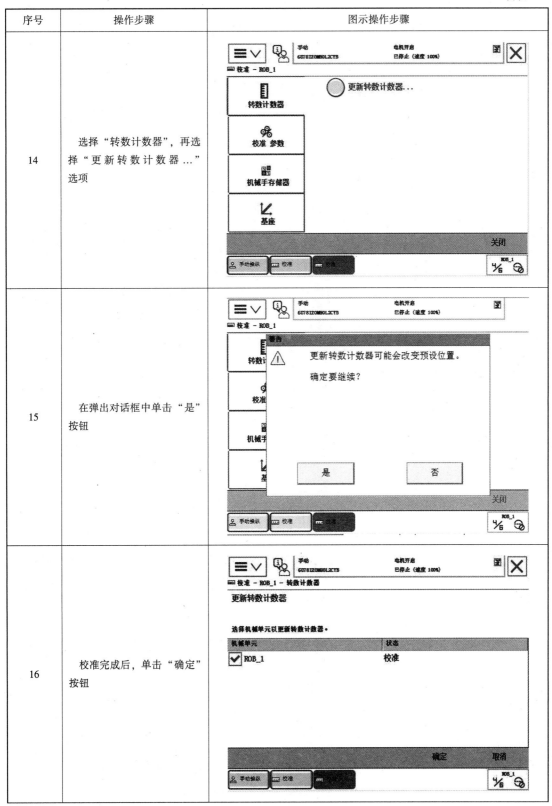
15	在弹出对话框中单击"是"按钮	
16	校准完成后,单击"确定"按钮	

续表

序号	操作步骤	图示操作步骤
17	弹出要更新轴的界面，单击"全选"然后再单击"更新"按钮。说明：操作中若只有某个轴超限，不在范围内的话，可选择只更新某个轴	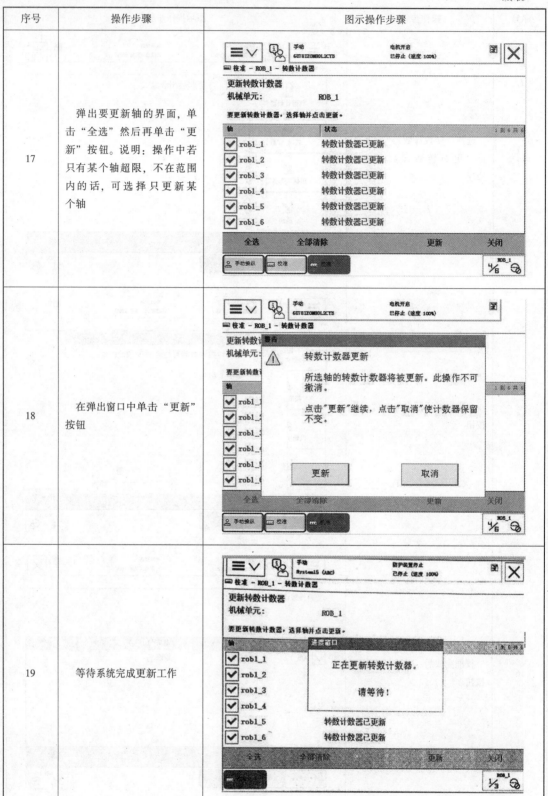
18	在弹出窗口中单击"更新"按钮	
19	等待系统完成更新工作	

续表

序号	操作步骤	图示操作步骤
20	当显示"转数计数器更新已成功完成。"时，单击"确定"，转数计数器更新完成	

思考与练习

（1）判断题。

①所有工业机器人都有机械零点，且不同品牌工业机器人机械零点位置都一样。

（　　）

②当发生严重撞机造成本体位置有移动，此时需要对机器人转数计数器进行更新。

（　　）

（2）转数计数器更新操作中需要完成_____个轴的机械零点更新。

（3）通过百度网等查询工业机器人一般在哪些情况下需要进行转数计数器更新？

项目四
ABB 工业机器人的 I/O 配置

  工业机器人通过 I (Input) /O (Output) 接口与外围设备进行通信，接收各类开关信号并发送各种控制信号，以控制各执行器动作或指示灯。工业机器人与 PLC 之间通过这些丰富的 I/O 通信接口进行信号传递。

思维导图

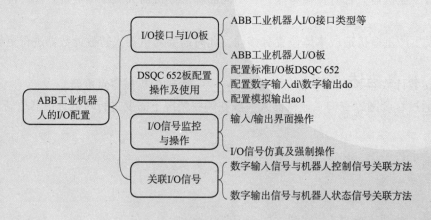

任务 4.1　ABB工业机器人I/O口与I/O板

ABB 工业机器人提供了丰富的 I/O 通信接口，可以轻松地实现与周边设备进行通信，本节主要介绍 ABB 工业机器人的接口类型、标准 I/O 板。

重点知识

掌握 ABB 工业机器人与 PC、PLC 及现场总线通信方式。

掌用 ABB 标准 I/O 板类型、安装位置。

关键能力

结合现场教学工作站，明确使用 S7 – 1200 西门子 PLC 与工业机器人 IRB1410 间通信方式，机器人本体与控制柜的通信方式。

通过网络查询标准板 DSQC 652、DSQC 355A、DSQC 1030 的参数资料。

任务描述

查阅资料并结合现场设备确定 ABB 工业机器人基础教学工作站 S7 – 1200 的 PLC、ABB 公司工业机器人 IRB1410 间通过哪些通信方式连接起来。

在工业机器人 IRB1410 控制柜内找出标准 I/O 板 DSQC 652 位置，并查找 X 端的具体位置。

任务要求

结合 ABB 工业机器人基础教学工站绘出通信连接拓扑图。

掌握工业机器人标准 I/O 板分类及典型 I/O 板资料。

任务环境

2 人一组的实训平台，可以完成 PPT 教学。

ABB 工业机器人基础教学工作站 6 套。

相关知识

1. ABB 工业机器人通信种类

通信是指硬件设备之间通过数据线路按照规定的通信协议标准来进行信息的交互；通信

协议规定了硬件接口标准、通信的模式以及速率，设备之间必须采用相同的通信协议才能正确地交互信息。ABB 工业机器人提供了丰富的 I/O 通信接口，如 ABB 的标准通信板，必须使用 DeviceNet 总线；与 PLC 的现场总线通信，由不同厂商推出现场总线协议选用；与 PC 机的数据通信时的通信协议，需要选择"PC - Interface"选项才能使用。如图 4 - 1 所示，可以轻松地实现与周边设备的通信。

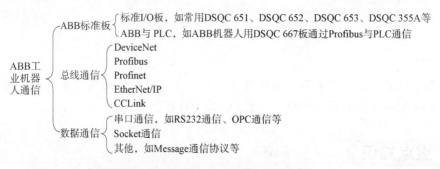

图 4 - 1   ABB 工业机器人通信种类

如图 4 - 2 所示，ABB 工业机器人与 PLC 之间使用 I/O 连接、通信连接方式实现信号传输，实现工业机器人应用于 CNC 加工系统协调工作。

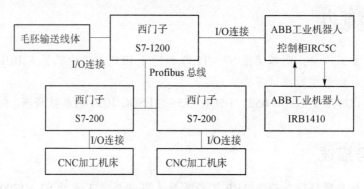

图 4 - 2   ABB 工业机器人通信应用案例

图 4 - 2 中 PLC 采用西门子品牌，S7 - 1200 作为上位机，S7 - 200 与机床通过 I/O 信号相连；S7 - 1200 与 S7 - 200 使用 Profibus 总线相连；S7 - 1200 与 ABB 工业机器人使用 I/O 信号连接；ABB 工业机器人主体和控制器之间使用自带通信电缆连接（直接插接）。

2. 标准 I/O 板分类

ABB 标准 I/O 板是连接在 DeviceNet 网络上的，所以要设定模块在网络中的地址，常用的 ABB 工业机器人 I/O 板如表 4 - 1 所示。图 4 - 3 所示为实现通信需要部分硬件，详细需求应据现场工程选用。

表 4 - 1   常用的 ABB 工业机器人 I/O 板

序号	型号	说明
1	DSQC 651	分布式 I/O 模块 di8、do8、ao2
2	DSQC 652	分布式 I/O 模块 di16、do16

续表

序号	型号	说明
3	DSQC 653	分布式 I/O 模块 di8、do8，带继电器
4	DSQC 355A	分布式 I/O 模块 ai4、ao24
5	DSQC 377A	输送链跟踪单元
6	DSQC 1030	新产品，替代 DSQC 652

（a）　　　　　　　　　　　（b）

图 4 - 3　部分 I/O 通信硬件

（a）RS232 接口；（b）紧凑型 DeviceNet USB 接口模块

图 4 - 4 所示为 DSQC 652 标准 I/O 板实物接线图，是 ABB 工业机器人基础教学工作站配置模块，将在任务 4.2 中详细介绍。

图 4 - 5 所示为 ABB 公司新推出的 DSQC 1030 模块，代替原有 DSQC 652 标准 I/O 板。该模块使用 EtherNet/IP 协议，工业机器人不需要额外配置选项。若工业机器人需要做主站连接其他 EtherNet/IP 从站或工业机器人做 EtherNet/IP 从站连接其他设备主站，仍需要购买选项 841 - 1EtherNet/IP Scanner/Adapter。

图 4 - 4　DSQC 652 标准 I/O 板实物接线图　　　图 4 - 5　DSQC 1030 模块

DSQC 1030 模块在硬件连接时，出厂会默认把 X5 网口（设备底部）和控制器 X4 Lan2 口上硬件最上端的 X4 为设备供电，默认已经从 XT31 引电过来。

X1 为输出，其中 PWR Do 和 GND Do 为 Do 的 24 V 和 0 V，需要单独接电（也可从

XT31 引电），相当于之前 DSQC 652 的 9、10 引脚。

X2 为输入，其中 GND Di 为 Di 的 0 V，需要单独接线（也可从 XT31 接线）。

 任务实施

1. 通信硬件

（1）结合理实一体化教学对 ABB 工业机器人基础教学工作站查找硬件。

要求查找 S7 - 1200、IRB1410 本体、IRC5C 控制柜、接线端子排、连接电缆等具体位置、名称。

（2）查找标准 I/O 板 DSQC 652 接线。

根据图 4 - 4 查找接线端子对应接线，区分数字输入信号接线端、数字输出信号接线端、+24 V 端、0 V 端。

（3）网络查询 DSQC 653 模块的信息，记录在表 4 - 2 中。

表 4 - 2　ABB 标准 I/O 板 DSQC 653 板的 X1 端子地址分配

X1 端子编号	使用定义	地址分配

其他端口信息，学员可自行查阅学习。

2. ABB 机器人与 PLC 连接图

通过查找资料或咨询技术员，与现场设备结合画出机器人与 PLC 的连接简图。

 思考与练习

（1）ABB 工业机器人常用的通信方式有三种，分别是_____、_____和_____。

（2）根据图 4 - 2 可以看出，机器人本体、控制柜、PLC 间按一定通信实现连接，如 CNC 与 S7 - 200 间采用什么连接方式？本体与控制柜之间又采用什么通信方式？

（3）结合现场查看 DSQC 652 标准 I/O 板的连线，进一步理清 I/O 连线及各线使用，说明电源 +24 V 是哪个引脚。

任务 4.2　配置DSQC 652标准I/O板及信号

ABB 工业机器人提供了丰富的 I/O 通信接口，可以轻松地实现与周边设备进行通信，本节主要介绍 ABB 工业机器人的标准 I/O 板 DSQC 652。

重点知识

掌握 ABB 工业机器人 DSQC 652 标准板各端口定义及地址分配。

掌握 DSQC 652 标准板的功用、连接方法。

关键能力

可查阅 DSQC 652 模块 X1～X5 端子功能。

熟练配置标准板 DSQC 652 操作方法。

任务描述

以 ABB 工业机器人配置标准 I/O 板 DSQC 652 为模块，模块单元板为 board10，总线连接 DeviceNet1，地址为 10，创建数字输入信号 di3、数字输出信号 do7、组输出信号 go1（4位）和模拟输出信号 ao1。

任务要求

查看并区分 ABB 工业机器人标准 I/O 板 DSQC 652 模块各指示灯、X 端子。

配置 DSQC 652 标准板及 di3、do7、go1、ao1 信号。

任务环境

用工具打开控制柜查看 DSQC 652 板。

ABB 工业机器人基础教学工作站 6 套。

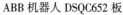

ABB 机器人 DSQC652 板

 相关知识

1. DSQC 652 标准 I/O 板

ABB 工业机器人标准 I/O 板 DSQC 652 提供 16 路数字输入信号和 16 路数字输出信号的处理，该板结构如图 4 - 6 所示，由信号输出指示灯，X1、X2 数字输出接口，

X5 DeviceNet 接口，模块状态指示灯，X3、X4 数字输入接口，数字输入信号指示灯组成。

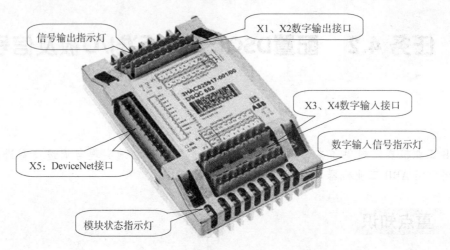

图 4-6　DSQC 652 标准 I/O 板结构

1）X1 端子

X1 端子接口包括 8 个数字输出，其地址分配如表 4-3 所示。

表 4-3　ABB 标准 I/O 板 DSQC 652 的 X1 端子地址分配

X1 端子编号	使用定义	地址分配
1	Output Ch1	0
2	Output Ch2	1
3	Output Ch3	2
4	Output Ch4	3
5	Output Ch5	4
6	Output Ch6	5
7	Output Ch7	6
8	Output Ch8	7
9	0 V	—
10	24 V	—

2）X2 端子

X2 端子接口包括 8 个数字输出，其地址分配如表 4-4 所示。

表 4-4　ABB 标准 I/O 板 DSQC 652 的 X2 端子地址分配

X2 端子编号	使用定义	地址分配
1	Output Ch1	8
2	Output Ch2	9

续表

X2 端子编号	使用定义	地址分配
3	Output Ch3	10
4	Output Ch4	11
5	Output Ch5	12
6	Output Ch6	13
7	Output Ch7	14
8	Output Ch8	15
9	0 V	—
10	24 V	—

3）X3 端子

X3 端子接口包括 8 个数字输入，其地址分配如表 4 – 5 所示。

表 4 – 5　ABB 标准 I/O 板 DSQC 652 的 X3 端子地址分配

X3 端子编号	使用定义	地址分配
1	Input Ch1	0
2	Input Ch2	1
3	Input Ch3	2
4	Input Ch4	3
5	Input Ch5	4
6	Input Ch6	5
7	Input Ch7	6
8	Input Ch8	7
9	0 V	—
10	未使用	—

4）X4 端子

X4 端子接口包括 8 个数字输入，其地址分配如表 4 – 6 所示。

表 4 – 6　ABB 标准 I/O 板 DSQC 652 的 X4 端子地址分配

X4 端子编号	使用定义	地址分配
1	Input Ch9	8
2	Input Ch10	9
3	Input Ch11	10
4	Input Ch12	11

续表

X4 端子编号	使用定义	地址分配
5	Input Ch13	12
6	Input Ch14	13
7	Input Ch15	14
8	Input Ch16	15
9	0 V	—
10	未使用	—

5）X5 端子

DSQC 652 标准 I/O 板是下挂在 DeviceNet 现场总线下的设备，通过 X5 接口与 DeviceNet 现场总线进行通信，其端子使用分配如表 4 - 7 所示。

表 4 - 7　ABB 标准 I/O 板 DSQC 652 的 X5 端子使用定义

X5 端子编号	使用定义
1	0 V Black
2	Can 信号线 Low Blue
3	屏蔽线
4	Can 信号线 High While
5	24 V Red
6	GND 地址选择公共端
7	模块 Id bit0（LSB）
8	模块 Id bit1（LSB）
9	模块 Id bit2（LSB）
10	模块 Id bit3（LSB）
11	模块 Id bit4（LSB）
12	模块 Id bit5（LSB）

X5 为 DeviceNet 通信端子，其中 1~5 脚为 DeviceNet 接线端子，6~12 脚是用来设定节点地址的，6 号脚表示逻辑地（0 V），7~12 脚分别表示节点地址第 0 位至第 5 位。由于采用了 6 个脚来表示地址，从第 7 脚开始（即 NA0）代表 2^0，第 8 脚开始（即 NA1）代表 2^1，以此类推，地址分别对应 1、2、4、8、16、32，因此节点地址范围为 0~63。当使用短接把某脚与第 6 脚（0 V）相连接时，则表示被连接脚输入了 0 V，视为逻辑 0，没有连接的脚表示高电平 1，即逻辑 1。如图 4 - 7 所示，第 10 脚、第 8 脚表示接入了高电平 1，其他脚为 0，即 NA5~NA0 对应逻辑电平为 001010，就是 I/O 标准模块 DSQC 652 的总线地址为 001010。ABB 标准 I/O 板 DSQC 652 的总线连接参数如表 4 - 8 所示。

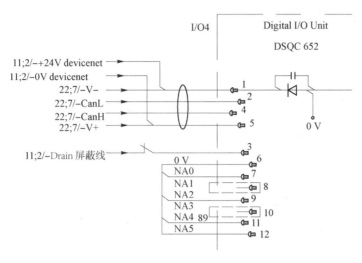

图 4 – 7　X5 端口接线图

表 4 – 8　ABB 标准 I/O 板 DSQC 652 的总线连接参数

参数名称	设定值	说明
Name	d652	设定 I/O 板在系统中的名字
Type of Device	DSQC 652	设定 I/O 板的类型
DeviceNet Address	10	设定 I/O 板在总线中的地址

任务实施

ABB 工业机器人常用标准 I/O 板有 DSQC 651、DSQC 652、DSQC 配置DSQC652板方法 653、DSQC 355A、DSQC 377A、DSQC 1030 等，配置方法基本相同，但分配地址是不一样 的。接下来以配置 ABB 工业机器人基础教学工作站 DSQC 652 板为例，介绍 DeviceNet 现场 总线、数字输入信号 di、数字输出信号 do、模拟量输出信号 ao 的配置。

1. 配置标准 I/O 板 DSQC 652

ABB 标准 I/O 板都是挂在 DeviceNet 现场总线下的设备，通过 X5 接口与 DeviceNet 现场 总线进行通信。DSQC 652 板总线连接参数说明如表 4 –9 所示。

表 4 –9　DSQC 652 板总线连接参数

参数名称	设定值	说明
Name	Board10	设定 I/O 板在系统中的名字
Type of Unit	DSQC 652	设定 I/O 板的类型
Connected to Bus	DeviceNet1	设定 I/O 板连接的总线
Address	10	设定 I/O 板在总线中的地址

ABB 标准 I/O 板 DSQC 652 总线连接操作步骤如表 4 – 10 所示。

配置数字输入 DI、数字输子 DQ、组信号 GI 操作步骤

表 4 –10　ABB 标准 I/O 板 DSQC 652 总线连接操作步骤

序号	操作步骤	图示操作步骤
1	进入 ABB 主菜单，在示教器操作界面中单击"控制面板"选项，如右图所示	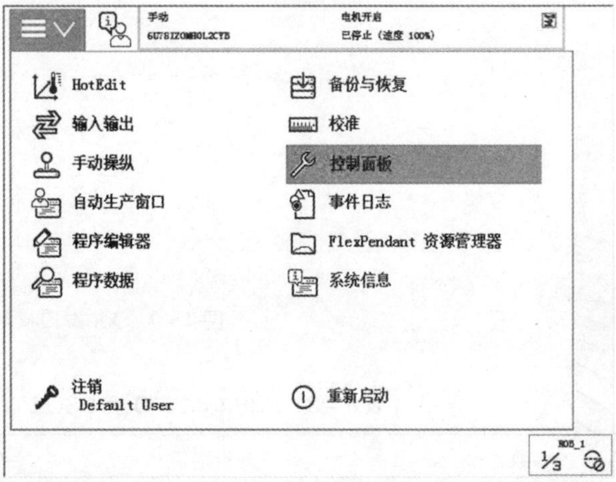 手动 6U78IZOMBOL2CYB　电机开启 已停止（速度 100%） HotEdit　　　备份与恢复 输入输出　　　校准 手动操纵　　　控制面板 自动生产窗口　事件日志 程序编辑器　　FlexPendant 资源管理器 程序数据　　　系统信息 注销 Default User　　重新启动 1/3
2	在"控制面板"界面单击"配置"按钮	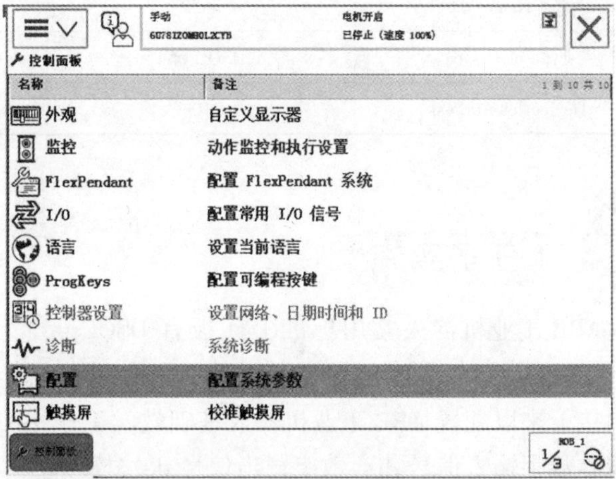 手动 6U78IZOMBOL2CYB　电机开启 已停止（速度 100%） 控制面板 名称　　　备注　　　1 到 10 共 10 外观　　　自定义显示器 监控　　　动作监控和执行设置 FlexPendant　配置 FlexPendant 系统 I/O　　　配置常用 I/O 信号 语言　　　设置当前语言 ProgKeys　配置可编程按键 控制器设置　设置网络、日期时间和 ID 诊断　　　系统诊断 配置　　　配置系统参数 触摸屏　　校准触摸屏 控制图标　　1/3
3	进入配置系统参数界面后，选择"DeviceNet Device"选项，单击"显示全部"按钮，进行 DSQC 652 模块的选择及其地址设定	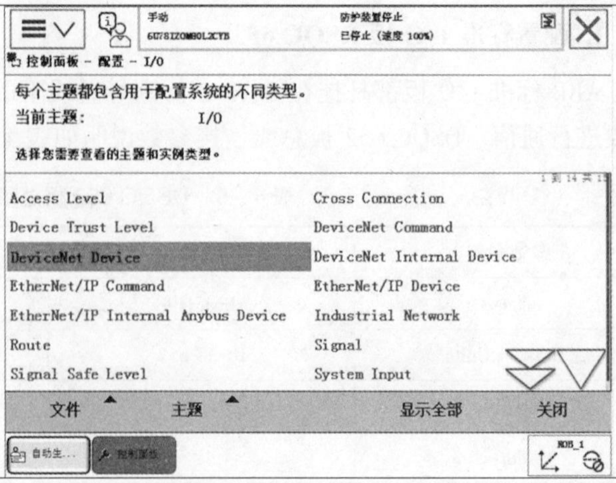 手动 6U78IZOMBOL2CYB　防护装置停止 已停止（速度 100%） 控制面板 - 配置 - I/O 每个主题都包含用于配置系统的不同类型。 当前主题：　　I/O 选择您需要查看的主题和实例类型。 1 到 14 共 1 Access Level　　　Cross Connection Device Trust Level　DeviceNet Command DeviceNet Device　DeviceNet Internal Device EtherNet/IP Command　EtherNet/IP Device EtherNet/IP Internal Anybus Device　Industrial Network Route　　　Signal Signal Safe Level　System Input 文件　　主题　　　显示全部　关闭 自动生...　控制面板

续表

序号	操作步骤	图示操作步骤
4	单击"添加"按钮，新增后，进行编辑	控制面板 – 配置 – I/O – DeviceNet Device 目前类型：　　　　DeviceNet Device 新增或从列表中选择一个进行编辑或删除。 编辑　　添加　　删除　　后退
5	在进行添加时可以选择模板中"使用来自模板的值"栏，单击右上方"▲"图标，就能选择使用的I/O板类型"DSQC 652　24 VDC I/O Device"	控制面板 – 配置 – I/O – DeviceNet Device – 添加 新增时必须将所有必要输入项设置为一个值。 双击一个参数以修改。 使用来自模板的值：　　〈默认〉　　▲ 参数名称 Name　　〈默认〉 Network　　DeviceNet Generic Device StateWhenStartup　　ABB DeviceNet Slave Device TrustLevel　　ABB DeviceNet Anybus Slave Device Simulated　　DSQC 651 Combi I/O Device DSQC 652 24 VDC I/O Device DSQC 653 Relay I/O Device DSQC 351B IBS Adapter
6	选择ABB标准I/O板的类型之后，其会自动生成默认参数值（Name栏默认为d652，当然也可以将其改为方便识别的名称）	控制面板 – 配置 – I/O – DeviceNet Device – 添加 新增时必须将所有必要输入项设置为一个值。 双击一个参数以修改。 使用来自模板的值：　　DSQC 652 24 VDC I/O Device　▼ 参数名称　　值　　1 到 5 共 19 Name　　d652 Network　　DeviceNet StateWhenStartup　　Activated TrustLevel　　DefaultTrustLevel Simulated　　0 确定　　取消

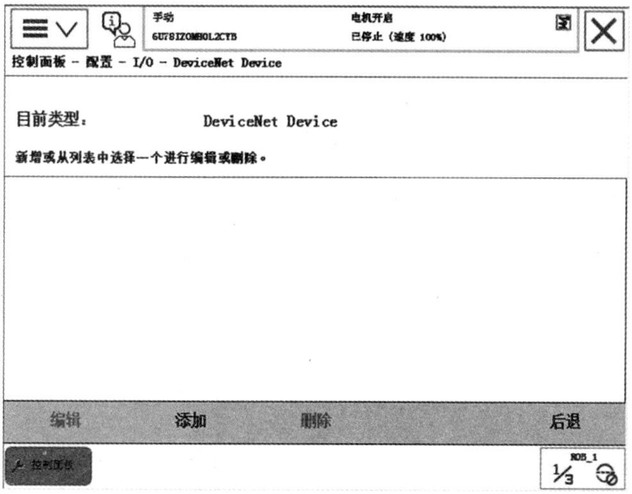

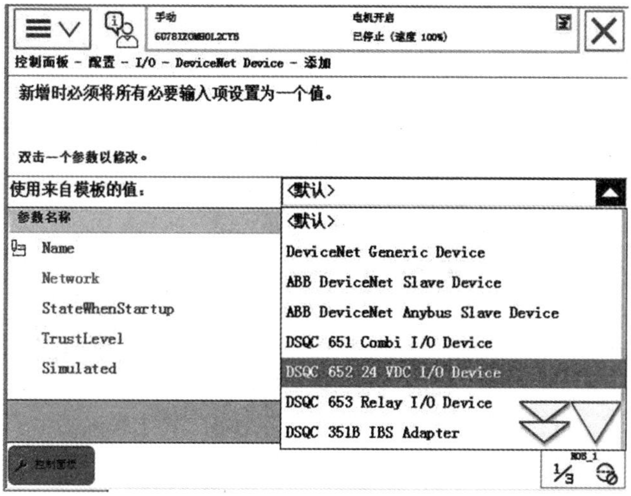

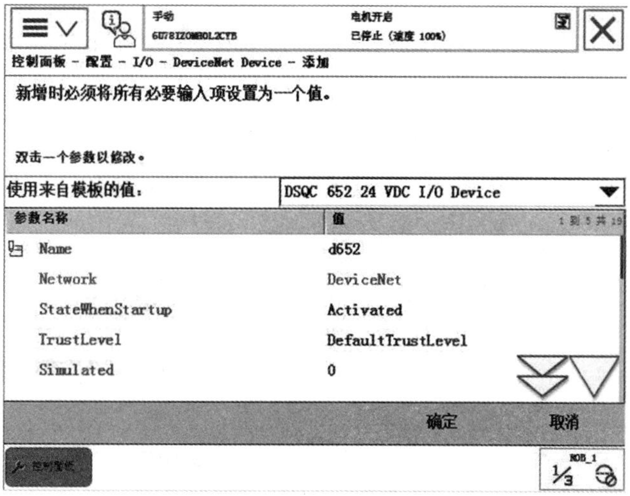

续表

序号	操作步骤	图示操作步骤
7	单击界面黄色向下箭头"▽"下翻界面，找到Address，双击"Address"选项，将Address的值由默认63改为10（10代表此模块在总线中的地址，ABB工业机器人出厂默认值）	
8	单击"确定"按钮，返回"编辑配置参数"界面	
9	参数设定完毕，单击"确定"按钮	

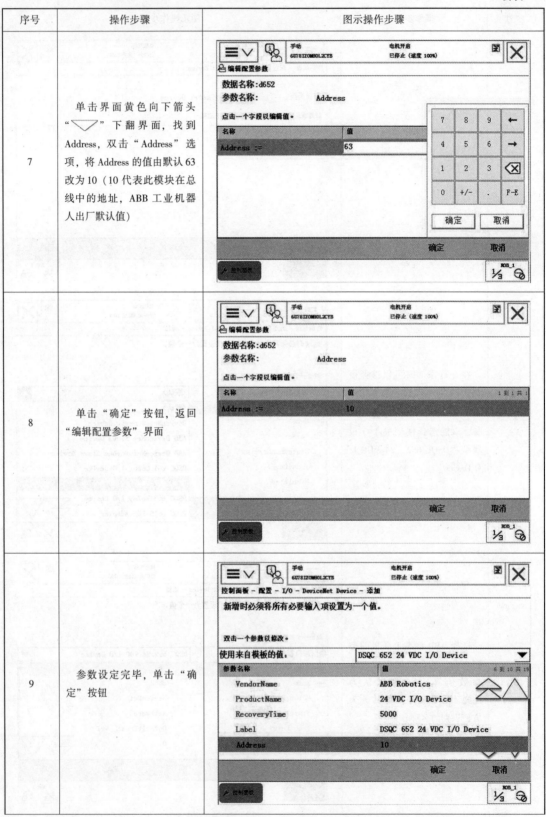

续表

序号	操作步骤	图示操作步骤
10	弹出重新启动界面，单击"是"，重新启动控制系统，确定更改，完成了 DSQC 652 板的总线连接操作，如右图所示	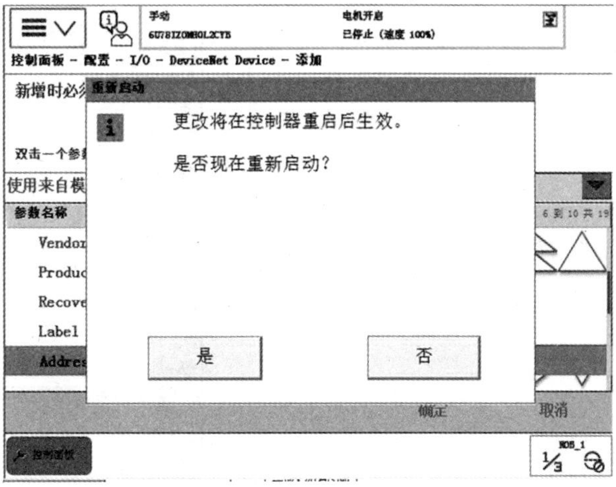 （图示操作步骤）

2. 配置数字输入信号 di

DSQC 652 板支持数字输入信号 di，以 di3 为例需要设置的参数如表 4 - 11 所示。

表 4 - 11　数字输入信号 di 相关参数表

参数名称	设定值	说明
Name	di3	设定数字输入信号的名字
Type of Signal	Digital Input	设定信号的种类
Assigned to Device	d652	设定信号所在的I/O 模块
Device Mapping	2	设定信号所占用的地址

DSQC 652 板定义输入信号 di3 操作步骤如表 4 - 12 所示。

表 4 - 12　DSQC 652 板定义输入信号 di3 操作步骤

序号	操作步骤	图示操作步骤
1	进入 ABB 主菜单，在示教器操作界面中单击"控制面板"，如右图所示	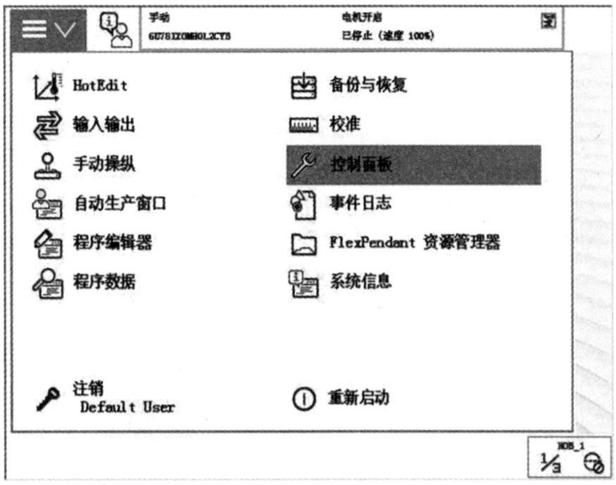 （图示操作步骤）

续表

序号	操作步骤	图示操作步骤
2	单击界面中"配置"按钮	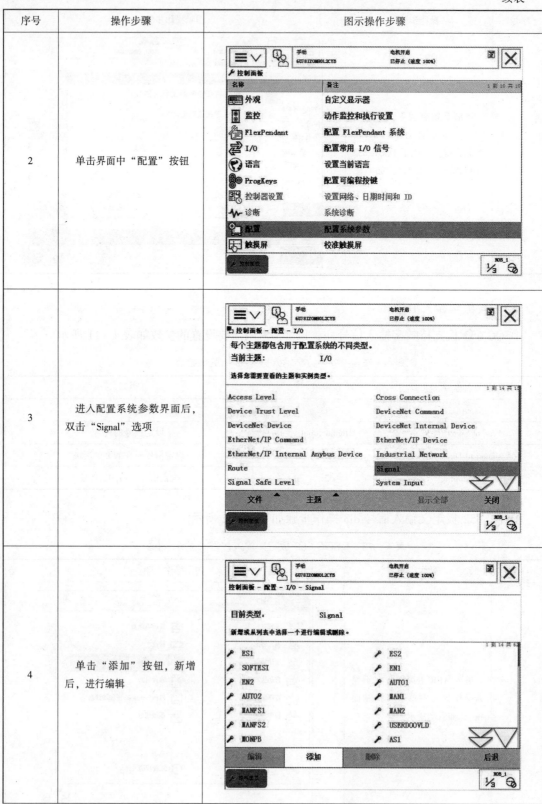
3	进入配置系统参数界面后，双击"Signal"选项	
4	单击"添加"按钮，新增后，进行编辑	

续表

序号	操作步骤	图示操作步骤
5	接下来对新添加的信号进行参数设置，双击对应参数项目进行修改，首先是双击"Name"选项	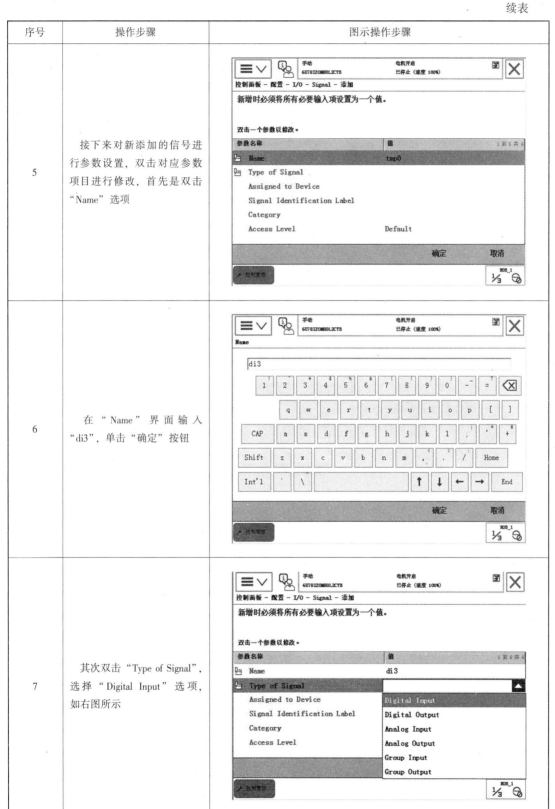
6	在"Name"界面输入"di3"，单击"确定"按钮	
7	其次双击"Type of Signal"，选择"Digital Input"选项，如右图所示	

续表

序号	操作步骤	图示操作步骤
8	再次双击"Assigned to Device",选择"d652"（此处可通过"▲"来查看对应选项）	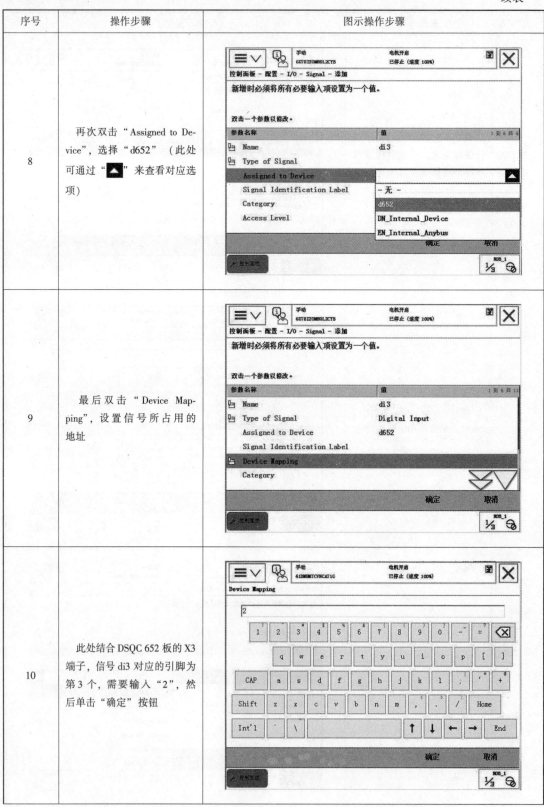
9	最后双击"Device Mapping",设置信号所占用的地址	
10	此处结合DSQC 652板的X3端子,信号di3对应的引脚为第3个,需要输入"2",然后单击"确定"按钮	

续表

序号	操作步骤	图示操作步骤
11	在"添加"界面单击"确定"按钮	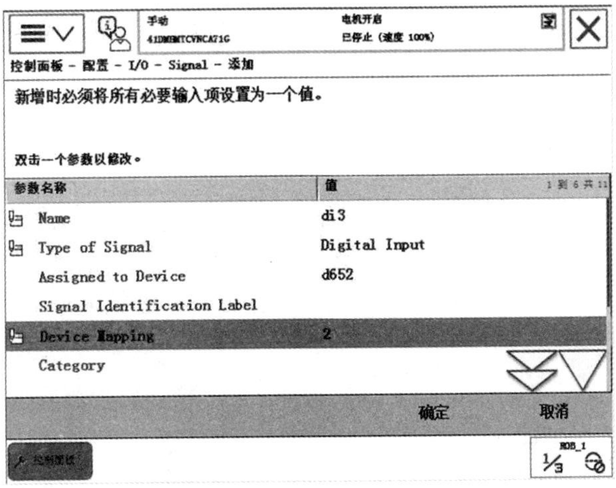
12	重新启动即生效，在弹出的窗口界面中单击"是"，重新启动控制器后就完成设置	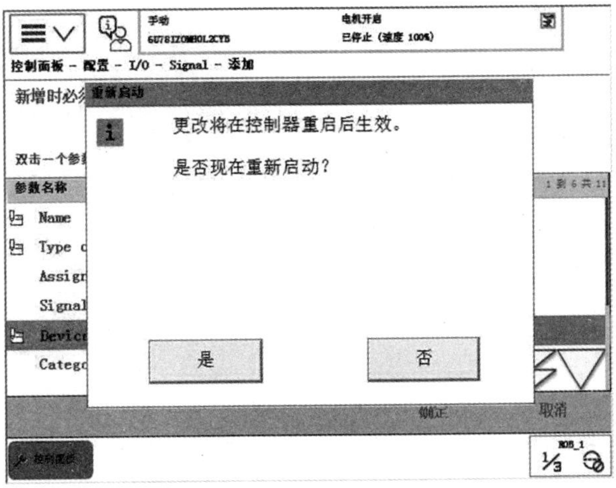

3. 配置数字输出信号 do

DSQC 652 板支持数字量输出信号 do，以配置 do7 为例需要设置的参数如表 4 – 13 所示。

表 4 – 13　数字量输出信号 do7 参数

参数名称	设定值	说明
Name	do7	设定数字输入信号的名字
Type of Signal	Digital Output	设定信号的种类
Assigned to Device	d652	设定信号所在的 I/O 模块
Device Mapping	6	设定信号所占用的地址

DSQC 652 板定义数字量输出信号 do7 操作步骤如表 4 – 14 所示。

表 4－14　DSQC 652 板定义输出信号 do7 连接操作步骤

序号	操作步骤	图示操作步骤
1	进入 ABB 主菜单；在示教器操作界面中选择"控制面板"选项；在"控制面板"界面单击"配置"按钮	控制面板 名称　备注　1 到 10 共 10 外观　自定义显示器 监控　动作监控和执行设置 FlexPendant　配置 FlexPendant 系统 I/O　配置常用 I/O 信号 语言　设置当前语言 ProgKeys　配置可编程按键 控制器设置　设置网络、日期时间和 ID 诊断　系统诊断 配置　配置系统参数 触摸屏　校准触摸屏
2	进入配置系统参数界面后，双击"Signal"选项	控制面板 - 配置 - I/O 每个主题都包含用于配置系统的不同类型。 当前主题：　I/O 选择您需要查看的主题和实例类型。 1 到 14 共 14 Access Level　Cross Connection Device Trust Level　DeviceNet Command DeviceNet Device　DeviceNet Internal Device EtherNet/IP Command　EtherNet/IP Device EtherNet/IP Internal Anybus Device　Industrial Network Route　Signal Signal Safe Level　System Input 文件　主题　显示全部　关闭
3	单击"添加"按钮，新增后，进行编辑	控制面板 - 配置 - I/O - Signal 目前类型：　Signal 新增或从列表中选择一个进行编辑或删除。 1 到 14 共 63 ES1　ES2 SOFTESI　EN1 EN2　AUTO1 AUTO2　MAN1 MANFS1　MAN2 MANFS2　USERDOOVLD MONPB　AS1 编辑　添加　删除　后退

续表

序号	操作步骤	图示操作步骤
4	接下来对新添加的信号进行参数设置，双击对应参数项目进行修改，首先是双击"Name"选项	
5	输入"do7"，然后单击"确定"按钮	
6	其次双击"Type of Signal"，选择"Digital Output"选项	

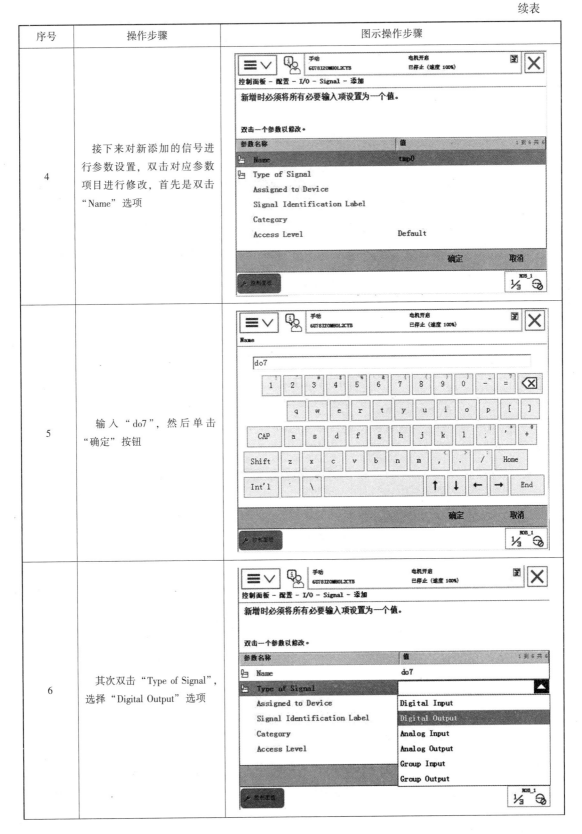

续表

序号	操作步骤	图示操作步骤
7	再次双击"Assigned to Device"，选择"d652"（此处可通过"▲"来查看对应选项）	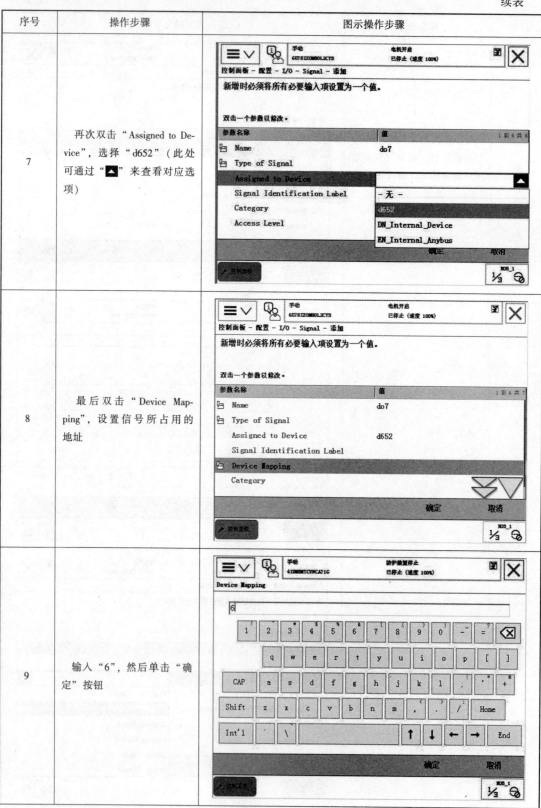
8	最后双击"Device Mapping"，设置信号所占用的地址	
9	输入"6"，然后单击"确定"按钮	

续表

序号	操作步骤	图示操作步骤
10	在"添加"界面单击"确定"按钮	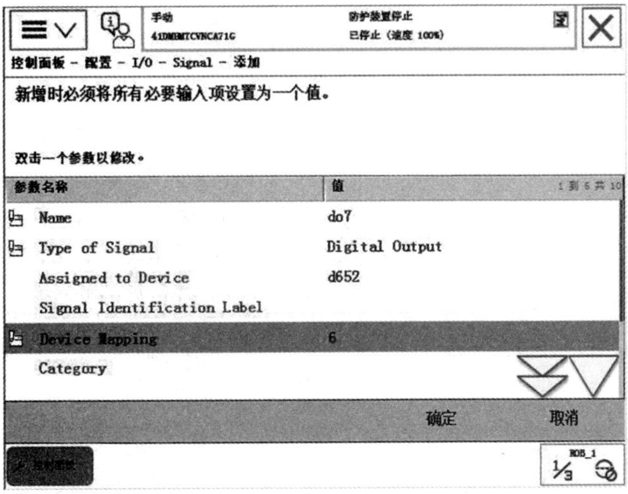 ≡∨　手动　41DMHMTCVNCA71G　防护装置停止　已停止（速度100%） 控制面板 - 配置 - I/O - Signal - 添加 新增时必须将所有必要输入项设置为一个值。 双击一个参数以修改。 参数名称　值　1 到 6 共 10 Name　do7 Type of Signal　Digital Output Assigned to Device　d652 Signal Identification Label Device Mapping　6 Category 确定　取消 KOB_1　1/3
11	重新启动即生效，在弹出的窗口界面中单击"是"，重新启动控制器后就完成设置	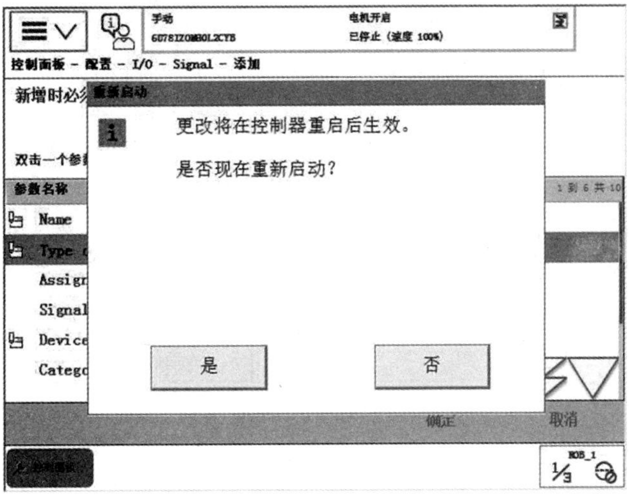 ≡∨　手动　6U78IZOMBOL2CY8　电机开启　已停止（速度100%） 控制面板 - 配置 - I/O - Signal - 添加 新增时必须　重新启动 i　更改将在控制器重启后生效。 是否现在重新启动？ 双击一个参数 参数名称　1 到 6 共 10 Name Type c Assign Signal Device Catego 是　否 确定　取消 KOB_1　1/3

4. 配置数字量组输入信号

组输入信号就是将几个数字输入信号组合起来使用，用于输入 BCD 编码的十进制。数字量组输入信号 gi1 的相关参数如表 4 - 15 所示。gi1 占用 X4 端子中地址 8 ~ 15 共 8 位，可以代表十进制数 - 255。

表 4 - 15　数字量组输入信号 gi1 的相关参数

参数名称	设定值	说明
Name	gi1	设定组数字输入信号的名字
Type of Signal	Group Input	设定信号的种类
Assigned to Device	d652	设定信号所在的 I/O 模块
Device Mapping	8 - 15	设定信号所占用的地址

DSQC 652 板定义数字量组输入信号 gi1 操作步骤如表 4 – 16 所示。

表 4 – 16　DSQC 652 板定义数字量组输入信号 gi1 操作步骤

序号	操作步骤	图示操作步骤
1	进入 ABB 主菜单；在示教器操作界面中选择"控制面板"选项；单击界面中"配置"按钮	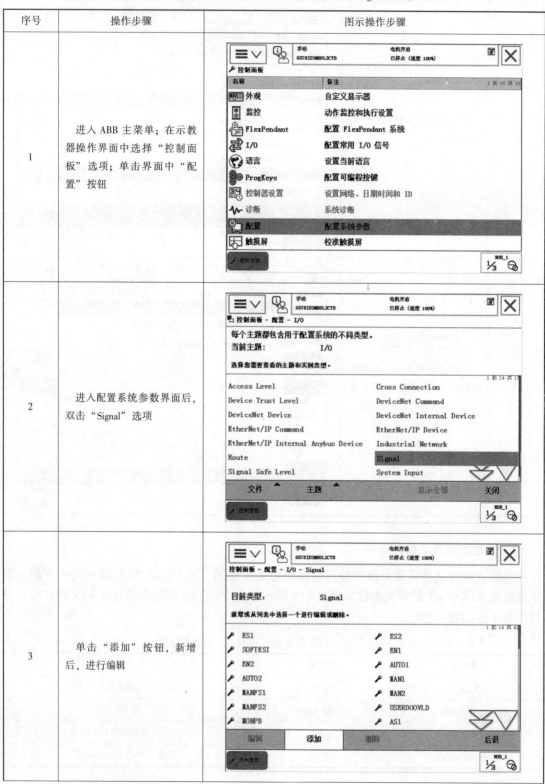
2	进入配置系统参数界面后，双击"Signal"选项	
3	单击"添加"按钮，新增后，进行编辑	

续表

序号	操作步骤	图示操作步骤
4	接下来对新添加的信号进行参数设置，双击对应参数项目进行修改，首先是双击"Name"选项	手动 6U781ZOMBOL2CYT5　电机开启　已停止 (速度 100%) 控制面板 - 配置 - I/O - Signal - 添加 新增时必须将所有必要输入项设置为一个值。 双击一个参数以修改。 参数名称　值　1 到 6 共 6 Name　tmp0 Type of Signal Assigned to Device Signal Identification Label Category Access Level　Default 确定　取消 控制面板　1/3
5	输入"gi1"，然后单击"确定"按钮	手动 6U781ZOMBOL2CYT5　电机开启　已停止 (速度 100%) 控制面板 - 配置 - I/O - Signal - 添加 新增时必须将所有必要输入项设置为一个值。 双击一个参数以修改。 参数名称　值　1 到 6 共 6 Name　gi1 Type of Signal Assigned to Device Signal Identification Label Category Access Level　Default 确定　取消 控制面板　1/3
6	其次双击"Type of Signal"，选择"Group Input"选项	手动 6U781ZOMBOL2CYT5　电机开启　已停止 (速度 100%) 控制面板 - 配置 - I/O - Signal - 添加 新增时必须将所有必要输入项设置为一个值。 双击一个参数以修改。 参数名称　值　1 到 6 共 6 Name　gi1 Type of Signal Assigned to Device　Digital Input Signal Identification Label　Digital Output Category　Analog Input Access Level　Analog Output Group Input Group Output 控制面板　1/3

序号	操作步骤	图示操作步骤
7	再次双击"Assigned to Device"，选择"d652"（此处可通过"▲"来查看对应选项）	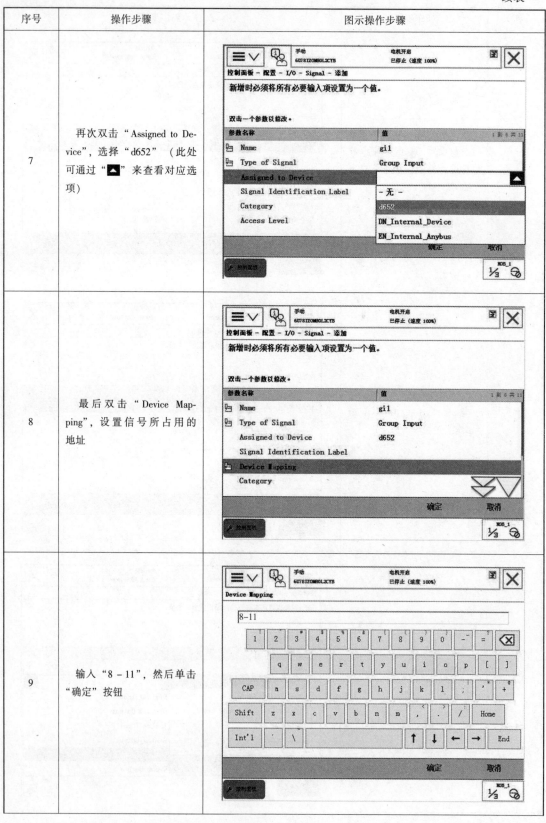
8	最后双击"Device Mapping"，设置信号所占用的地址	
9	输入"8-11"，然后单击"确定"按钮	

续表

序号	操作步骤	图示操作步骤
10	在"添加"界面单击"确定"按钮	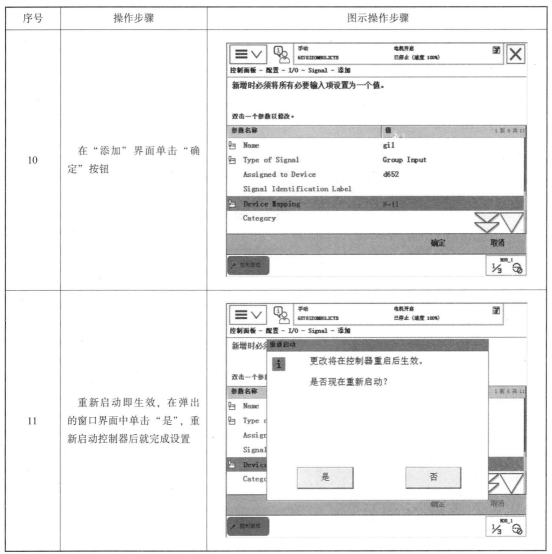
11	重新启动即生效，在弹出的窗口界面中单击"是"，重新启动控制器后就完成设置	

5. 配置数字量组输出信号

组输出信号就是将几个数字输出信号组合起来使用，用于输出 BCD 编码的十进制。数字量组输出信号 go1 的相关参数如表 4 – 17 所示。go1 占用 X2 地址 8～15 共 8 位，可以代表十进制数 0～255。

表 4 – 17　数字量组输出信号 go1 的相关参数

参数名称	设定值	说明
Name	go1	设定组数字输出信号的名字
Type of Signal	Group Output	设定信号的种类
Assigned to Device	d652	设定信号所在的 I/O 模块
Device Mapping	8 – 15	设定信号所占用的地址

DSQC 652 板定义数字量组输出信号 go1，其操作步骤如表 4 – 18 所示。

表 4 – 18　定义数字量组输出信号 go1 的操作步骤

序号	操作步骤	图示操作步骤
1	进入 ABB 主菜单；在示教器操作界面中选择"控制面板"选项；单击界面中"配置"按钮	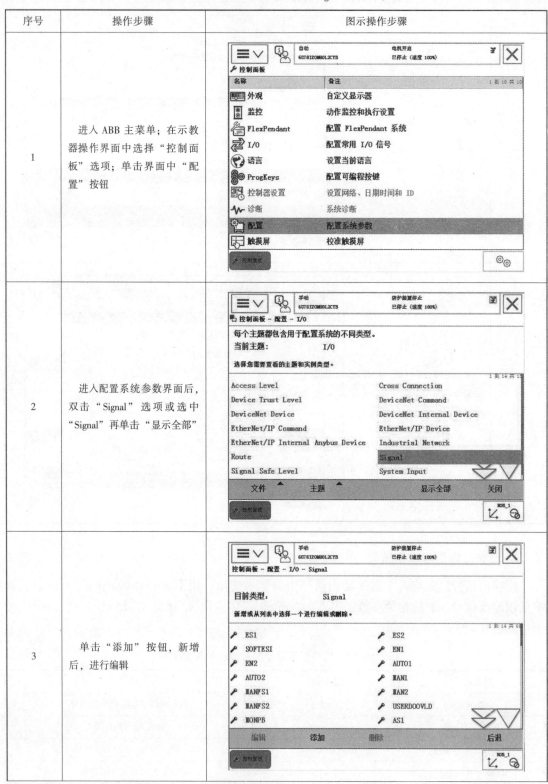
2	进入配置系统参数界面后，双击"Signal"选项或选中"Signal"再单击"显示全部"	
3	单击"添加"按钮，新增后，进行编辑	

续表

序号	操作步骤	图示操作步骤
4	接下来对新添加的信号进行参数设置，双击对应参数项目进行修改，首先是双击"Name"选项	手动 GU78IZOMBOL2CYB 防护装置停止 已停止（速度 100%） 控制面板 - 配置 - I/O - Signal - 添加 新增时必须将所有必要输入项设置为一个值。 双击一个参数以修改。 参数名称 值 1 到 6 共 6 Name tmp内 Type of Signal Assigned to Device Signal Identification Label Category Access Level Default 确定 取消 控制面板 NOS_1
5	输入"gol"，然后单击"确定"按钮	手动 GU78IZOMBOL2CYB 防护装置停止 已停止（速度 100%） Name gol 1 2 3 4 5 6 7 8 9 0 - = ⌫ q w e r t y u i o p [ ] CAP a s d f g h j k l ' + Shift z x c v b n m , . / Home Int'l \ ↑ ↓ ← → End 确定 取消 控制面板 NOS_1
6	其次双击"Type of Signal"，选择"Group Output"选项	手动 GU78IZOMBOL2CYB 防护装置停止 已停止（速度 100%） 控制面板 - 配置 - I/O - Signal - 添加 新增时必须将所有必要输入项设置为一个值。 双击一个参数以修改。 参数名称 值 1 到 6 共 6 Name gol Type of Signal Assigned to Device Digital Input Signal Identification Label Digital Output Category Analog Input Access Level Analog Output Group Input Group Output 控制面板 NOS_1

续表

序号	操作步骤	图示操作步骤
7	再次双击"Assigned to Device",选择"d652"(此处可通过"▼"来查看对应选项)	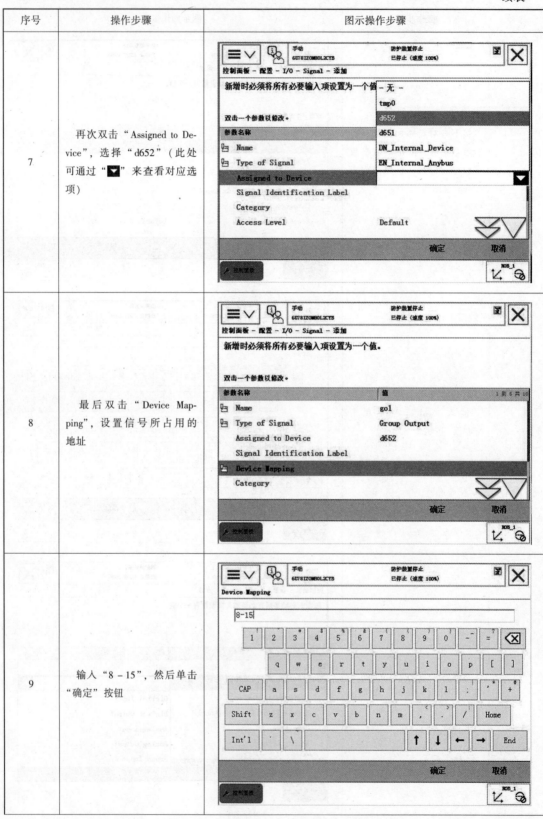
8	最后双击"Device Mapping",设置信号所占用的地址	
9	输入"8‐15",然后单击"确定"按钮	

续表

序号	操作步骤	图示操作步骤
10	在"添加"界面单击"确定"按钮	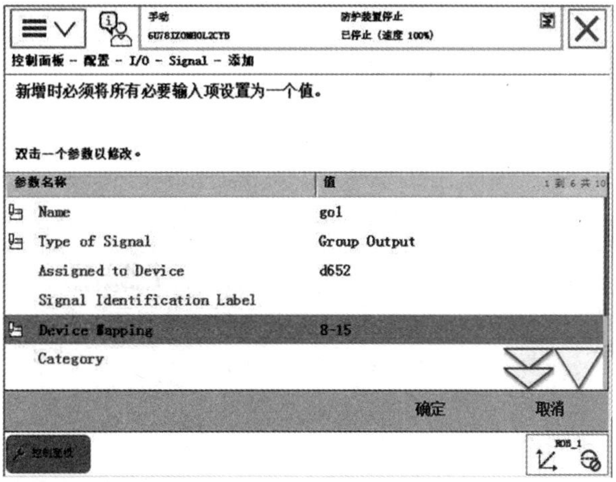 控制面板 - 配置 - I/O - Signal - 添加 新增时必须将所有必要输入项设置为一个值。 双击一个参数以修改。 参数名称　　值 Name　go1 Type of Signal　Group Output Assigned to Device　d652 Signal Identification Label Device Mapping　8-15 Category 确定　取消
11	重新启动即生效，在弹出的窗口界面中单击"是"，重新启动控制器后就完成设置	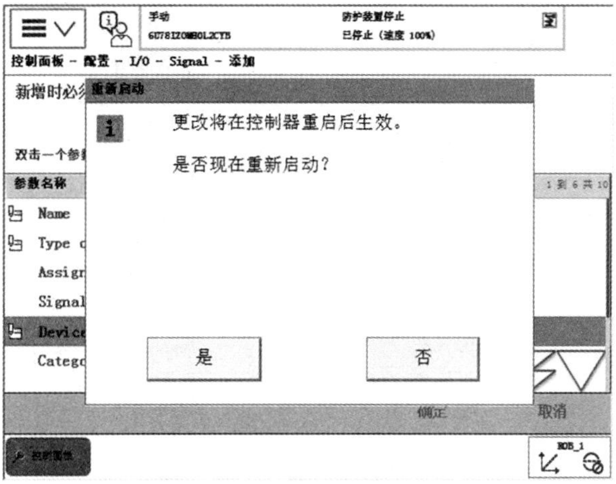 更改将在控制器重启后生效。 是否现在重新启动？ 是　否

6. 配置模拟量输出信号 ao1

模拟量输出信号 ao1 的相关参数如表 4－19 所示。

表 4－19　模拟量输出信号 ao1 的相关参数

参数名称	设定值	说明
Name	ao1	模拟量输出信号的名字
Type of Signal	Analog Output	设定信号的种类
Assigned to Device	d652	设定信号所在的 I/O 模块
Device Mapping	0 － 15	设定信号所占用的地址
Analog Encoding Type	Unsigned	设定模拟信号属性
Maximum Logical Value	10	设定最大逻辑值
Maximum Physical Value	10	设定最大物理量
Maximum Bit Value	65535	设定最大位置

DSQC 652 板定义模拟量输出信号 ao1 的操作步骤如表 4－20 所示。

表 4－20　DSQC 652 板定义模拟量输出信号 ao1 的操作步骤

序号	操作步骤	图示操作步骤
1	进入 ABB 主菜单；在示教器操作界面中选择"控制面板"选项；单击界面中"配置"按钮	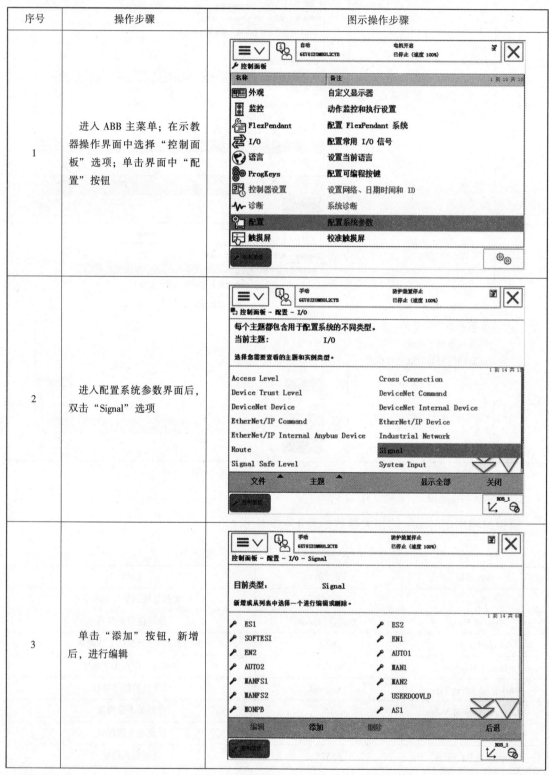
2	进入配置系统参数界面后，双击"Signal"选项	
3	单击"添加"按钮，新增后，进行编辑	

序号	操作步骤	图示操作步骤
4	接下来对新添加的信号进行参数设置，双击对应参数项目进行修改，首先是双击"Name"选项	手动　6U78IZOMHOL2CYB　防护装置停止　已停止 (速度 100%) 控制面板 – 配置 – I/O – Signal – 添加 新增时必须将所有必要输入项设置为一个值。 双击一个参数以修改。 参数名称　　　　　　　　值　　　　　1 到 6 共 6 Name　　　　　　　　　tmp0 Type of Signal Assigned to Device Signal Identification Label Category Access Level　　　　　Default 确定　　取消 控制面板　　NOB_1
5	输入"ao1"，然后单击"确定"按钮	手动　6U78IZOMHOL2CYB　防护装置停止　已停止 (速度 100%) Name ao1 [键盘] 1 2 3 4 5 6 7 8 9 0 - = ⌫ q w e r t y u i o p [ ] CAP a s d f g h j k l ; ' \` Shift z x c v b n m , . / Home Int'l \ ↑ ↓ ← → End 确定　　取消 控制面板　　NOB_1
6	其次双击"Type of Signal"，选择"Analog Output"选项	手动　6U78IZOMHOL2CYB　防护装置停止　已停止 (速度 100%) 控制面板 – 配置 – I/O – Signal – 添加 新增时必须将所有必要输入项设置为一个值。 双击一个参数以修改。 参数名称　　　　　　　　值　　　　　1 到 6 共 6 Name　　　　　　　　　ao1 Type of Signal　　　　▲ Assigned to Device　　Digital Input Signal Identification Label　Digital Output Category　　　　　　　Analog Input Access Level　　　　　Analog Output 　　　　　　　　　　Group Input 　　　　　　　　　　Group Output 控制面板　　NOB_1

续表

序号	操作步骤	图示操作步骤
7	再次双击"Assigned to Device",选择"d652"(此处可通过"▼"来选择对应选项)	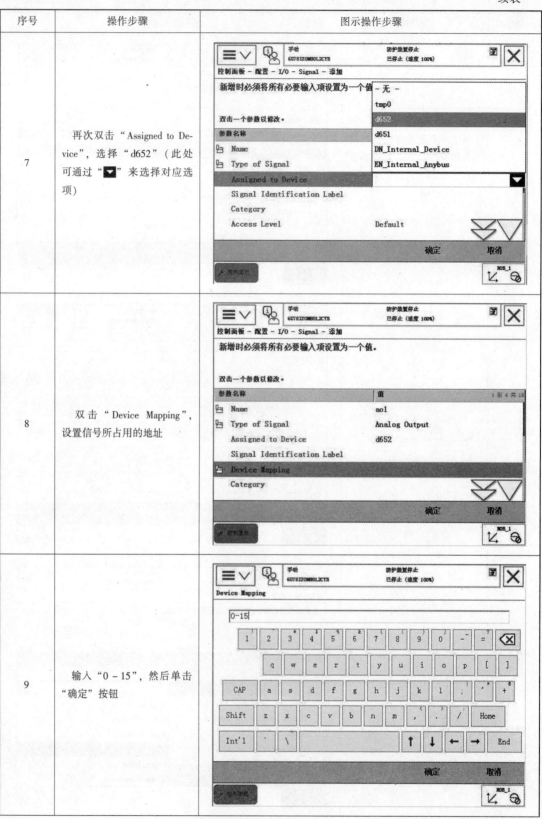
8	双击"Device Mapping",设置信号所占用的地址	
9	输入"0－15",然后单击"确定"按钮	

续表

序号	操作步骤	图示操作步骤
10	下翻界面双击"Analog Encoding Type"，然后在选项里选择"Unsigned"	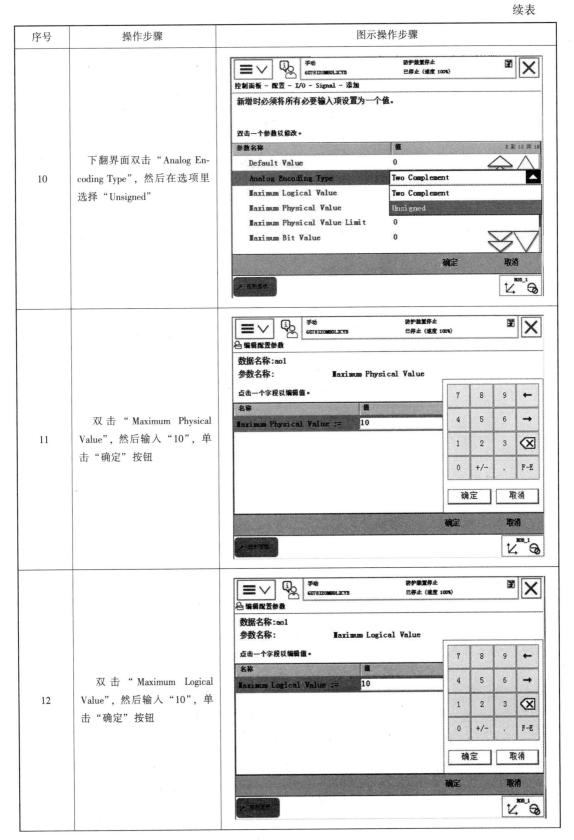
11	双击"Maximum Physical Value"，然后输入"10"，单击"确定"按钮	
12	双击"Maximum Logical Value"，然后输入"10"，单击"确定"按钮	

续表

序号	操作步骤	图示操作步骤
13	双击"Maximum Bit Value",然后输入"65535",单击"确定"按钮	
14	新建的模拟量输出信号ao1的相关参数定义完成,单击"确定"按钮完成设置	
15	重新启动即生效,在弹出的窗口界面中单击"是",重新启动控制器后就完成设置	

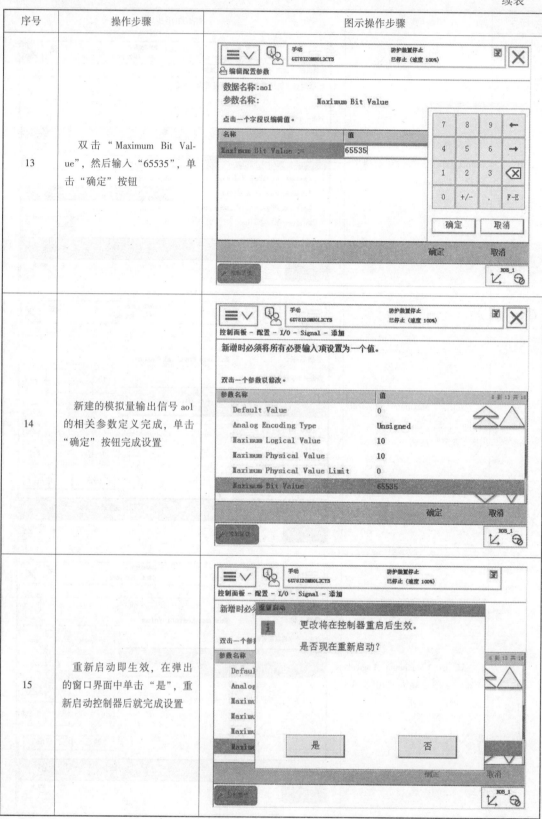

延伸阅读

查看工业机器人参数

工业机器人根据不同的类型可分为五个主题，如图4-8所示，同一主题中的所有参数都被存储在一个单独的配置文件中，配置文件是一份列出了系统参数值的cfg文件，不同主题参数的配置文件说明如表4-21所示。

图4-8 机器人五个不同类型的主题

表4-21 不同主题参数的配置文件说明

主题	配置内容	配置文件
Man-machine Communication	用于简化系统工作的函数	MMC. cfg
Controller	安全性与RAPID专用函数	SYS. cfg
I/O System	I/O板与信号	EIO. cfg
Communication	串行通道与文件传输层协议	SIO. cfg
Motion	机器人与外轴	MOC. cfg
Process	工艺专用工具与设备	PROC. cfg

在"主题"菜单下单击"Man-machine Communication"选项，在弹出的界面中可逐一查看这一主题的所有参数。若要进入某一具体参数查看或修改，需选择对应参数后，单击"显示全部"可查看参数，若要修改可在双击后弹出界面选择参考，如设定"True""False"等。

思考与练习

（1）ABB 工业机器人标准 I/O 板 DSQC 652 的 X1、X2 端提供_____信号；X3、X4 端子提供_____信号。查阅资料 DSQC 651 板可提供_____路输入信号、_____路输出信号。

（2）DSQC 652 板的 X5 端子与_____进行通信，标准板采用_____电源。

（3）结合配置 do7 信号步骤，现场练习配置 do1 信号。

任务 4.3 ABB工业机器人I/O信号监控与操作

ABB 工业机器人提供了丰富的 I/O 通信接口,为了对所有输入、输出信号的地址、状态等信息进行及时掌握,可启动对 I/O 信号进行监控功能。

重点知识

通过快捷方式查看 I/O 信号。
掌握利用仿真或强制方式来调试 I/O 点或程序。

关键能力

利用仿真或强制置 1、0 方式对工业机器人 I/O 监控。
培养正确、安全操作设备的习惯,严谨的做事风格,团队协作意识。

任务描述

利用 ABB 工业机器人基础教学工作站平台,仿真操作平台面板配备 I/O 点,以便工业机器人调试和检修时使用。

任务要求

掌握对 ABB 工业机器人 I/O 信号进行监控与查看,要求对面板上输入信号 di3 和输出信号 do7 进入置 1 和置 0 操作。

任务环境

2 人一组的实训平台,可以完成 PPT 教学。
ABB 工业机器人基础教学工作站 6 套。

 相关知识

ABB 工业机器人基础教学工作站为更方了便操作、查看标准板 DSQC 652 的 I/O 状态,通过线路把相关信号引至控制面板上,如图 4-9 所示。图 4-9 中第 1、3 列代表输入端信号,即 di0 ~ di15;第 2、4 列代表输出端信号,即 do0 ~ do15。

仿真和强制操作分别是对应输入信号和输出信号,输入信号是外部设备发送给机器人的

图 4-9　ABB 机器人 I/O 控制面板信号

信号，所以机器人并不能对此信号进行赋值，但是在机器人编程测试环境中，为了方便模拟外部设备的信号场景，使用仿真操作来对输入信号赋值，消除仿真之后，输入信号就可以回到之前的值，对于输出信号，则可以直接进行强制赋值操作。

　　对 I/O 信号的状态或数值进行仿真或强制操作，以便在机器人调试和检修时使用。

IO 信号的仿真操作

 任务实施

　　通过示教器对 ABB 工业机器人 I/O 信号监控与操作的详细步骤如表 4-22、表 4-23 所示。

1. 对"输入/输出"界面操作

　　对"输入/输出"界面操作步骤如表 4-22 所示。

表 4-22　对"输入/输出"界面操作步骤

序号	操作步骤	图示操作步骤
1	进入 ABB 主菜单，在示教器操作界面中单击"输入输出"选项，如右图所示	手动 6UTSIZOMBOLZCYTS　防护装置停止 已停止（速度 100%） HotEdit　备份与恢复 输入输出　校准 手动操纵　控制面板 自动生产窗口　事件日志 程序编辑器　FlexPendant 资源管理器 程序数据　系统信息 注销 Default User　重新启动

序号	操作步骤	图示操作步骤
2	单击界面右下角的"视图"菜单	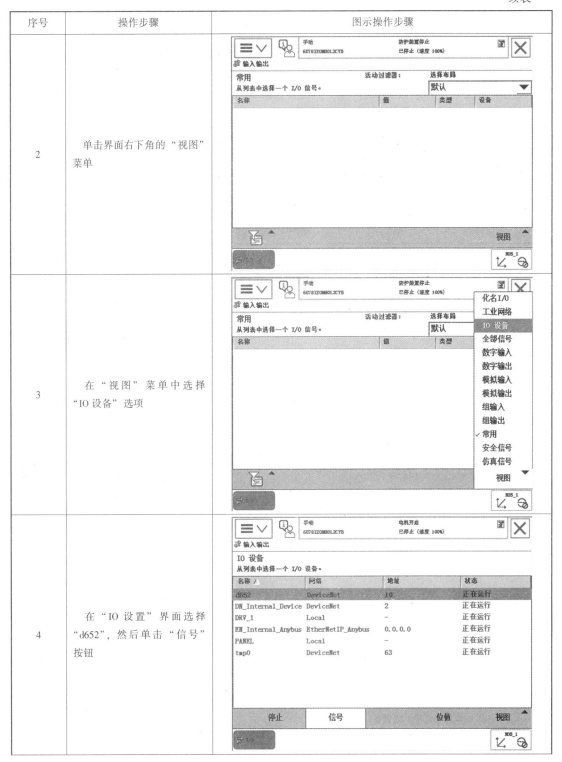
3	在"视图"菜单中选择"IO 设备"选项	
4	在"IO 设置"界面选择"d652"，然后单击"信号"按钮	

续表

序号	操作步骤	图示操作步骤
5	可以看到上一节中所定义的信号，通过该窗口可以对信号进行监控、仿真和强制操作	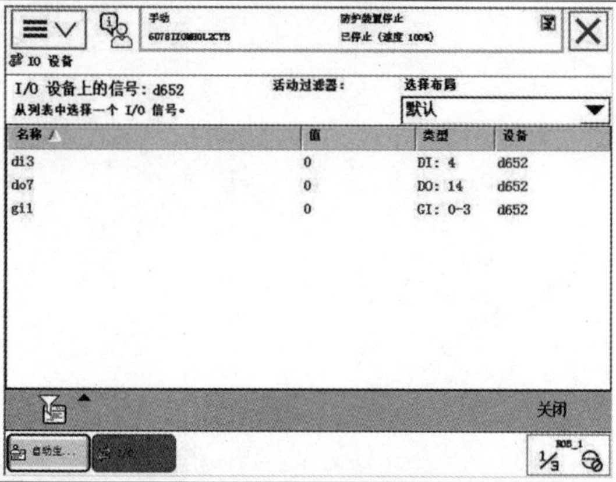

2. 对数字量输入/输出信号 di3、do7 进行仿真操作

1）对输入信号 di3 仿真

对数字量输入信号 di3 仿真操作步骤如表 4-23 所示。

表 4-23　对数字量输入信号 di3 仿真操作步骤

序号	操作步骤	图示操作步骤
1	在表 4-22 操作基础上，选中"di3"，然后单击"仿真"按钮	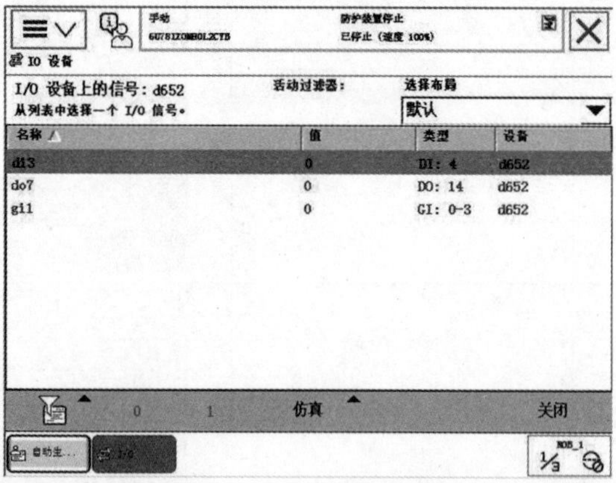
2	单击"0"或"1"，可以将 di1 的状态仿真置 1 或置 0	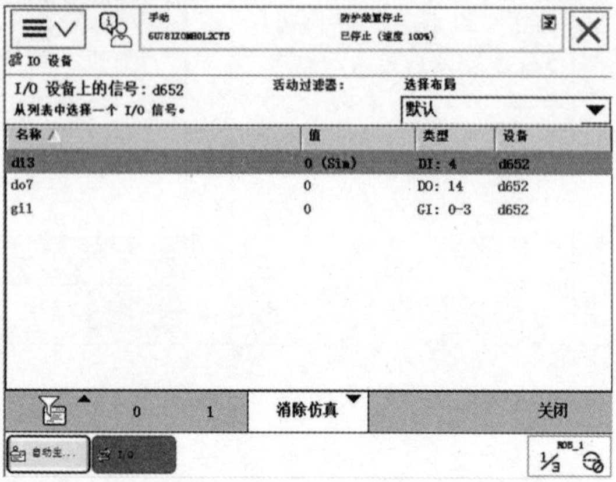

续表

序号	操作步骤	图示操作步骤
3	如单击"1"，则在"值"栏中变为1	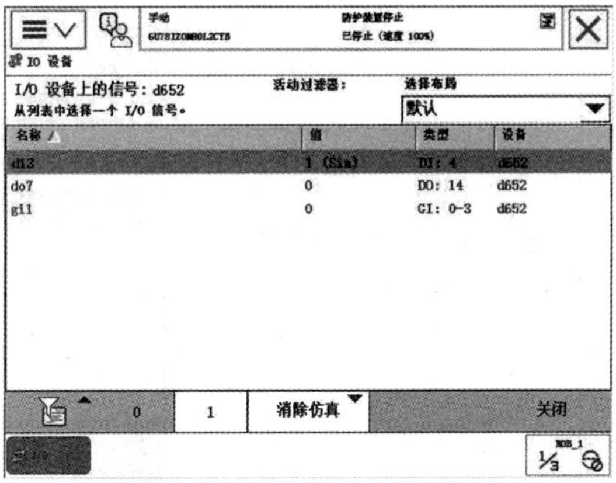
4	仿真结束后，单击"清除仿真"按钮取消仿真，返回如右图所示画面	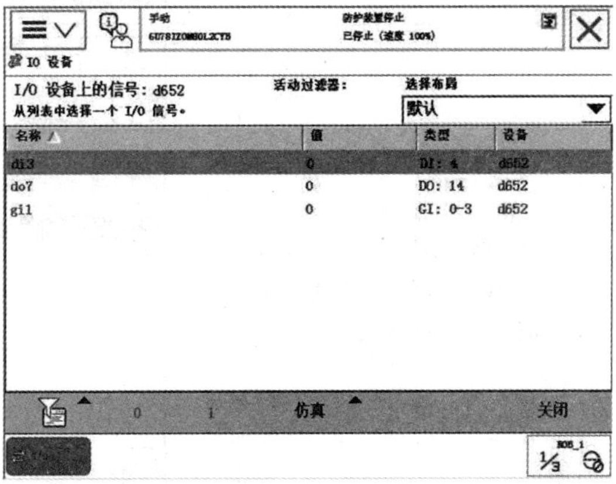
5	可以看到上一节中所定义的信号，通过该窗口可以对信号进行监控、仿真和强制操作	

2）对输出信号 do7 仿真

对数字量输出信号 do7 仿真操作步骤如表 4－24 所示。

表 4－24　对数字量输出信号 do7 仿真操作步骤

序号	操作步骤	图示操作步骤
1	在表 4－22 操作基础上，选中"do7"，然后单击"仿真"按钮	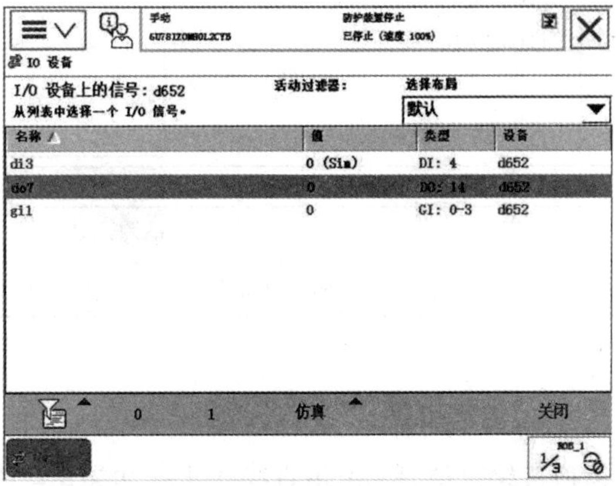

续表

序号	操作步骤	图示操作步骤
2	单击"0"或"1",可以将 do7 的状态仿真置 1 或置 0	
3	在右图所示界面单击"1",此时 ABB 基础教学工作站中对应 do7 的指示灯亮	
4	仿真结束后,单击"清除仿真"按钮取消仿真,返回如右图所示界面	
5	可以看到上一节中所定义的信号,通过该窗口可以对信号进行监控、仿真和强制操作	

3. 对模拟量输出信号 ao1 进行仿真操作

对模拟量输出信号 ao1 仿真操作步骤如表 4 – 25 所示。

表 4 –25 对模拟量输出信号 ao1 仿真操作步骤

序号	操作步骤	图示操作步骤
1	在配置模拟量信号 ao1 及表 4–22 操作基础上，选中"ao1"，然后单击"123…"按钮	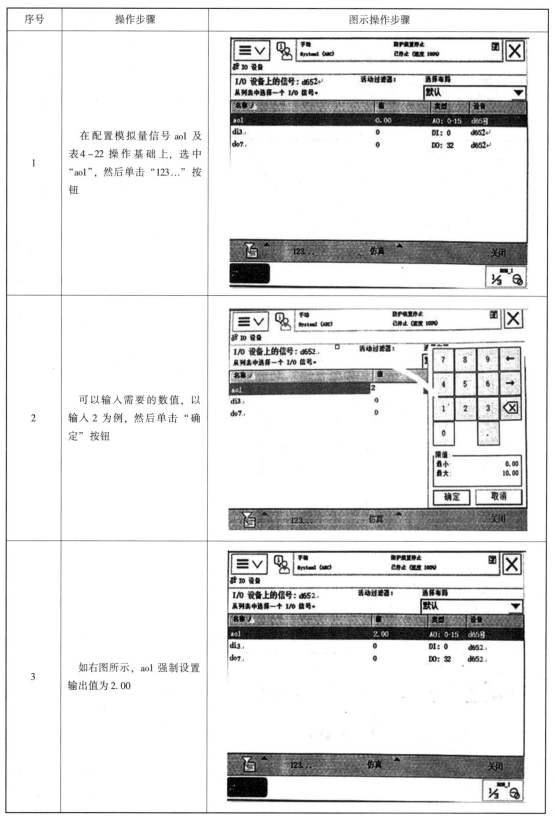
2	可以输入需要的数值，以输入 2 为例，然后单击"确定"按钮	
3	如右图所示，ao1 强制设置输出值为 2.00	

思考与练习

（1）对输入信号 di、输出信号 do 进行仿真操作主要应用在哪里？

（2）在 4.2 节对输入信号 do1 进行配置基础上，进行仿真操作练习。

（3）配置 do5 信号，并用示教器单击仿真状态"1""0"切换，查看控制面板中输出信号状态变化。

任务 4.4　ABB工业机器人I/O信号关联

ABB 工业机器人在配置好标准 I/O 板后，还需要将设置好的 I/O 信号与工业机器人自身的控制、状态信息关联在一起，从而实现通过 I/O 信号来控制工业机器人及外围设备。

重点知识

常用的工业机器人系统控制信号表。
常用的工业机器人系统状态信号表。

关键能力

理解常用工业机器人控制信号、状态信号表。
掌握操作工业机器人标准板、输入输出信号与工业机器人控制信号、状态信号关联的操作步骤。

任务描述

建立系统输入输出信号与 I/O 关联，可实现对工业机器人系统的控制，比如电动机开启、程序启动等；也可以实现对外围设备的控制，比如电动机主轴的转动、夹具的开启等。

任务要求

将工业机器人标准板 DSQC 652 的输入信号 di3 与工业机器人控制信号 "Motors On" 进行关联。

将工业机器人标准板 DSQC 652 的输出信号 do7 与工业机器人状态信号 "Motors On State" 进行关联。

任务环境

2 人一组的实训平台，可以完成 PPT 教学。
ABB 工业机器人基础教学工作站 6 套。

IO 信号的关联操作

相关知识

ABB 工业机器人标准 I/O 板的输入信号与工业机器人系统的控制信号关联起来，便可以通过示教器或周边设备对工业机器人进行控制操作，如控制电动机的开关、程序的启停等。常用的工业机器人系统控制信号如表4－26所示。

表4－26 常用的工业机器人系统控制信号

序号	控制信号名称	说明
1	Motors On	电动机通电
2	Motors Off	电动机断电
3	Start	启动运行
4	Start at Main	从主程序启动运行
5	Stop	暂停
6	Quick Stop	快速停止
7	Stop at end of Cycle	在循环结束后停止
8	Interrupt	中断触发
9	Load and Start	加载程序并启动运行
10	Reset Emergency Stop	急停复位
11	Motors On and Start	电动机通电并启动运行
12	System Restart	重启系统
13	Load	加载程序
14	Backup	系统备份
15	PP to Main	指针移至主程序

ABB工业机器人的数字输出信号与工业机器人系统的状态信号关联起来，便可将其状态输出给外围设备，可作监视、控制之用。常用的工业机器人系统状态信号如表4－27所示。

表4－27 常用的工业机器人系统状态信号

序号	控制信号名称	说明
1	Motors On	电动机通电
2	Motors Off	电动机断电
3	Cycle On	程序运行状态
4	Emergency Stop	紧急停止
5	Auto On	自动运行状态
6	Runchain OK	程序执行错误报警
7	TCP Speed	工具中心点速度（以模拟量输出当前Robot速度）
8	Motors On State	电动机通电状态
9	Motors Off State	电动机断电状态

续表

序号	控制信号名称	说明
10	Power Fail Error	动力供应失效状态
11	Motion Supervision Triggered	碰撞检测被触发
12	Motion Supervision On	动作监控打开状态
13	Path Return Region Error	返回路径失败状态
14	TCP Speed Reference	工具中心点速度参考状态 （以模拟量输出当前Robot速度）
15	Simulated I/O	虚拟I/O状态
16	Mechanical Unit Active	激活机械单元
17	Task Executing	任务运行状态
18	Mechanical Unit Not Moving	机械单元没有运行
19	Production Execution Error	程序运行错误报警
20	Backup in Progress	系统备份进行中
21	Backup Error	备份错误报警

 任务实施

1. 数字输入信号 di3 与系统控制信号关联

下面以"Motors On"为例，介绍如何将数字输入信号 di3 与工业机器人系统控制信号关联，详细操作步骤如表4-28所示。

表4-28　数字输入信号 di3 与控制信号"Motors On"关联操作步骤

序号	操作步骤	图示操作步骤
1	进入ABB主菜单；在示教器操作界面中选择"控制面板"选项；单击界面中"配置"按钮	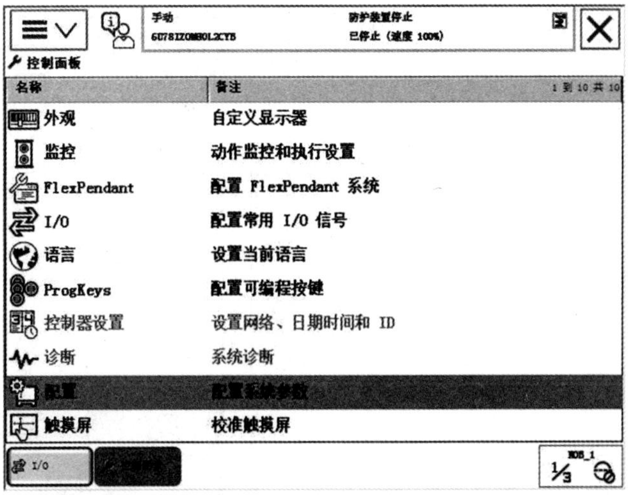 略

129

续表

序号	操作步骤	图示操作步骤
2	进入配置系统参数界面后，双击"System Input"选项	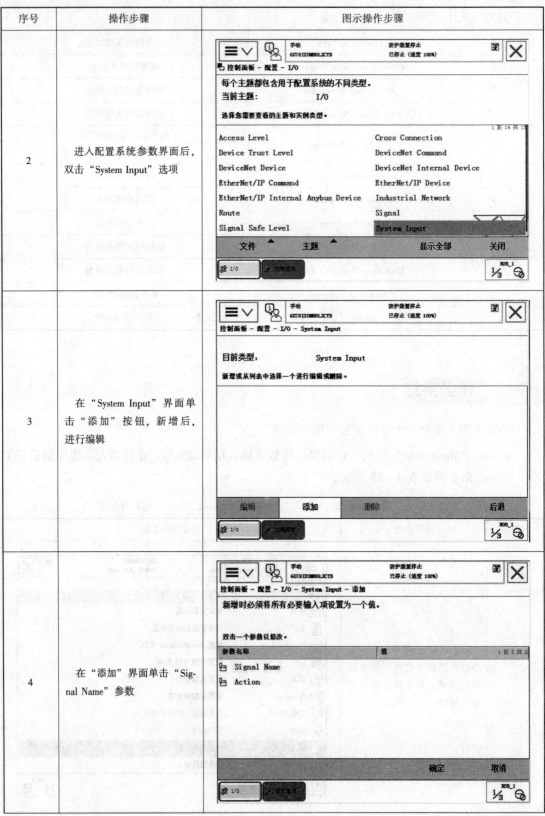
3	在"System Input"界面单击"添加"按钮，新增后，进行编辑	
4	在"添加"界面单击"Signal Name"参数	

序号	操作步骤	图示操作步骤
5	选择前面设置的输入信号"di3"	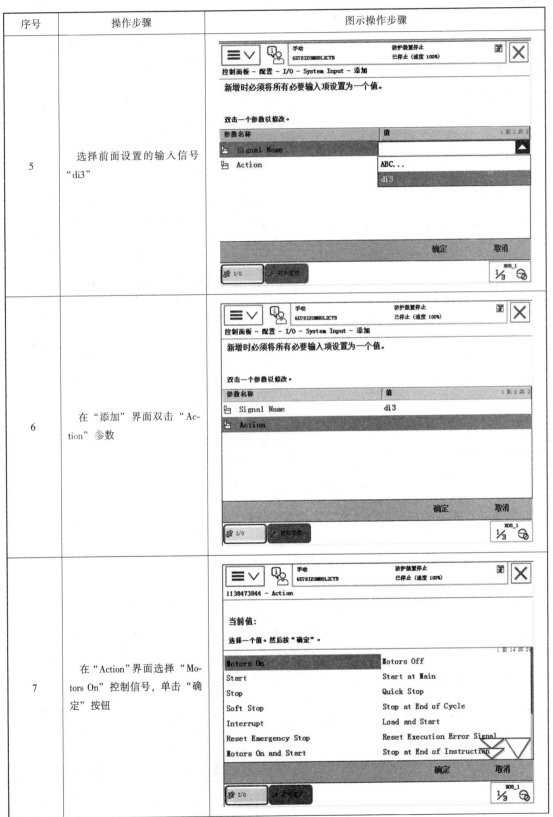
6	在"添加"界面双击"Action"参数	
7	在"Action"界面选择"Motors On"控制信号，单击"确定"按钮	

续表

序号	操作步骤	图示操作步骤
8	再次单击"确定"按钮	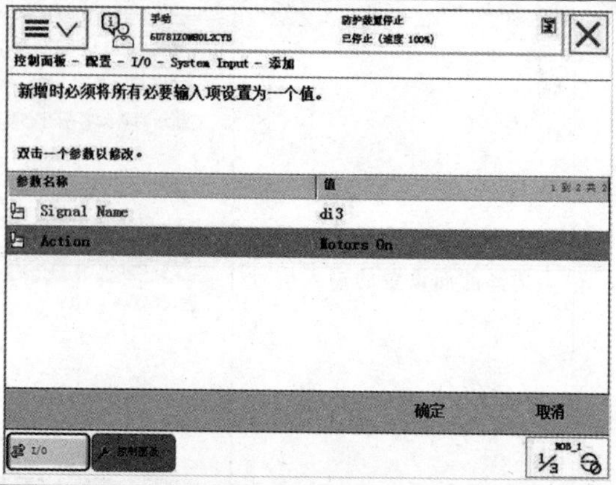
9	在弹出的重启界面中单击"是"按钮，系统重新启动，即完成 di3 与控制信号"Motors On"的关联	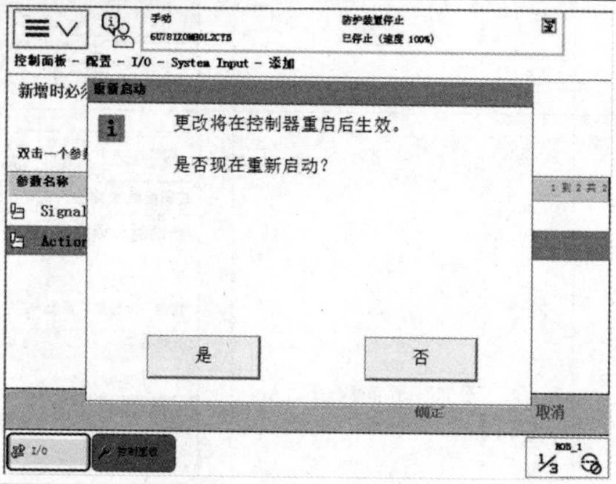

2. 数字输出信号 do7 与系统状态信号关联

下面以"Motors On State"为例，介绍如何将数字输出信号 do7 与工业机器人系统控制信号关联，详细操作步骤如表 4 – 29 所示。

表 4 –29　定义模拟量输出信号 do7 连接操作步骤

序号	操作步骤	图示操作步骤
1	进入 ABB 主菜单；在示教器操作界面中选择"控制面板"选项；单击界面中"配置"按钮	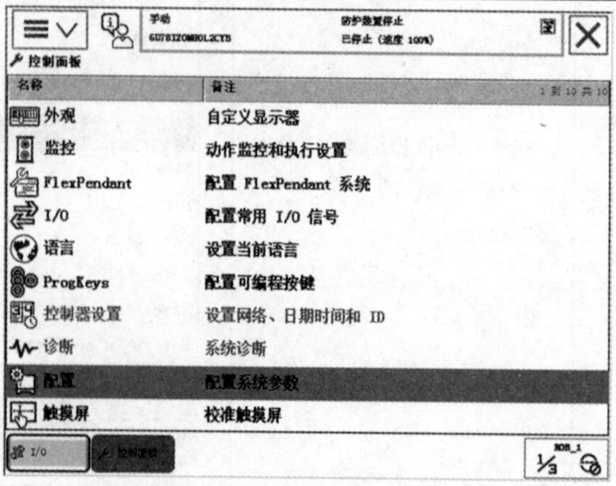

序号	操作步骤	图示操作步骤
2	进入配置系统参数界面后，双击"System Output"选项	控制面板 - 配置 - I/O 每个主题都包含用于配置系统的不同类型。 当前主题：　　　　I/O 选择您需要查看的主题和实例类型。　　　3 到 15 共 15 Device Trust Level　　　DeviceNet Command DeviceNet Device　　　　DeviceNet Internal Device EtherNet/IP Command　　EtherNet/IP Device EtherNet/IP Internal Anybus Device　Industrial Network Route　　　　　　　　　　Signal Signal Safe Level　　　System Input **System Output** 文件　主题　显示全部　关闭
3	在"System Output"界面单击"添加"按钮，新增后，进行编辑	控制面板 - 配置 - I/O - System Output 目前类型：　　　　　System Output 新增或从列表中选择一个进行编辑或删除。　1 到 1 共 1 MOTLMP_MotorOn 编辑　添加　删除　后退
4	在"添加"界面单击"Signal Name"参数；选择前面设置的输出信号"do7"	控制面板 - 配置 - I/O - System Output - 添加 新增时必须将所有必要输入项设置为一个值。 双击一个参数以修改。 参数名称　　　值　　1 到 2 共 2 Signal Name Status　　ABC... 　　　　　do7 确定　取消

序号	操作步骤	图示操作步骤
5	在"添加"界面中双击"Status"参数	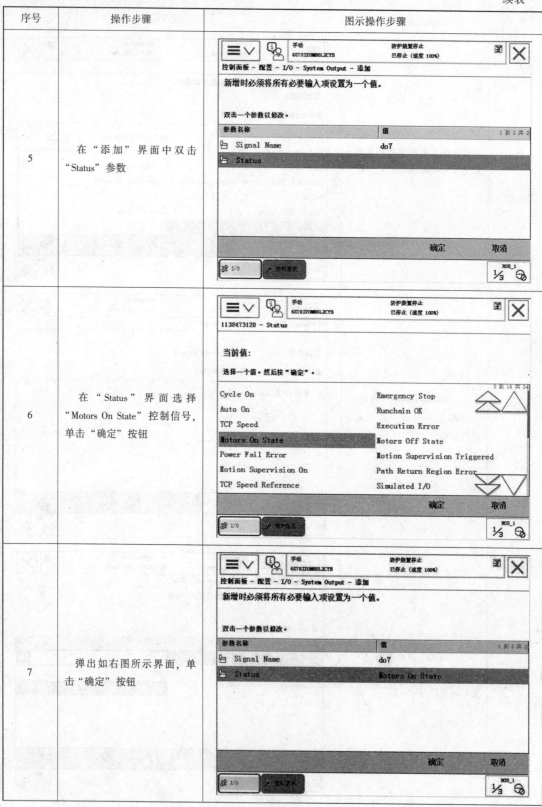
6	在"Status"界面选择"Motors On State"控制信号，单击"确定"按钮	
7	弹出如右图所示界面，单击"确定"按钮	

续表

序号	操作步骤	图示操作步骤
8	在弹出的重启界面中单击"是"按钮，系统重新启动，即完成 do7 与状态信号"Motors On State"的关联	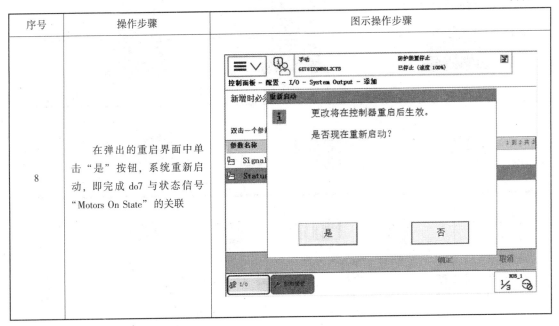

 延伸阅读

DeviceNet

现场总线技术是计算机技术、通信技术和控制技术三方面的结合，是当前自动化领域技术发展的热点之一，受到了国内外工业自动化设备制造商的广泛关注。现场总线技术发展很快，目前在世界范围内，正在应用的现场总线已达到十种之多，这其中最为流行的就是 DeviceNet 现场总线。

DeviceNet 是一种基于 CAN 的通信技术，主要用于构建底层控制网络，在车间等现场设备（如传感器、执行器、机器人等）与控制设备（如 PLC、工控机、变频器等）间建立连接，减少 I/O 接口和布线数量，实现了工业设备的网络化和远程管理。

DeviceNet 总线最初是由美国的罗克韦尔自动化 Rockwell 公司 1994 年提出的，符合全球工业标准的开放型通信网络，Rockwell 提出的三层网络结构中，DeviceNet 处于最底层，即控制设备层，如图 4-10 所示。

在工厂自动化领域有明显的优势，具有开放、低成本、高效率和高可靠性优点，也避免了昂贵和烦琐的硬件接线。目前 DeviceNet 现场总线技术在美国和日本的市场应用较为广泛，在我国虽然应用 DeviceNet 现场总线技术的时间比较晚，但由于具有突出优势而受到行业、工信部等部门支持，DeviceNet 现场总线技术将伴随着工业自动化技术、工业机器人技术一起促进我国智能制造产业蓬勃发展。

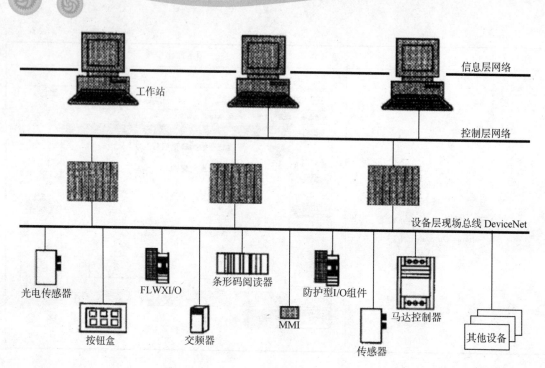

图 4 – 10　Rockwell 提出的三层网络结构图

　思考与练习

（1）工业机器人标准板 DSQC 652 的信号与哪些信号关联起来后才比较方便进行编程操作？

（2）表 4 – 26、表 4 – 27 中的信号 Stop 和 Emergency Stop 分别代表_____、_____。

（3）DeviceNet 是什么？应用在哪里？

项目五
ABB 工业机器人程序数据的建立

程序数据是指程序内声明的数据。而数据是信息的载体，它能够被计算机识别、存储和加工处理，它是计算机程序加工的原料，应用程序处理各种各样的数据。

思维导图

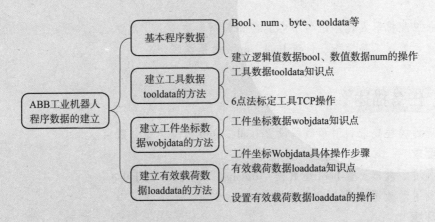

任务 5.1　基本程序数据

在工业机器人中程序数据是程序模块或系统模块中设定的值或定义的一些环境数据，创建好的程序数据可通过同一个模块或其他模块中的指令进行引用。

重点知识

掌握工业机器人常用的程序数据类型 bool、tooldata 等。

掌握 ABB 工业机器人程序数据的常量（Const）、变量（Var）和可变量（Pers）三种存储类型。

关键能力

可区分工业机器人程序语句中各类存储数据类型。

可通过示教器正确操作、设置 bool、num 数据类型。

任务描述

根据现场编程要求利用示教器设置 bool、num 数据类型并赋值。

任务要求

要求利用示教器设置 bool 型数据"finished"为 True 或 False。

要求利用示教器设置 num 型数据"reg6 = 5"。

任务环境

2 人一组的实训平台，可以完成 PPT 教学。

ABB 工业机器人基础教学工作站 6 套。

相关知识

ABB 机器人基本程序数据

1. 程序数据的类型

程序数据是在程序模块或系统模块中设定值和定义的一些环境数据，创建的程序数据由同一个模块或其他模块中的指令进行引用，如图 5-1 所示，关节运动指令 MoveJ 调用了 4 个程序数据。

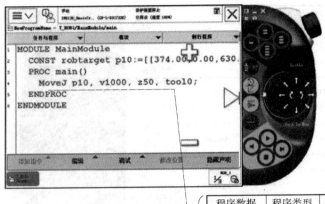

程序数据	程序类型	说明
p10	robtarget	机器人运动目标位置数据
v1000	speeddata	机器人运动速度数据
z50	zonedata	机器人运动转弯数据
too10	tooldata	机器人工具数据TCP

图5-1　MoveJ指令调用4个程序数据

ABB工业机器人常用的程序数据如表5-1所示。

表5-1　ABB工业机器人常用的程序数据

程序数据	说明	程序数据	说明
Bool	逻辑值数据	pos	位置数据（只有 X、Y、Z 参数）
Byte	整数数据0~255	pose	坐标转换
clock	计时数据	robjoint	轴角度数据
dionum	数字输入/输出信号数据	robtarget	工业机器人与外轴的位置数据
extjoint	外轴位置数据	speeddata	工业机器人与外轴的速度数据
intnum	中断标志符	string	字符串
jointtarget	关节位置数据	tooldata	工具数据
loaddata	有效载荷数据	trapdata	中断数据
mecunit	机械装置数据	wobjdata	工件坐标数据
num	数值数据	zonedata	工具中心点转弯半径数据
orient	姿态数据		

工业机器人的程序数据可在示教器中的程序数据界面查看，如图5-2所示，操作人员也可按实际情况创建所需要的程序数据。

2. 程序数据的存储方式

ABB工业机器人程序数据的存储类型可分为常量（Const）、变量（Var）和可变量（Pers）三种。

1）常量Const

常量的特点是在定义时已对其赋予了数值，并不能在程序中修改，如果需要修改时只能

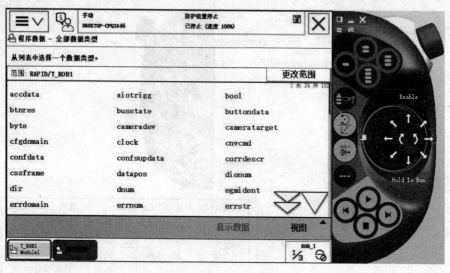

图 5 - 2　程序数据界面

手动修改。在定义时，所有常量必须被赋予一个相应的初始值。

举例说明：

Const num height：=10；名称为 height 的数字数据

Const string Hello：="success"；名称为 Hello 的字符数据

2）变量 Var

在定义时定义了初始值，可在程序中进行赋值操作。变量型数据在程序执行过程中和停止时，会保持当前的值，但如果程序指针被移到主程序（复位）或工业机器人控制器重启，数值将会丢失（恢复初始值）。定义变量时可以赋初始值，也可不赋初始值。

举例说明：

num Robot：=0；名称为 Robot 的数字型数据

Var string name：="Create"；名称为 name 的字符数据

Var bool Yes or No：=True；名称为 Yes or No 的布尔量

3）可变量 Pers

这类数据类型在程序执行过程中会保持当前值，但无论程序指针如何，该数据会保持最后一次的值。最大特点就是无论程序怎样执行，都将保持最后被赋予的值。

PERS num nbr：=1；名称为 nbr 的数字数据

PERS string test：="Hello"；名称为 test 的字符数据

 任务实施

如何创建程序数据

1. 建立逻辑值数据 bool

bool 用于存储逻辑值数据，即 bool 型数据值只能为 true（真）或 false（假）。建立逻辑值数据 bool 时所接触到的参数及说明如表 5 - 2 所示，其操作步骤如表 5 - 3 所示。

表 5 – 2　逻辑值数据 bool 相关参数及说明

序号	参数	说明
1	名称	设定数据的名称
2	范围	设定数据可使用的范围（全局、本地和任务）
3	存储类型	设定数据的可存储类型（变量、可变量和常量）
4	任务	设定数据所在的任务
5	模块	设定数据所在的模块
6	例行程序	设定数据所在的例行程序
7	维数	设定数据的维数（一维、二维和三维）
8	初始值	设定数据的初始值

表 5 – 3　建立逻辑值数据 bool 的操作步骤

序号	操作步骤	图示操作步骤
1	从示教器界面进入 ABB 主菜单；在示教器操作界面单击"程序数据"选项	
2	单击右下角的"视图"按钮，有"全部数据类型""已有数据类型"选项，单击"已用数据类型"选项，如右图所示	

序号	操作步骤	图示操作步骤
3	若上一步选择"全部程序数据"选项，在列表中选择"bool"选项； 单击"显示数据"按钮或双击"bool"	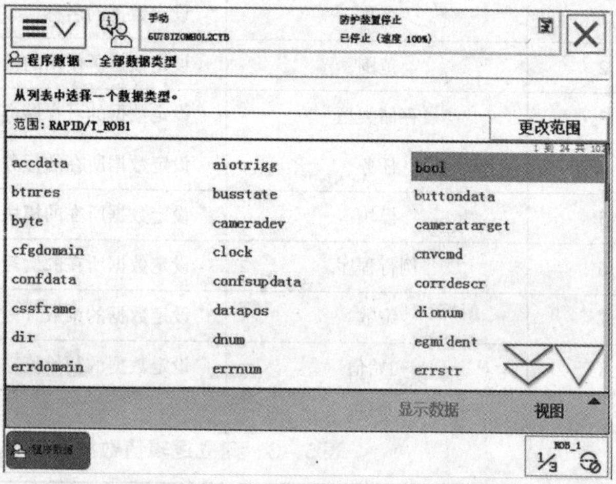
4	在右图所示界面单击"新建…"按钮，进入"新数据声明"界面	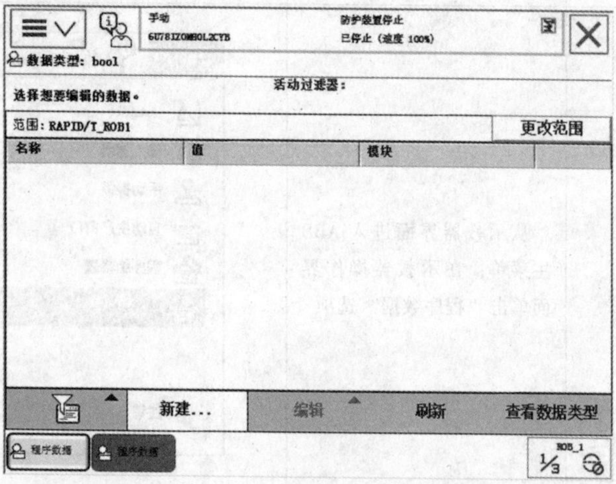
5	单击界面"名称"栏的"…"按钮，设定数据的名称	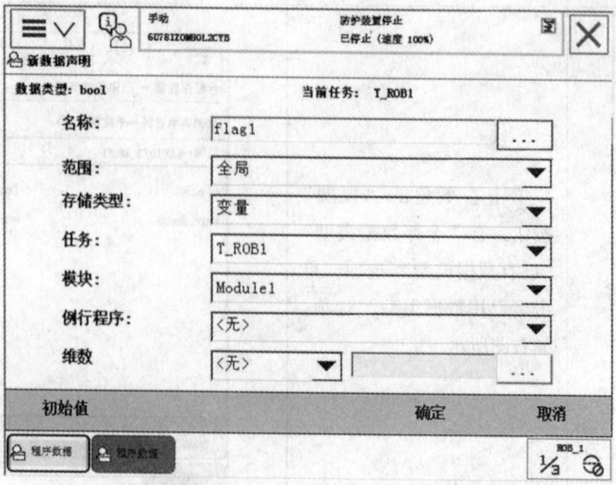

序号	操作步骤	图示操作步骤
6	输入"finished";单击"确定"按钮,返回"新数据声明"界面	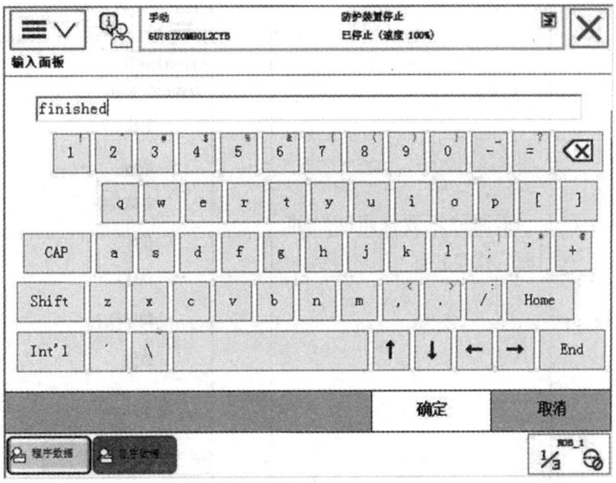
7	单击"初始值"按钮,进入"编辑"界面	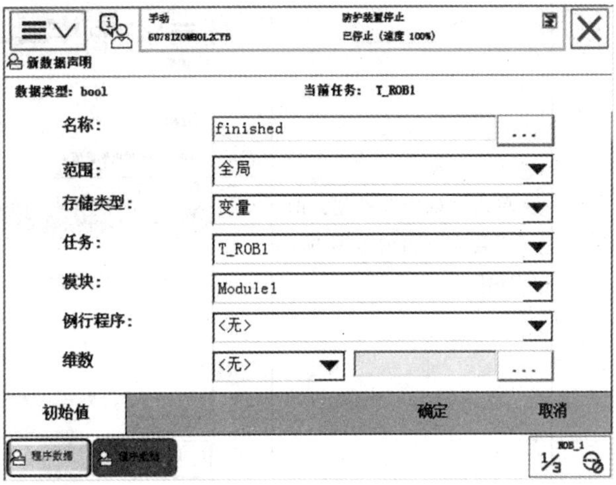
8	在左下角中"TRUE""FALSE"中选"FALSE",即将初始值设定为"FALSE";单击"确定"按钮	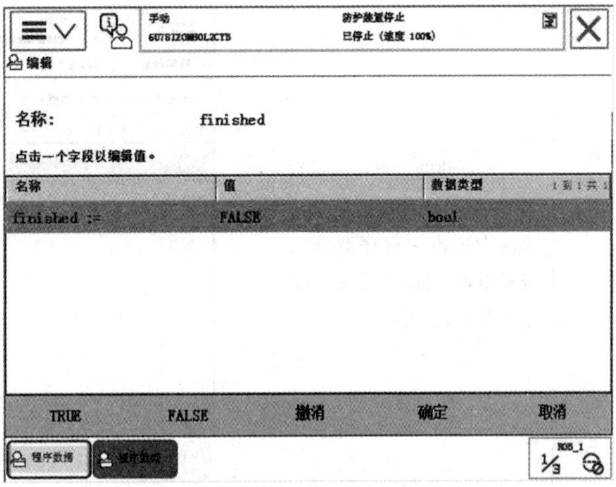

续表

序号	操作步骤	图示操作步骤
9	返回"新数据声明"界面，核实名称	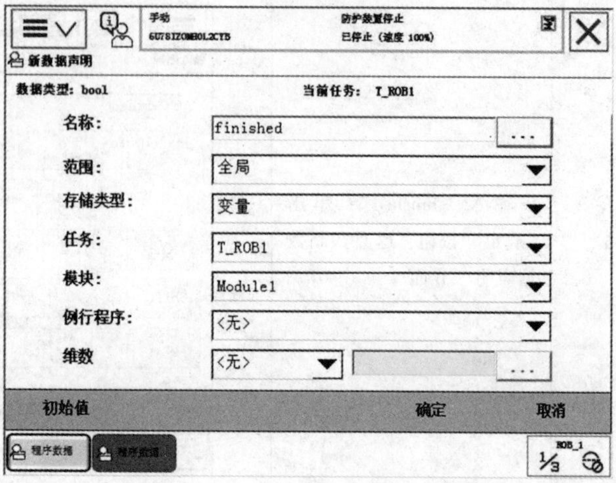 手动 6U7SIZOMBOL2CYB 防护装置停止 已停止 (速度 100%) 新数据声明 数据类型: bool　　　当前任务: T_ROB1 名称: finished　... 范围: 全局 存储类型: 变量 任务: T_ROB1 模块: Module1 例行程序: <无> 维数 <无>　... 初始值　确定　取消 程序数据　程序编辑　1/3 ROB_1
10	单击"确定"按钮，即完成建立逻辑值数据 bool 的操作	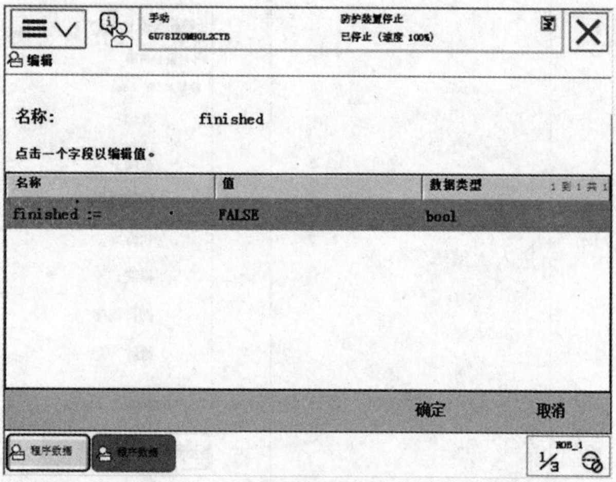 手动 6U7SIZOMBOL2CYB 防护装置停止 已停止 (速度 100%) 编辑 名称:　finished 点击一个字段以编辑值。 名称　值　数据类型　1 到 1 共 1 finished := ·　FALSE　bool 确定　取消 程序数据　程序数据　1/3 ROB_1
	查看新建的数据：从示教器界面进入 ABB 主菜单→界面中单击"程序数据"，查看新增"bool"变量，单击查看命名及值	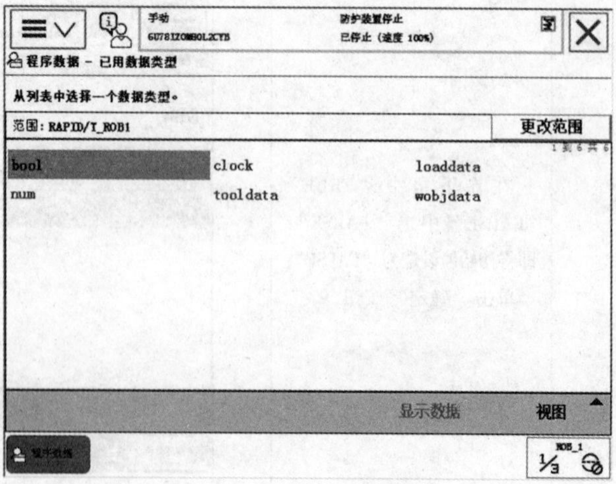 手动 6U7SIZOMBOL2CYB 防护装置停止 已停止 (速度 100%) 程序数据 - 已用数据类型 从列表中选择一个数据类型。 范围: RAPID/T_ROB1　更改范围 1 到 6 共 6 bool　clock　loaddata num　tooldata　wobjdata 显示数据　视图 程序数据　1/3 ROB_1

2. 建立数值数据 num

num 用于存储数值数据，其值可以是整数、小数或指数。建立数值数据 num 所需的参数及说明，与建立逻辑值数据 bool 的类似。表 5－4 所示为建立数值数据 num 的操作步骤。

表 5－4　建立数值数据 num 的操作步骤

序号	操作步骤	图示操作步骤
1	从示教器界面进入 ABB 主菜单；在示教器操作界面中单击"程序数据"按钮	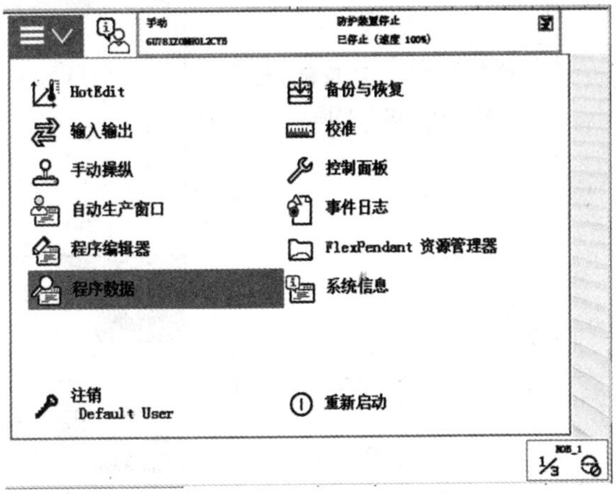
2	单击右下角的"视图"按钮，选择"全部数据类型"选项，全部的程序数据便全部列出来	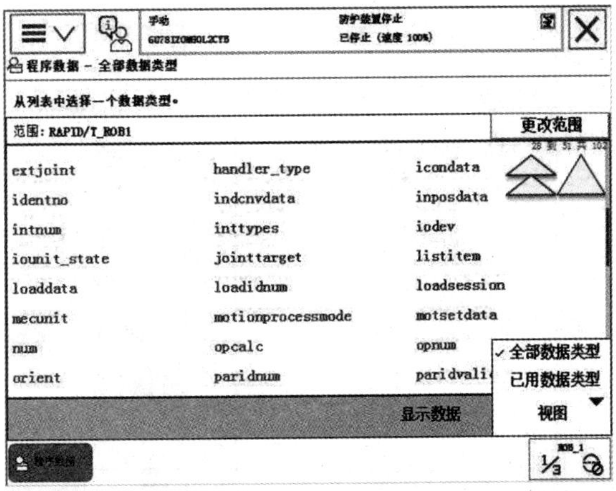
3	在全部程序数据列表中选择"num"选项；单击"显示数据"按钮	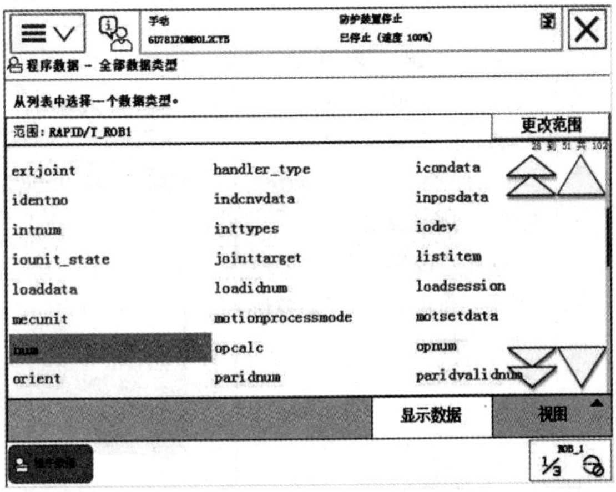

续表

序号	操作步骤	图示操作步骤
4	单击"新建…"按钮,进入"新数据声明"界面	
5	单击"初始值"按钮	
6	在"编辑"界面选择"reg6:=",根据程序需要输入初始值,如输入"5"。 单击屏幕键盘上的"确定"按钮,初始值设定完毕。 单击"编辑"界面上的"确定"按钮,返回"新数据声明"界面	

续表

序号	操作步骤	图示操作步骤
7	在"新数据声明"界面单击"确定"按钮，完成建立数值数据 num 的操作	 名称：　　　reg6 点击一个字段以编辑值。 名称　　值　　数据类型 reg6 :=　　5　　num 确定　　取消
8	查看新建的数据：从示教器界面进入 ABB 主菜单→界面单击"程序数据"，查看新增"num"变量，双击查看 reg6 = 5	 程序数据 - 已用数据类型 从列表中选择一个数据类型。 范围：RAPID/T_ROB1　　更改范围 bool　　clock　　loaddata num　　tooldata　　wobjdata 显示数据　　视图

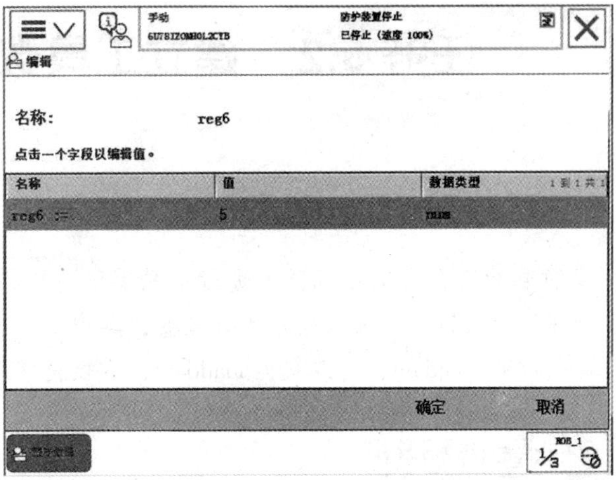

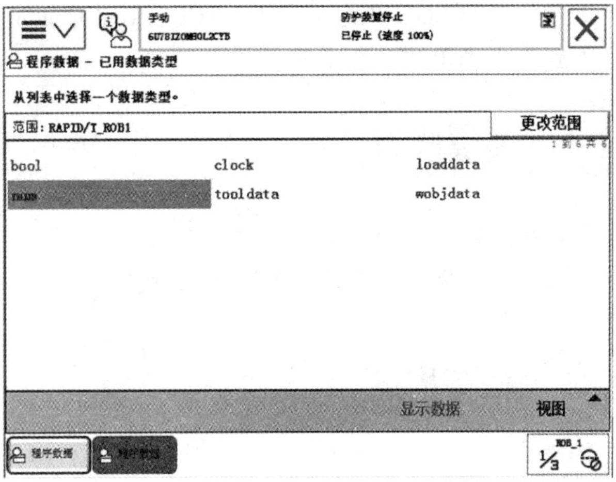

 思考与练习

（1）ABB 工业机器人常用的程序数据有哪些类型？请列举 4 个。

（2）ABB 工业机器人常用的程序数据的存储类型有哪些？举例说明。

（3）说明以下两段程序数据类型及含义

①VAR byte data1：130；

②VAR pos pos1

…

Pos1：= [0，477，50]

任务 5.2　建立工具数据tooldata方法

我们要知道在对工业机器人进行正式编程前要构建必需的编程环境，比如创建运行程序、创建三个关键的程序数据就十分重要，其中三个重要的程序数据分别是工具数据 tooldata、工件坐标 wobjdata、有效载荷 loaddata，后续将详细介绍。

重点知识

工具数据 tooldata 概念、应用；TCP（Tool Center Point 的简称）概念及典型应用。
理解设定 TCP 方法、步骤。

关键能力

掌握 6 点法设置 TCP 的详细操作方法。
利用重定位模式检测设置 TCP 准确性。

任务描述

新建工具坐标系，按照步骤正确地进行 TCP 标定操作，然后在重定位模式下，操控工业机器人围绕该 TCP 点做姿态调整运动，测试工具坐标系的准确性。

任务要求

新建工具坐标系；按 6 点法进行 TCP 重新设置。
检测新设置的 TCP 是否符合规定范围并操作验证。

任务环境

2 人一组的实训平台，可以完成 PPT 教学。
ABB 工业机器人基础教学工作站 6 套。

相关知识

1. 工具数据 tooldata 概述

工具数据 tooldata 用于描述安装在工业机器人第 6 轴上的工具 TCP、质量和重心等参数数据。在编程后执行程序时，就是将工具的中心点 TCP 移动到程序指定的位置。此数据会影响工业机器人的控制算法，例如计算加速度、速度和加速度监控、力矩监控、碰撞监控、能量监控等，故如果更改工具以及工具坐标系，工业机器人的移动也会随之改变，以便新的TCP能够到达目标，必须进行正确的设置。

　　不同的工业机器人应用配置不同的工具，弧焊机器人使用弧焊枪作为工具，搬运玻璃等光滑平面材料的工业机器人使用真空吸盘式的夹具作为工具，如图 5 - 3 所示。所有工业机器人在手腕处都有一个预定义的工具坐标系，该坐标系被称为 tool0，这样就能将一个或多个新工具坐标系定义为 tool0 的偏移。系统默认工具 Tool0 的 TCP 位于工业机器人安装法兰中心，图 5 - 3 （a） 所示的 tool0 就是原始的 TCP 点。

　　当工业机器人腕部安装工具后，其工具坐标系被定义为 tool0 的偏移值，此工具坐标系的原点便为工具的 TCP，执行程序时，工业机器人便可将工具的 TCP 移至编程位置。如图 5 - 3 （b）、（c）、（d） 所示，编程前均要重新设置 TCP 点。

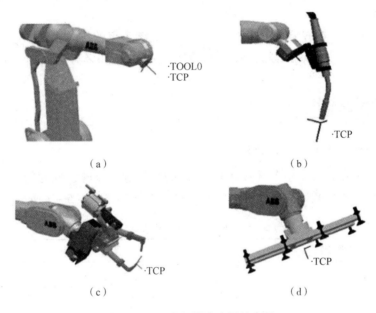

（a）　　　　　　　　　　　　　　　　　（b）

（c）　　　　　　　　　　　　　　　　　（d）

图 5 - 3　工业机器人应用的夹具

（a）工业机器人默认的 TCP 点；（b）焊枪的 TCP 点；

（c）点焊钳的 TCP 点；（d）吸盘夹具的 TCP 点

　　当更换工具时，只需要重新定义工具坐标系便可使 TCP 实现相同的运动，而不用更改程序。原因是工具坐标系建立在 tool0 的基础上，而 tool0 和工件之间的相对位置和姿态没有发生变化。

　　2. 工业机器人 TCP 数据的设定原理

　　（1）首先在工业机器人工作范围内找一个非常精确的固定点作为参考点。

　　（2）再次在工业机器人已安装的工具上确定一个参考点，最好是工具的中心点。

　　（3）用之前介绍的手动操纵工业机器人的方法，各轴可交叉进行移动工业机器人工具上的参考点，以上 4 种不同的机器人姿态尽可能与固定点刚好碰上。为了获得更准确的

TCP，在以下例子中使用6点法进行操作，第4点是工具的参考点垂直于固定点，第5点是工具参考点从固定点向将要设定为TCP的X方向移动，第6点是工具参考点从固定点向将要设定为TCP的Z方向移动。

（4）工业机器人通过4个位置点的位置数据计算求得TCP的数据，然后TCP的数据就保存在 tooldata 这个程序数据中被程序进行调用。

3. TCP 的设定方法

TCP 设定的方法包括 $N(3 \leqslant N \leqslant 9)$ 点法，TCP 和 Z 法，TCP 和 Z、X 法。

$N(3 \leqslant N \leqslant 9)$ 点法：工业机器人的 TCP 通过 N 种不同的姿态同参考点接触，得出多组解，通过计算得出当前的 TCP 与工业机器人安装法兰中心点（tool0）相应位置，其坐标系方向与 tool0 一致。

TCP 和 Z 法：在 N 点法基础上，增加 Z 点与参考点的连线为坐标系 Z 轴的方向，改变了 tool0 的 Z 方向。

TCP 和 Z、X 法：在 N 点法基础上，增加 X 点与参考点的连线为坐标系 X 轴的方向，Z 点与参考点的连线为坐标系 Z 轴的方向，改变了 tool0 的 X 和 Z 方向。

 任务实施

如何创建工具
数据 TOOLDATA

1. 6 点法新建工具坐标 tooldata

下面通过学习6点法建立工具数据 tooldata 的具体操作步骤，分为新建工具坐标、TCP 定义、重定位模式操控测试准确性三部分来完成，如表5-5~表5-7所示。

表5-5　新建工具坐标系的操作步骤

序号	操作步骤	图示操作步骤
1	从示教器界面进入 ABB 主菜单； 在示教器操作界面中单击"手动操纵"选项	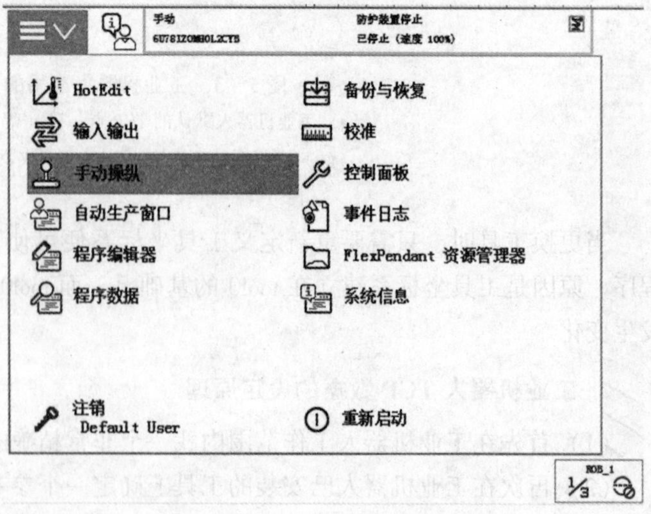 HotEdit　备份与恢复 输入输出　校准 手动操纵　控制面板 自动生产窗口　事件日志 程序编辑器　FlexPendant 资源管理器 程序数据　系统信息 注销 Default User　重新启动

续表

序号	操作步骤	图示操作步骤
2	在"手动操纵"界面单击"工具坐标"选项	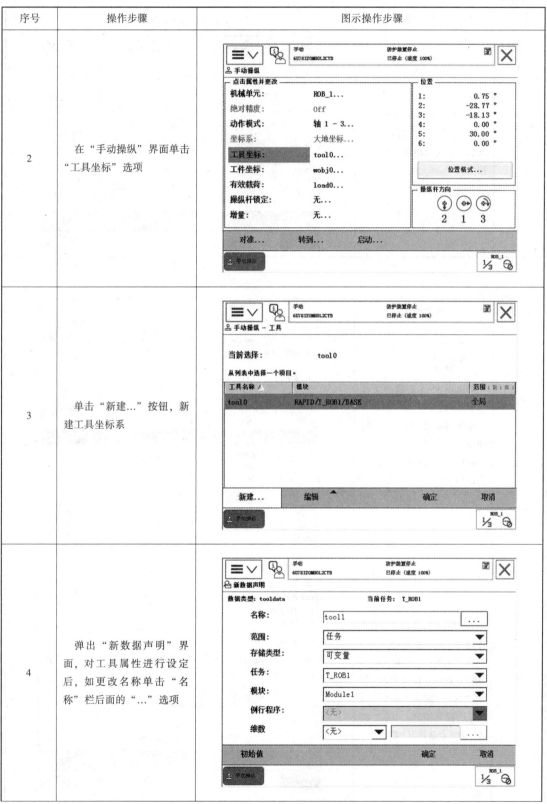
3	单击"新建..."按钮，新建工具坐标系	
4	弹出"新数据声明"界面，对工具属性进行设定后，如更改名称单击"名称"栏后面的"..."选项	

续表

序号	操作步骤	图示操作步骤
5	弹出如右图所示键盘，可自行定义名称，如修改为"tool1"，然后单击"确定"按钮	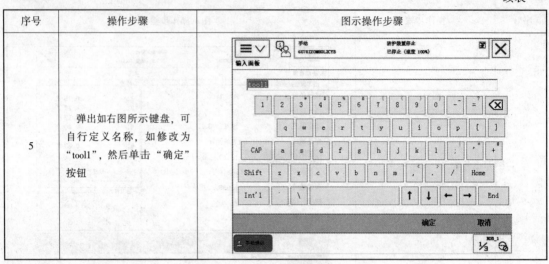

表 5-6　TCP 点定义的操作步骤

序号	操作步骤	图示操作步骤
1	单击表 5-5 新建的工具坐标 tool1； 单击界面"编辑"选项； 单击"定义 …"，设定"tool1"的工具中心点，如右图所示	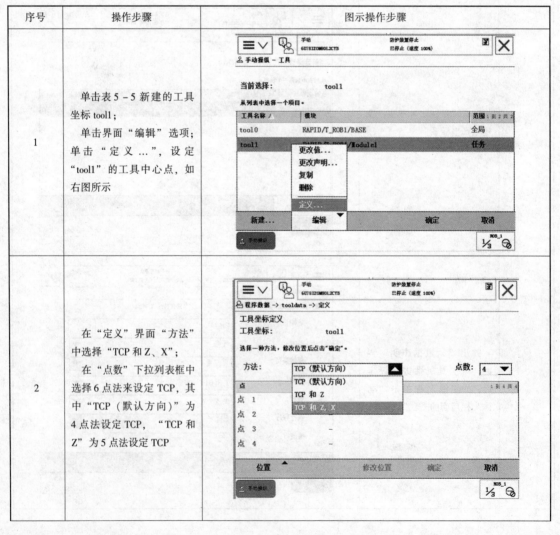
2	在"定义"界面"方法"中选择"TCP 和 Z、X"； 在"点数"下拉列表框中选择 6 点法来设定 TCP，其中"TCP（默认方向）"为 4 点法设定 TCP，"TCP 和 Z"为 5 点法设定 TCP	

序号	操作步骤	图示操作步骤
3	通过示教器手动操纵模式，操作工业机器人以任意姿态使工具参考点（即尖锥尖端）靠近并接触上轨迹路线模块上圆锥的 TCP 参考点，然后把当前位置作为第一点（圆锥生成参考附录一）	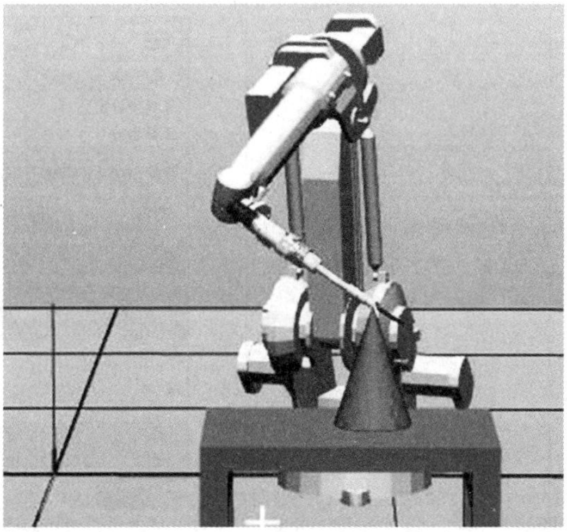
4	在"定义"界面选择"点 1"参数； 单击"修改位置"按钮，完成点 1 的修改	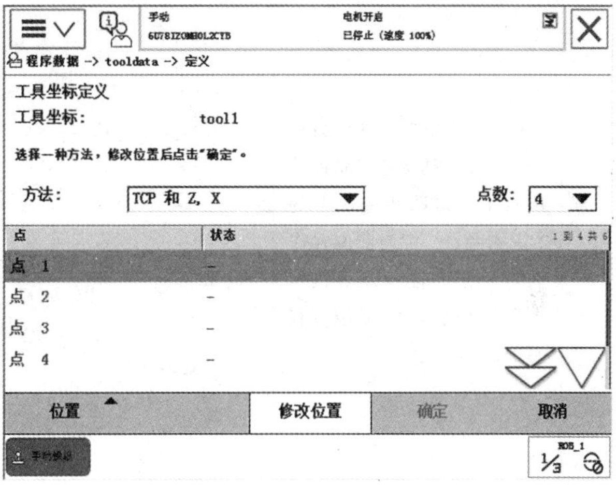
5	操作工业机器人变换另一个姿态使工具参考点靠近并接触上轨迹路线模块上的 TCP 参考点，把当前位置作为第 2 点。提醒：工业机器人姿态变化越大，则越有利于 TCP 的标定	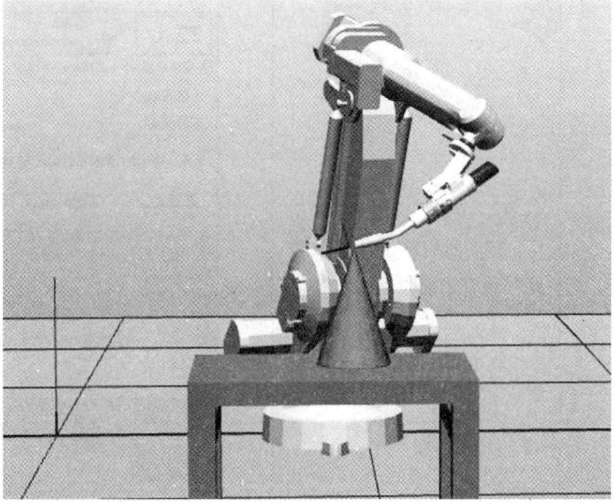

续表

序号	操作步骤	图示操作步骤
6	在"定义"界面单击"点2",然后单击"修改位置"保存当前位置	 ≡∨ 手动 电机开启 6U78IZOMBOL2CYB 已停止（速度 100%) 程序数据 -> tooldata -> 定义 工具坐标定义 工具坐标: tool1 选择一种方法,修改位置后点击"确定"。 方法: TCP 和 Z, X ▼ 点数: 4 ▼ 点 状态 1 到 4 共 6 点 1 已修改 点 2 点 3 - 点 4 - 位置 修改位置 确定 取消 NOB_1 4/6
7	操作工业机器人变换另一个姿态使工具参考点靠近并接触上轨迹路线模块上的TCP参考点,把当前位置作为第3点。同样,工业机器人姿态变化越大,则越有利于TCP的标定	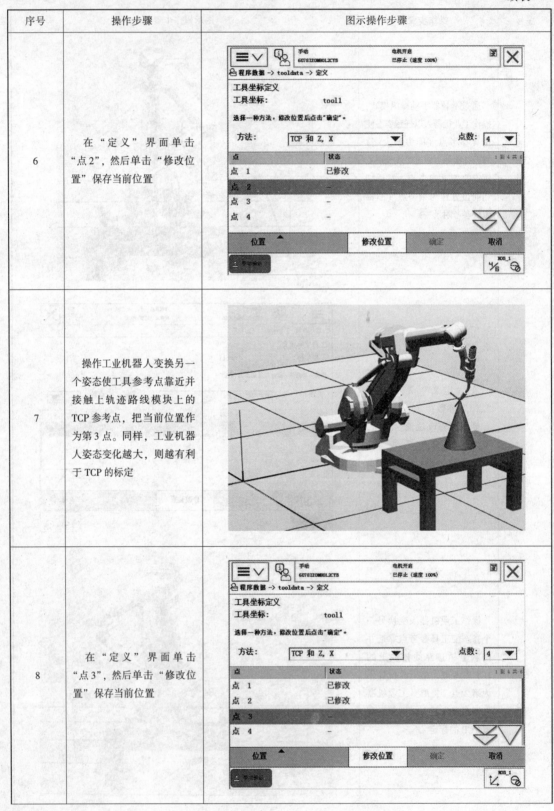
8	在"定义"界面单击"点3",然后单击"修改位置"保存当前位置	 ≡∨ 手动 电机开启 6U78IZOMBOL2CYB 已停止（速度 100%) 程序数据 -> tooldata -> 定义 工具坐标定义 工具坐标: tool1 选择一种方法,修改位置后点击"确定"。 方法: TCP 和 Z, X ▼ 点数: 4 ▼ 点 状态 1 到 4 共 6 点 1 已修改 点 2 已修改 点 3 - 点 4 - 位置 修改位置 确定 取消 NOB_1

续表

序号	操作步骤	图示操作步骤
9	操作工业机器人使工具的参考点接触上并垂直于固定参考点，如右图所示，把当前位置作为第4点	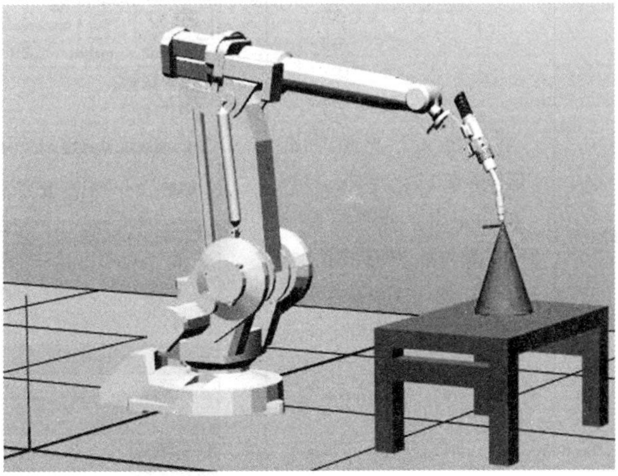
10	在"定义"界面单击"点4"，然后单击"修改位置"保存当前位置。说明：前3个姿态为任取，第4点最好为垂直姿态，方便第5点、第6点的获取，在线性运动模式下将工业机器人工具参考点接触固定参考点	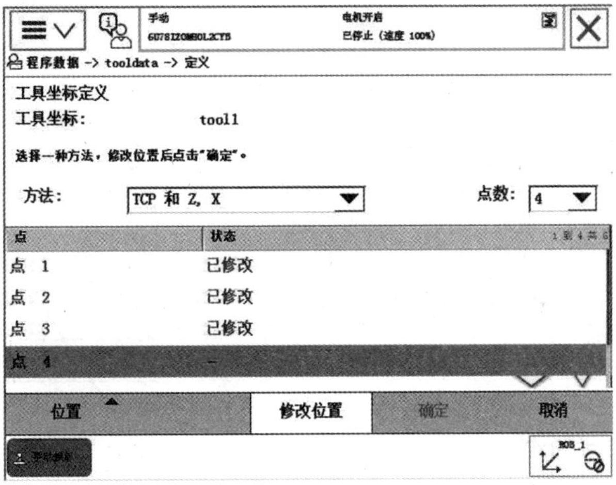 手动　电机开启　已停止（速度 100%）　6U78IZOMBOL.CYS 程序数据 -> tooldata -> 定义 工具坐标定义 工具坐标：　tool1 选择一种方法，修改位置后点击"确定"。 方法：　TCP 和 Z, X　　点数：4 点　　状态　　1 到 4 共 0 点 1　　已修改 点 2　　已修改 点 3　　已修改 点 4　　— 位置　修改位置　确定　取消
11	以点4为固定点，在线性模式下，操作工业机器人运动向工具中心点 X 轴的正方向移动一定距离，作为 + X 方向	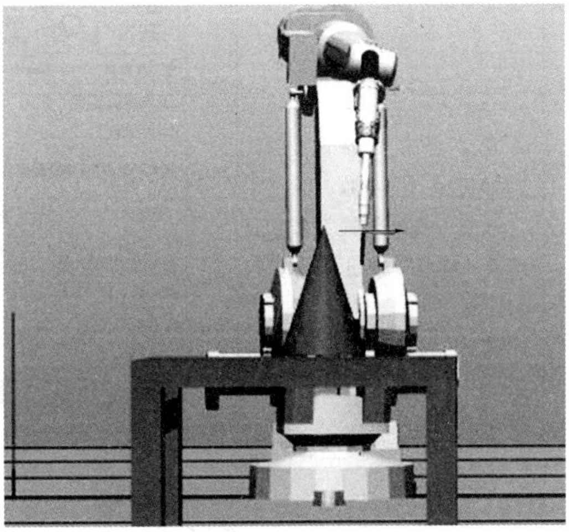

序号	操作步骤	图示操作步骤
12	在"定义"界面单击"延伸器点 X"; 然后单击"修改位置",保存当前位置,如右图所示。 说明:使用 4 点法、5 点法设定 TCP 时不用设定此点	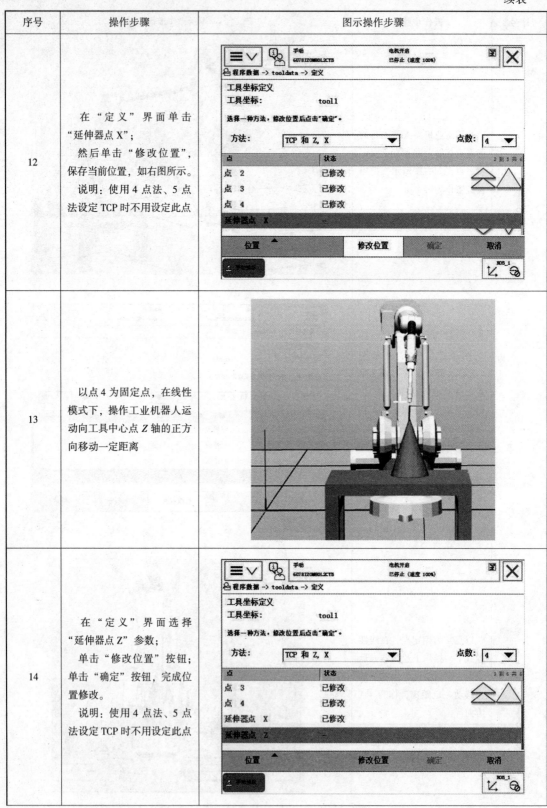
13	以点 4 为固定点,在线性模式下,操作工业机器人运动向工具中心点 Z 轴的正方向移动一定距离	
14	在"定义"界面选择"延伸器点 Z"参数; 单击"修改位置"按钮; 单击"确定"按钮,完成位置修改。 说明:使用 4 点法、5 点法设定 TCP 时不用设定此点	

续表

序号	操作步骤	图示操作步骤
15	单击"确定"按钮，完成TCP点定义	手动 6U78IZOMBOL2XYB 电机开启 已停止（速度100%） 程序数据 → tooldata → 定义 **工具坐标定义** 工具坐标： tool1 选择一种方法，修改位置后点击"确定"。 方法： TCP 和 Z, X ▼ 点数： 4 ▼ 点 / 状态 2 到 6 共 6 点 3 已修改 点 4 已修改 延伸器点 X 已修改 延伸器点 Z 已修改 位置 ▲ 修改位置 确定 取消 手动操纵 ROB_1
16	工业机器人自动计算TCP的标定误差，当平均误差在0.5 mm以内时，才可单击"确定"按钮，进入下一步；否则需要重新标定TCP	手动 6U78IZOMBOL2XYB 电机开启 已停止（速度100%） 程序数据 → tooldata → 定义 - 工具坐标定义 **计算结果** 工具坐标： tool1 点击"确定"确认结果，或点击"取消"重新定义源数据。 1 到 4 共 4 方法 ToolXZ 最大误差 0.446189 毫米 最小误差 0.288534 毫米 平均误差 0.340792 毫米 X: 101.9988 毫米 Y: 1.346587 毫米 确定 取消 手动操纵 ROB_1
17	在"工具"界面单击"tool1"选项； 单击"编辑"菜单中"更改值..."选项，设定"tool1"的质量和重心	手动 6U78IZOMBOL2XYB 电机开启 已停止（速度100%） 手动操纵 - 工具 当前选择： tool1 从列表中选择一个项目。 工具名称 ▲ 模块 范围 1 到 2 共 2 tool0 RAPID/T_ROB1/BASE 全局 tool1 RAPID/T_ROB1/Module1 任务 更改值... 更改声明... 复制 删除 定义... 新建... 编辑 ▼ 确定 取消 手动操纵 ROB_1

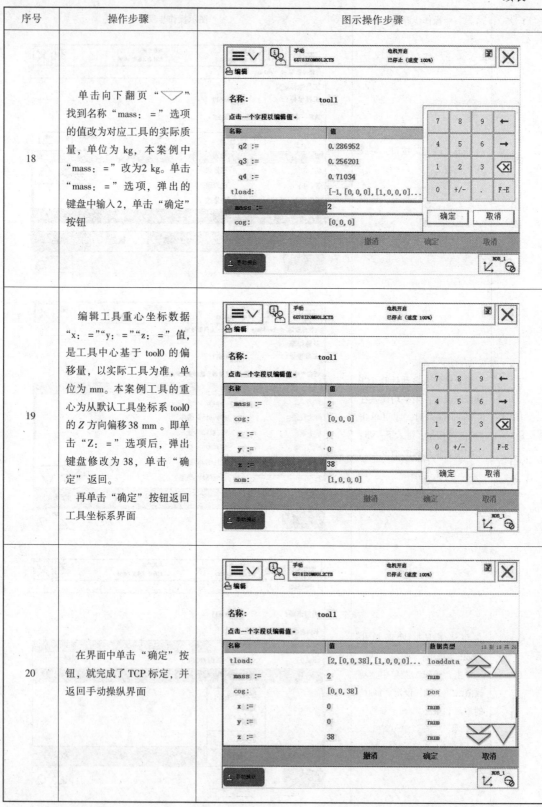

续表

序号	操作步骤	图示操作步骤
18	单击向下翻页"▽"找到名称"mass：="选项的值改为对应工具的实际质量，单位为kg，本案例中"mass：="改为2 kg。单击"mass：="选项，弹出的键盘中输入2，单击"确定"按钮	
19	编辑工具重心坐标数据"x：=""y：=""z：="值，是工具中心基于tool0的偏移量，以实际工具为准，单位为mm。本案例工具的重心为从默认工具坐标系tool0的Z方向偏移38 mm。即单击"Z：="选项后，弹出键盘修改为38，单击"确定"返回。再单击"确定"按钮返回工具坐标系界面	
20	在界面中单击"确定"按钮，就完成了TCP标定，并返回手动操纵界面	

表 5 – 7　重定位模式测试准确性的操作步骤

序号	操作步骤	图示操作步骤
1	从示教器界面进入 ABB 主菜单；在示教器操作界面中单击"手动操纵"选项	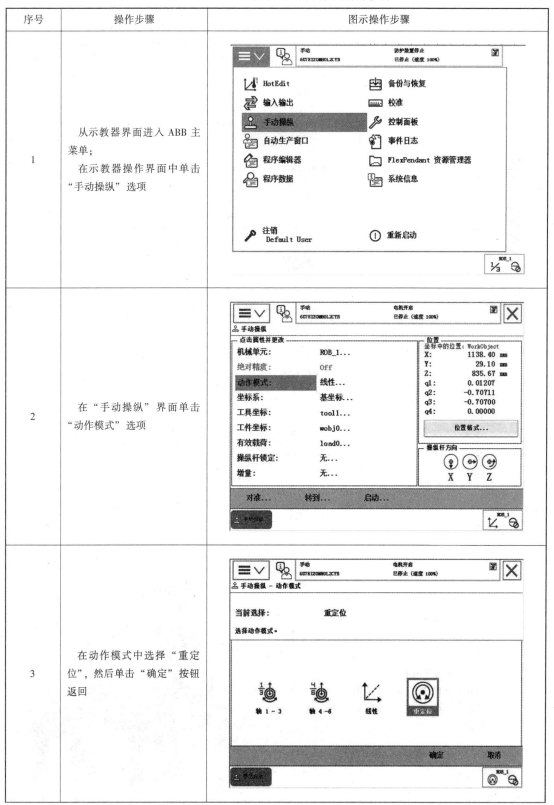
2	在"手动操纵"界面单击"动作模式"选项	
3	在动作模式中选择"重定位"，然后单击"确定"按钮返回	

序号	操作步骤	图示操作步骤
4	在"手动操纵"界面单击"坐标系"进入坐标系选择窗口	
5	在坐标系选项中单击"工具",然后单击"确定"按钮返回	
6	按下使能器按钮并在示教器中操纵操纵杆,测试工业机器人夹具是否围绕 TCP 点运动。如果工业机器人是围绕新标定的 TCP 点运动,则成功标定,否则需要重新标定	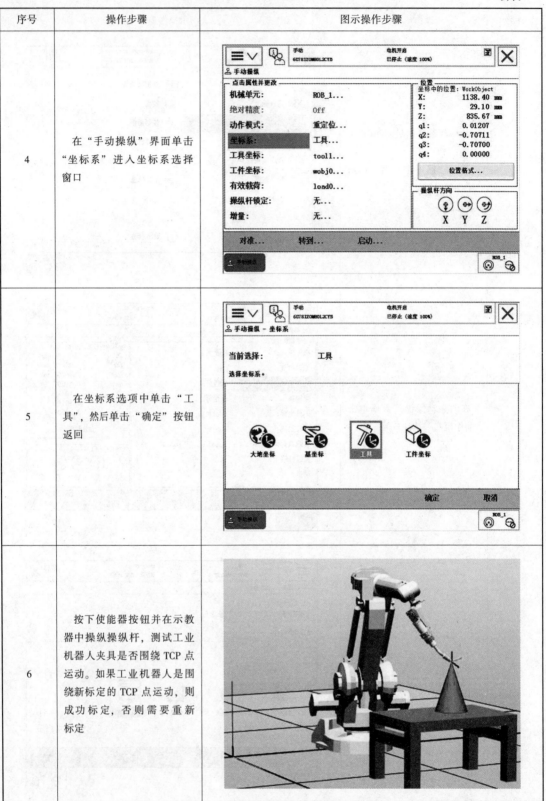

延伸阅读

如何手动编辑工具数据 tooldata

工具数据 tooldata 有两种方法进行修改，分别为：

方法一：在 ABB 工业机器人示教器中进行以下操作：主菜单选择"手动操纵"→新建 "tool1"→单击左下角"初始值"进入 tool1 参数界面→翻页查看"tframe 数值"→使用触摸笔可查看相应参数，并可对工具数据进行修改，如图 5 - 4 所示。

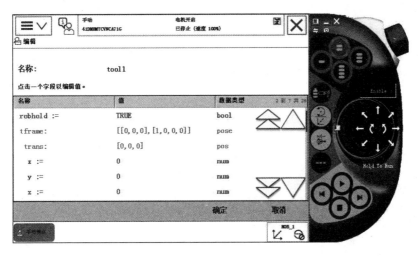

图 5 - 4　修改坐标值 tframe 界面

方法二：在 ABB 工业机器人示教器中进行以下操作：主菜单选择"手动操纵"→新建 "tool1"→单击左下角"编辑"菜单，选择"更改值…"→进入"tframe 数值"→使用触摸笔翻页可查看相应参数，并可对工具数据进行修改，如图 5 - 5 所示。

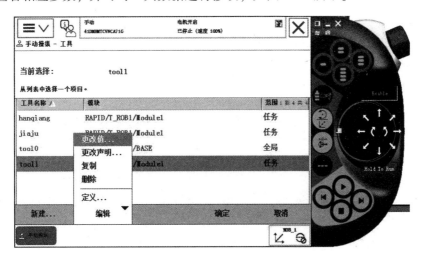

图 5 - 5　通过"编辑"进入修改坐标值"tframe"界面

思考与练习

（1）工业机器人在标定 TCP 点时常用的方法有哪些？最精确的是哪种方法？

（2）新建工业机器人工具坐标 tool1 主要修改哪些数据？

（3）图 5 - 3 中 4 种工具的 TCP 点已标出，查阅资料分析各工具的重心如何确定？

任务 5.3 建立工件数据wobjdata方法

工业机器人工件坐标系建立具有重新定位工作站中的工件时，只需要更改工件坐标位置所有路径将随之更新；可操作以外部或传送导轨移动的工件两方面优点。

重点知识

明确工件坐标系 wobj 概念、变换原理、优势及应用。
3 点法建立工件坐标系各点选取。

关键能力

可利用示教器建立工业机器人工件坐标系 wobj。
培养正确、安全操作设备的习惯，严谨的做事风格、团队协作意识。

任务描述

工业机器人中工件坐标系数据 wobjdata 与工具坐标系数据 tooldata 一样重要，本次任务要求掌握 3 点法在工业机器人中新建工件坐标系 wobj1。

任务要求

用示教器新建工件坐标系；按 3 点法进行 wobj1 重新设置。
检测新设置的 wobj1 是否符合规定范围并操作验证。

任务环境

2 人一组的实训平台，可以完成 PPT 教学。
ABB 工业机器人基础教学工作站 6 套。

Wobjdata 数据

 相关知识

工件坐标系用于定义工件相对于大地坐标系（默认时也称基坐标系）或者其他坐标系的位置。工业机器人可拥有若干个工件坐标系，表示不同的工件或者同一工件在空间中的不同位置。对工业机器人进行编程时就是在工件坐标中创建目标和路径，重新定位工作站中的工件时，只需要更改工件坐标的位置，所有的路径即可随之更新。工业机器人在出厂时有一个预定义的工件坐标系 wobj0，默认与基坐标系一致。

N=1,2,3

如图 5-6 所示，A 代表工业机器人大地坐标系，为了方便编程，给第 1 个工件建立了一个工件坐标系 B，并在这个工件坐标系 B 中进行轨迹编程。如果台子上还有一个一样的工件需要走一样的轨迹，那么只需要建立一个工件坐标系 C，将工件坐标系 B 的轨迹复制一份，然后将工件坐标系从 B 更新为 C，则不需要对一样的工件进行重复轨迹编程了。

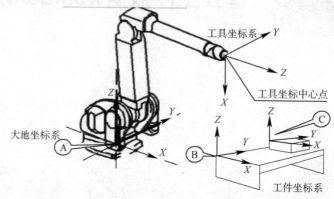

图 5-6 工件坐标系 wobjdata

ABB 工业机器人工件坐标系定义采用 3 点法，分别为 X 轴上第 1 点 X1、X 轴上第 2 点 X2，Y 轴上第 3 点 Y1。如图 5-7 所示，所定义的工件坐标系原点为 Y1 与 X1、X2 所在直线的垂足处，X 正方向为 X1 至 X2 射线方向，Y 正方向为垂足 Y1 射线方向。提醒：建立工件坐标系也是符合右手定则的，如图 5-8 所示。

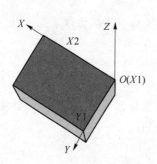 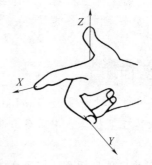

图 5-7 工件坐标系的建立   图 5-8 右手定则

ABB 工业机器人工件坐标系设置基本步骤如下：
（1）选定所用工具坐标系；
（2）找到工件平面内 X 轴和 Y 轴上的 3 点作为参考点；
（3）手动操纵工业机器人分别至 3 个目标点，记录对应位置；
（4）通过 3 点位置数据，工业机器人自动计算出对应工件坐标系值；
（5）手动操纵进行校验。

如何创建工件
数据 WOBJDATA

 任务实施

通过学习 3 点法建立工件数据 wobjdata 的具体操作步骤，分为新建工件坐标系、定义工件坐标系、线性模式操控测试准确性 3 部分来完成，如表 5-8 和表 5-9 所示。

1. 新建工件坐标系

表 5 – 8　新建工件坐标系的操作步骤

序号	操作步骤	图示操作步骤
1	从示教器界面进入 ABB 主菜单； 在示教器操作界面中单击"手动操纵"选项，进入"手动操纵"界面	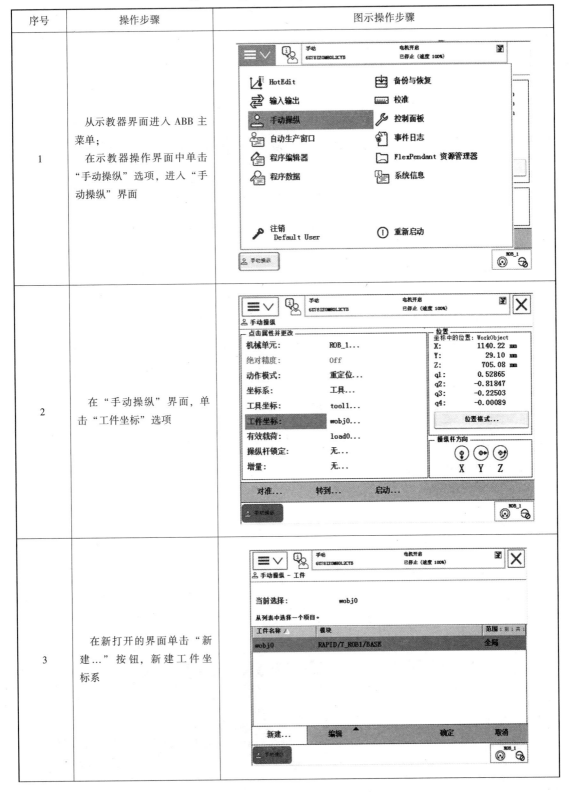
2	在"手动操纵"界面，单击"工件坐标"选项	
3	在新打开的界面单击"新建…"按钮，新建工件坐标系	

续表

序号	操作步骤	图示操作步骤
4	弹出"新数据声明"界面，对工件属性进行设定后，如更改名称，单击"名称"栏后面的"..."选项	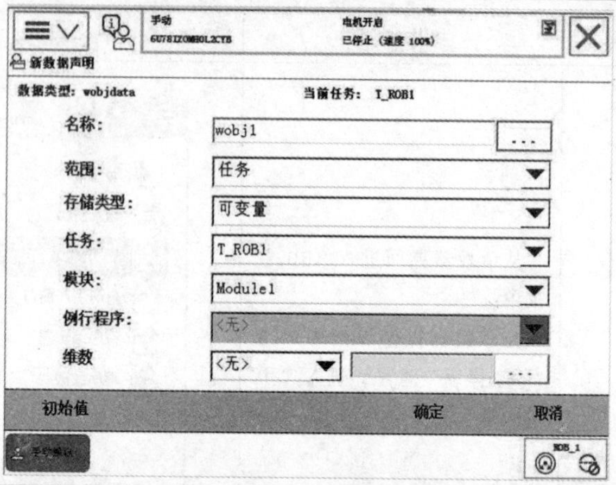
5	弹出如右图所示"输入面板"界面，可自行定义名称，如修改为"wobj1"，然后单击"确定"按钮。当然前一步直接单击"确定"默认的"wobj1"也可以	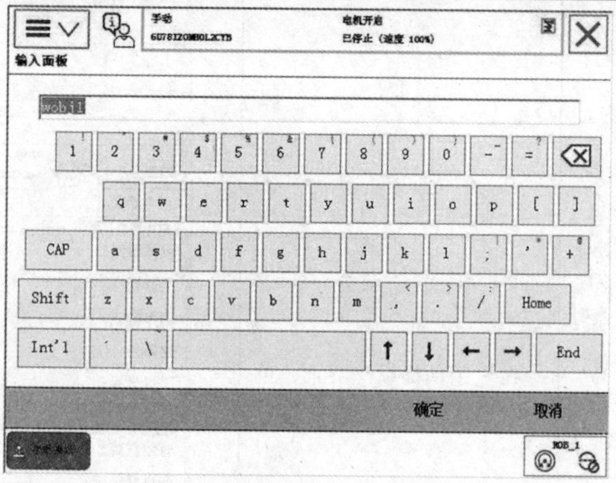

2. 定义工件坐标系

表5−9　定义工件坐标系的操作步骤

序号	操作步骤	图示操作步骤
1	单击表5−8新建的工件坐标系 wobj1； 单击右图所示界面"编辑"选项；选择"定义..."选项，设定"wobj1"的名称	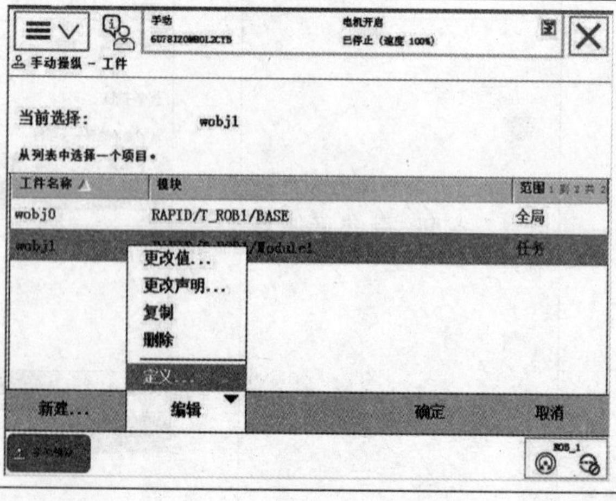

续表

序号	操作步骤	图示操作步骤
2	在"工件坐标定义"界面"用户方法"选项中选择"3点"	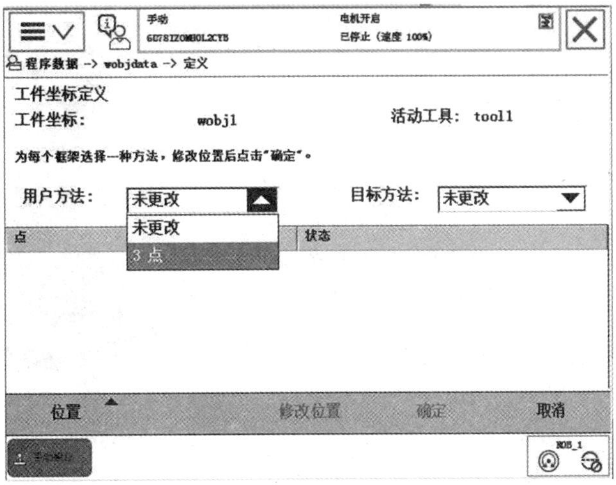
3	手动操纵工业机器人的圆锥块工具参考点（此处用焊枪TCP），靠近定义工件坐标的X1点（此处盒子添加可扫右边二维码）	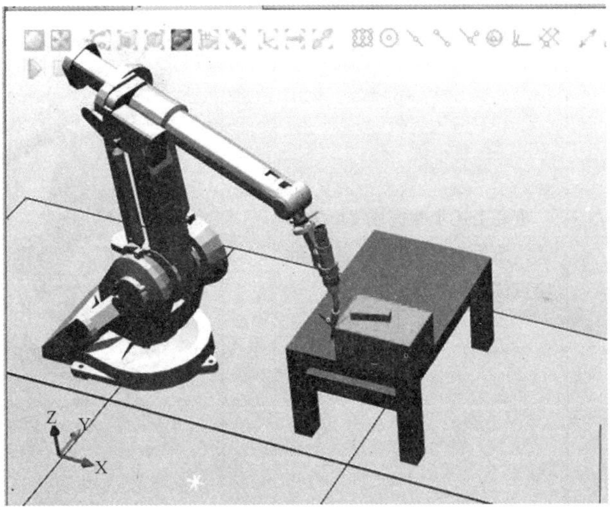
4	在右图所示界面单击"修改位置"按钮，完成X1点的修改	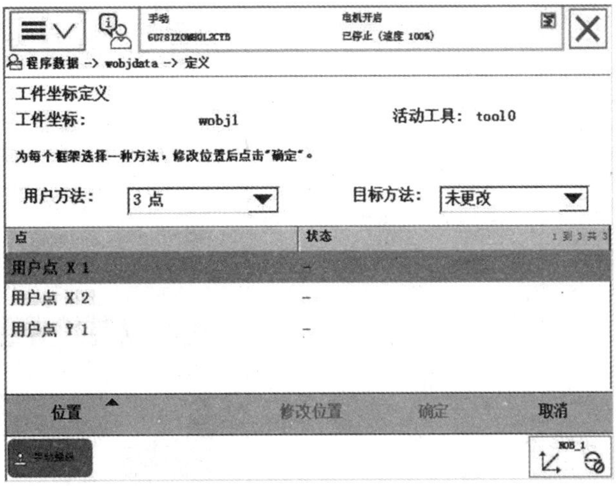

续表

序号	操作步骤	图示操作步骤
5	手动操纵工业机器人的圆锥块工具参考点靠近定义工件坐标的 X2 点，然后在示教器中完成相应点位置的修改	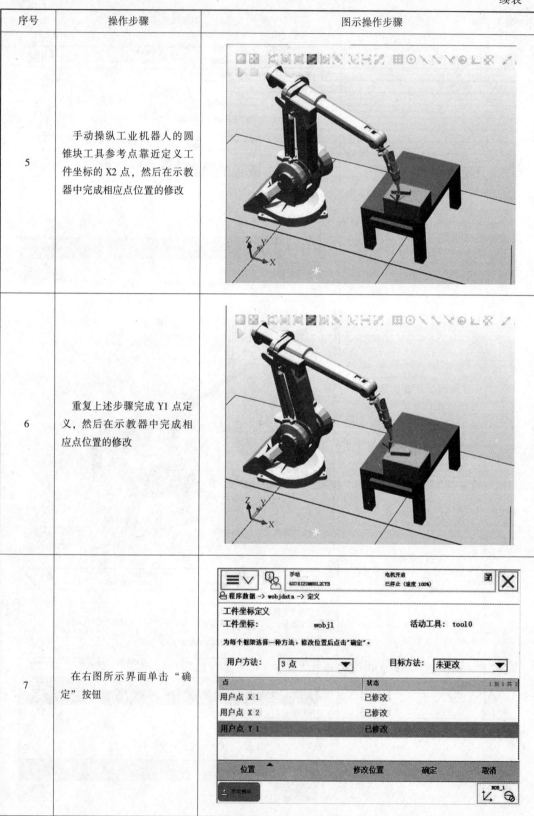
6	重复上述步骤完成 Y1 点定义，然后在示教器中完成相应点位置的修改	
7	在右图所示界面单击"确定"按钮	

168

序号	操作步骤	图示操作步骤
8	对自动生成的工件坐标数据进行确认后，单击"确定"按钮	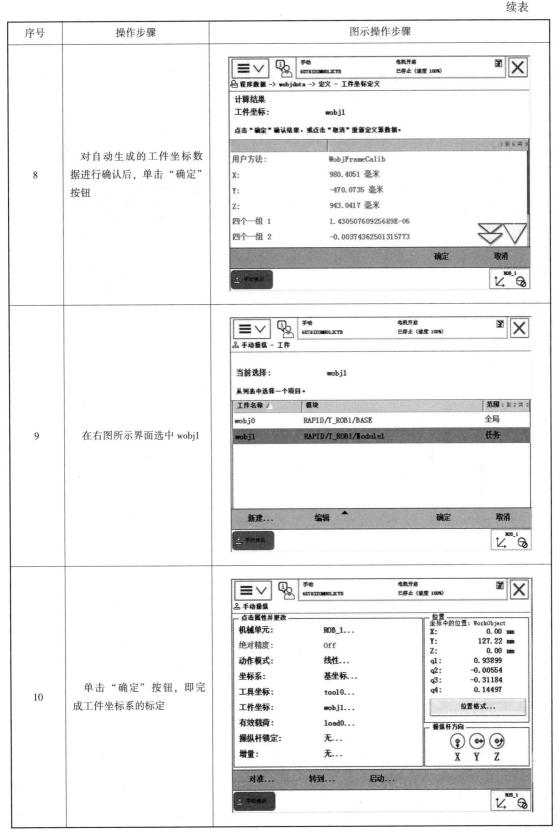
9	在右图所示界面选中 wobj1	
10	单击"确定"按钮，即完成工件坐标系的标定	

3. 测试工件坐标系准确性

在示教器操作界面中单击"手动操纵"→"工件坐标"→选中"wobj1",如图 5 – 9 所示。按下使能器按钮,用手拨动操纵杆使工业机器人在线性模式下,观察机器人在工件坐标系下移动的方式。

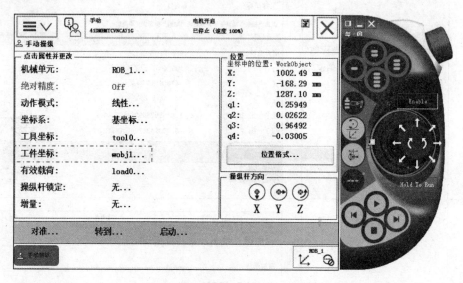

图 5 – 9   线性模式测试工件坐标系准确性界面

   思考与练习

(1) 新建工件坐标系 wobj1 的方法是_____,各点选取在_____。

(2) 工件坐标系 wobj 适用在什么情况?

(3) 总结使用手动操纵机器人到达指定的 $X0$、$X2$(正方向上的点)、$Y2$(正方向上的点)三点最快速简便的操作方法。

任务 5.4　建立有效载荷数据loaddata

工业机器人的有效载荷 loaddata 是用来记录搬运对象的质量、重心的数据。

 重点知识

掌握有效载荷 loaddata 包括内容、应用场合。
理解有效载荷指令 Gripload 设置工业机器人抓手负载作用。

 关键能力

掌握 ABB 工业机器人有效载荷 loaddata 的创建方法。
可以用专业的语言正确流利地展示设置的基本步骤并可回答教师提问。

 任务描述

某工程项目要对工业机器人生产线进行改造，工业机器人现场用于搬运小于 2 kg 的金属部件，进行工业机器人参数设置中，本项目要求完成对有效载荷数据进行设置。

任务要求

要求建立有效载荷 load1，载荷质量 2 kg。
利用指令 gripload 设置、清除工业机器人抓手负载。

任务环境

2 人一组的实训平台，可以完成 PPT 教学。
ABB 工业机器人基础教学工作站 6 套。

Loaddata 数据

 相关知识

Loaddata 是用来描述连接到工业机器人机械接口的负载（即安装法兰）。Loaddata 数据通常定义有效载荷或负荷，通过指令 Gripload 设置工业机器人抓手负载或 Mechunitload 指令设置变位机负载。Loaddata 通常也作为 tooldata 的一部分，用来描述工具负载。Loaddata 一般用于搬运工业机器人，用来优化伺服驱动的 PID 参数。指定的荷载被用来建立一个工业机器人的动力学模型，使工业机器人以最好的方式控制运动，loaddata 是确定工业机器人实际负载大小的重要工具，如搬运机器人抓手上夹紧部分。不正确的负载数据可以使工业机器人的机械结构超载，往往会导致工业机器人不会使用它的最大容量；受影响的路径精度包括过冲（当伺服电动机的惯量匹配不恰当时，所引起的伺服电动机 PID 闭环超调振荡）的风险；机械单元过载的风险。

若工业机器人应用于搬运场合，在工作过程中手臂承受的质量是不断变化的，所以不仅要正确设定夹具的质量和重心等工具数据 tooldata，还要设置搬运对象的质量和重心等有效载荷 loaddata。也就是要设置工业机器人工具的最大搬运质量，该重物的重心在什么位置，从而保证工业机器人在进行运算时，能更好地进行各轴扭矩的控制，有效地防止输出功率的过大或过小，而造成工业机器人电动机和机械的异常损坏。

若工业机器人不是应用于搬运，如带焊枪的焊接工业机器人由于焊枪质量偏小，一般不需要设定此参数，采用的有效载荷 loaddata 数据参数是默认的 load0。有效载荷参数含义如表 5 – 10 所示。

表 5 – 10　有效载荷参数含义

序号	名称	参数	单位
1	有效载荷	Load，. mass	kg
2	有效载荷重心	①load. cog. x； ②load. cog. y； ③load. cog. z；	mm
3	力矩轴方向	①load. aom. q1； ②load. aoom. q2； ③load. aom. q3； ④load. aom. q4	—
4	有效载荷的转动惯量	①ix； ②iy； ③iz	$kg \cdot m^2$

 任务实施

建立有效载荷数据 loaddata 操作方法是当搬运等夹具变化时需要重新设置重心等参数，其操作步骤如表 5 – 11 所示。

如何创建有效载荷 Loaddata

表 5 – 11　建立有效载荷的操作步骤

序号	操作步骤	图示操作步骤
1	从示教器界面进入 ABB 主菜单； 在示教器操作界面中单击"手动操纵"选项	HotEdit　备份与恢复 输入输出　校准 手动操纵　控制面板 自动生产窗口　事件日志 程序编辑器　FlexPendant 资源管理器 程序数据　系统信息 注销　Default User　重新启动

续表

序号	操作步骤	图示操作步骤
2	在"手动操纵"界面单击"有效载荷"选项	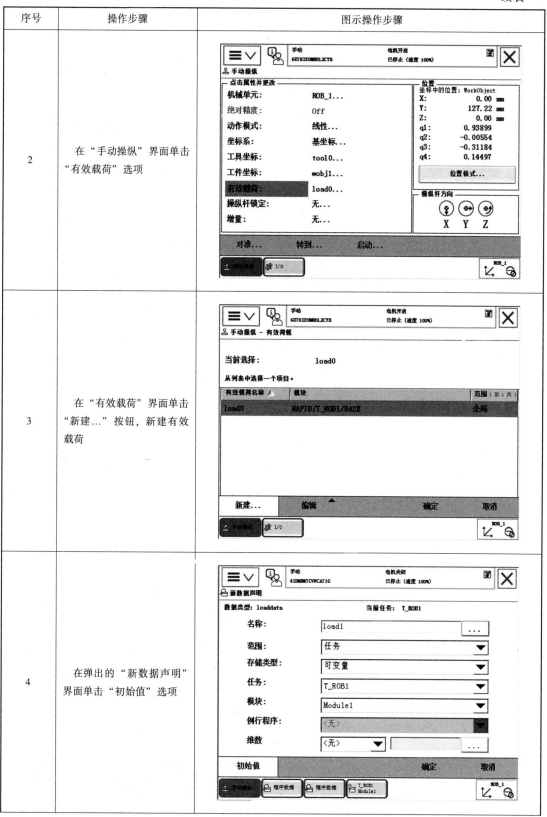
3	在"有效载荷"界面单击"新建…"按钮，新建有效载荷	
4	在弹出的"新数据声明"界面单击"初始值"选项	

续表

序号	操作步骤	图示操作步骤
5	根据实际情况对有效载荷进行设定，如表5-15所示。 在"编辑"界面单击"确定"按钮	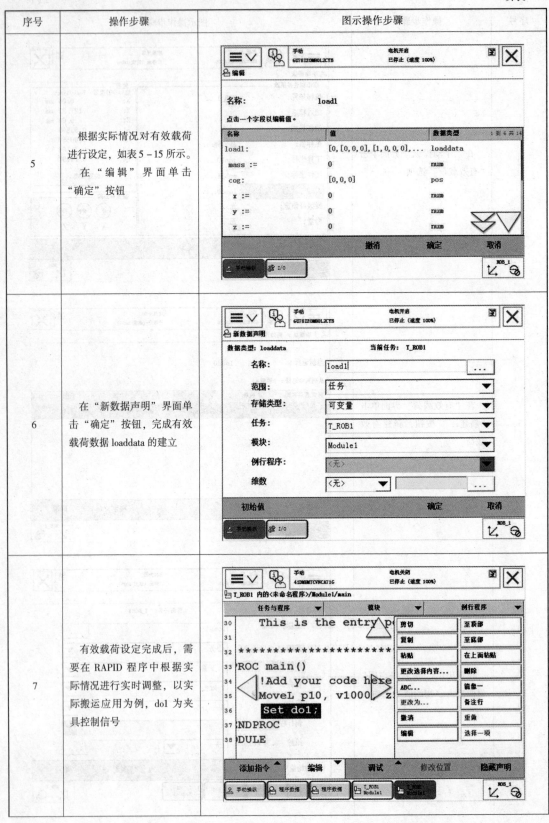
6	在"新数据声明"界面单击"确定"按钮，完成有效载荷数据loaddata的建立	
7	有效载荷设定完成后，需要在RAPID程序中根据实际情况进行实时调整，以实际搬运应用为例，do1为夹具控制信号	

续表

序号	操作步骤	图示操作步骤
8	打开指令列表，添加指令 Gripload	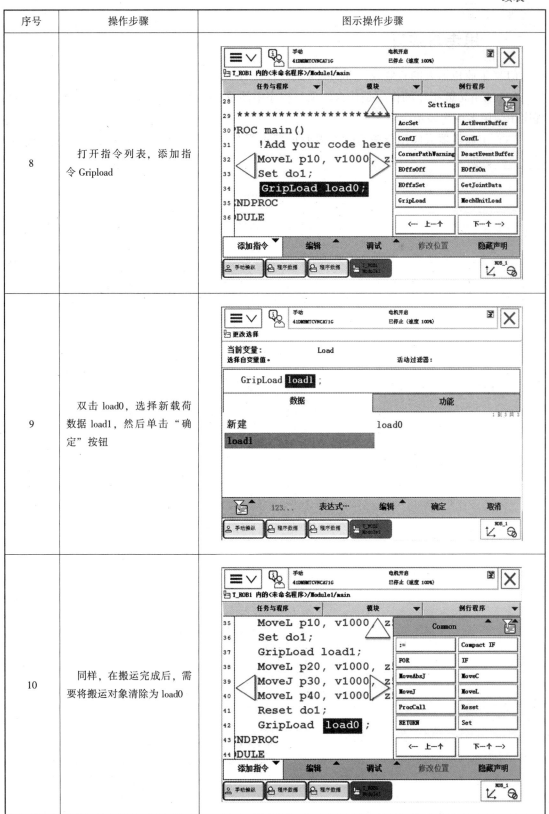
9	双击 load0，选择新载荷数据 load1，然后单击"确定"按钮	
10	同样，在搬运完成后，需要将搬运对象清除为 load0	

ABB——工业机器人操作与编程

 思考与练习

（1）工业机器人的有效载荷 loaddata 的功能是什么？

（2）Gripload 指令的作用是什么？项目程序中涉及更换手爪，完成后恢复原来手爪，则程序中使用多少次该指令？

（3）工业机器人应用于搬运时，需要设置夹具的_____数据，也可设置搬运对象的_____数据。

项目六
ABB 工业机器人示教
编程与调试

工业机器人的本体相当于人的躯体，控制柜相当于人的大脑，而工业机器人编程就是人的思维。编写程序是告诉工业机器人什么时候应该做什么，以及每个关节怎么做的过程。

思维导图

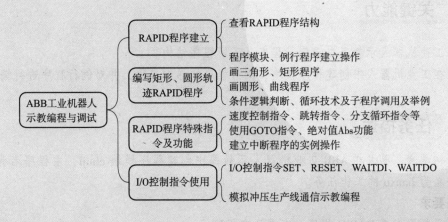

任务 6.1　RAPID例行程序创建

ABB 工业机器人程序存储器中，只允许存在一个主程序 main，所有例行程序与数据无论存在于哪个模块，全部被系统共享。故所有例行程序与数据处理除特殊定义外，名称必须是唯一的。

 重点知识

掌握工业机器人的 RAPID 程序的基本架构，理解主程序 main 是整个 RAPID 程序执行的起点。

掌握编写程序时须完成程序模块、例行程序创建流程。

 关键能力

利用工业机器人示教器查看例行程序，了解程序结构。

掌握在工业机器人中创建程序模块、例行程序的详细步骤，并对例行程序进行编辑。

 任务描述

作为初学者，要求在 ABB 工业机器人示教器中创建程序模块 chuji，主程序名为 main，例行程序名为 lianxu 的工作任务。

任务要求

利用示教器查看 RAPID 程序，查看已有程序。

利用示教器创建程序模块、例行程序，名称如上所述。

任务环境

2 人一组的实训平台，可以完成 PPT 教学。

ABB 工业机器人基础教学工作站 6 套。

RAPID 程序架构

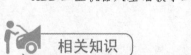 相关知识

RAPID 应用程序就是使 RAPID 编程语言按照特定语法编写而成的程序。通过一个 RAPID 应用程序包含一个任务，每个任务包含一个 RAPID "程序模块"和"系统模块"，并实

现一种特定的功能（如搬动或焊接等）。

程序是由主模块和程序模块组成，主模块（Main module）包括主程序（Main routine）和程序模块。主程序可以存在于任意一个程序模块中。程序模块包括特定作用的数据（Program data）、例行程序（Routine）、中断程序（Trap）和功能（Function）四种对象，但不一定在一个模块中都有这四种对象。

所有程序模块之间的数据、例行程序、中断程序和功能无论存什么位置，全都被系统共享，是可以互相调用的，因此，除特殊定义外，名称不能重复。

RAPID 程序的架构如图 6-1 所示。

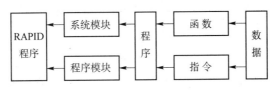

图 6-1　RAPID 程序的架构

系统模块多用于系统方面控制。所有 ABB 工业机器人都自带两个系统模块，user 模块和 BASE 模块，使用过程中建议不要对任何自动生成的系统模块进行修改。根据工业机器人应用不同，工业机器人会配备相应应用的系统模块。例如 ABB 工业机器人 IRB1410 系统有默认的程序模块 Modulel，如图 6-2 所示，通过显示模块进入程序编写界面。

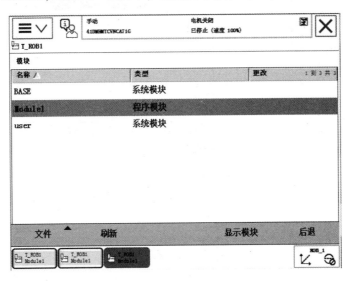

图 6-2　ABB 工业机器人程序模块

任务实施

程序模块建立、
样例程序建立步骤

1. 示教器中查看 RAPID 程序

利用示教器查看存储器中已有 RAPID 程序，其操作步骤如表 6-1 所示。

表6-1 查看 RAPID 程序操作步骤

序号	操作步骤	图示操作步骤
1	从示教器界面进入 ABB 主菜单； 在示教器操作界面中单击"程序编辑器"选项	
2	直接进入主程序界面，单击"例行程序"，查看例行程序列表	
3	程序模块中包含的所有例行程序都被显示出来，其中 aHome 类型是例行程序（Procedure），Current Pos 类型是功能（Function），main 类型是主程序（Procedure），tIO Control 类型是中断程序（Trap）	

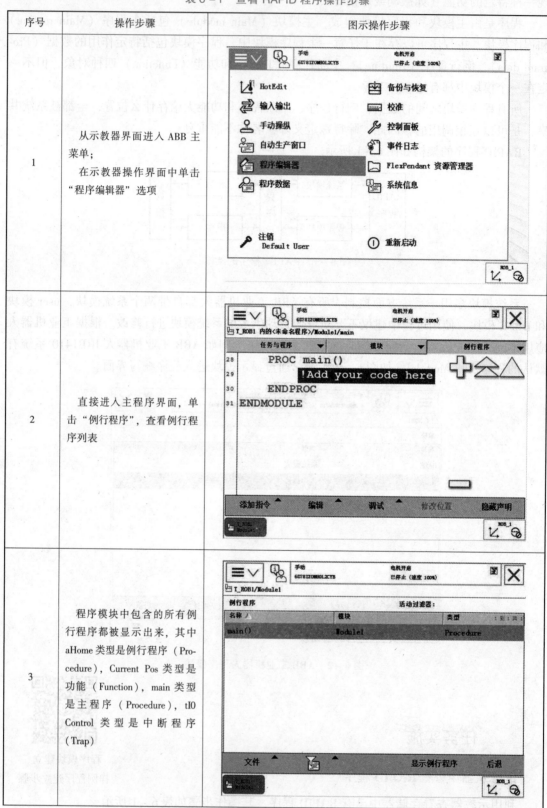

序号	操作步骤	图示操作步骤
4	在"例行程序"界面单击"后退"按钮，单击"模块"，在"模块"界面可以查看模块列表，有系统模块和程序模块，程序模块可以有多个	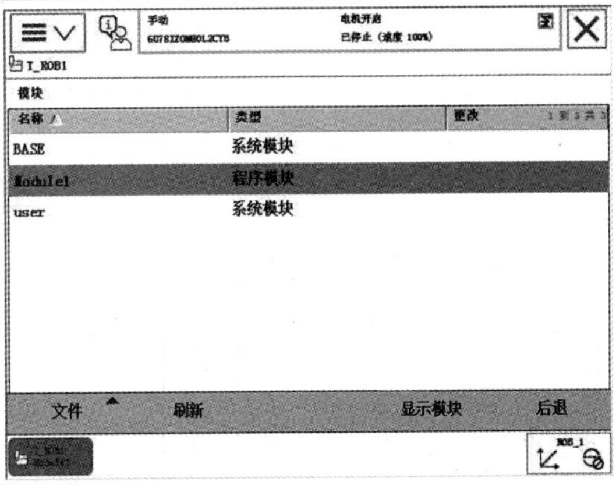
5	单击"⊠"按钮，就可以退出程序编辑器，如右图所示	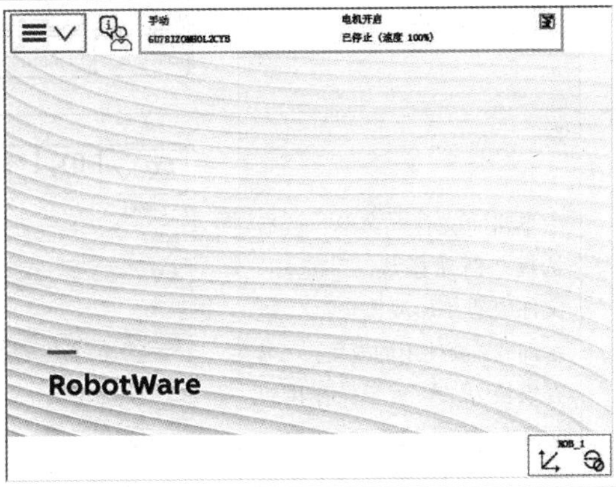

2. 示教器中建立程序模块和样例程序

利用工业机器人示教器编写 RAPID 程序，需要创建程序模块及样例程序，其操作步骤如表 6 - 2 所示。

表 6 - 2　程序模块与样例程序建立的操作步骤

序号	操作步骤	图示操作步骤
1	从示教器界面进入 ABB 主菜单； 在示教器操作界面中单击"程序编辑器"选项	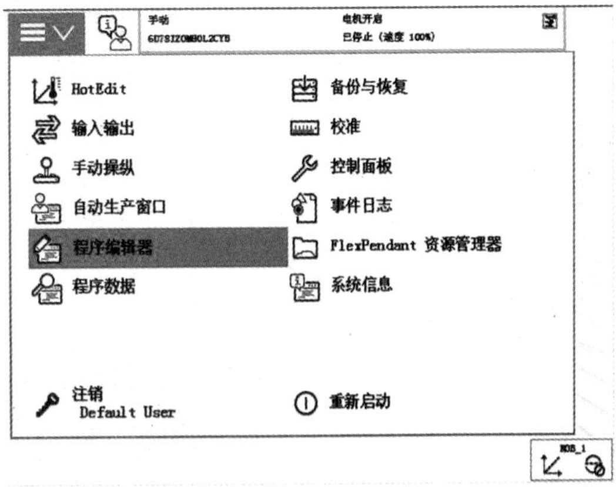

续表

序号	操作步骤	图示操作步骤
2	弹出如右图所示的对话框，单击"模块"，进入"模块"界面	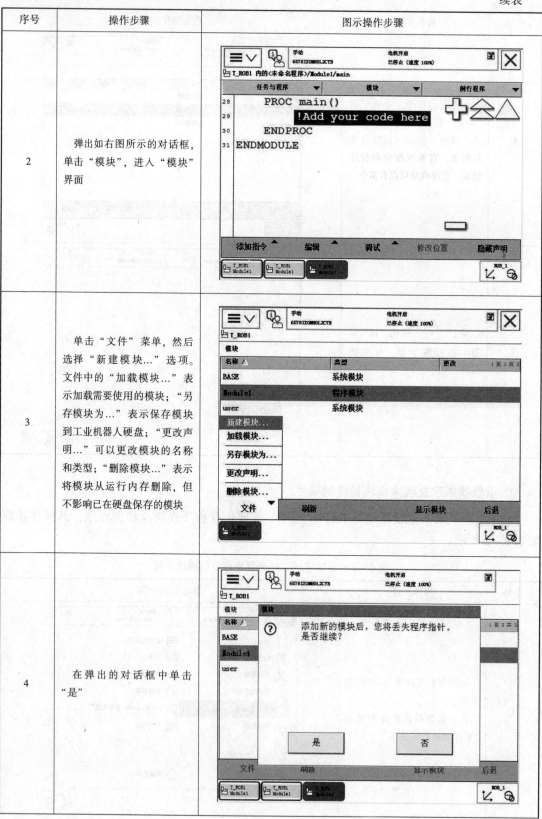
3	单击"文件"菜单，然后选择"新建模块…"选项。文件中的"加载模块…"表示加载需要使用的模块；"另存模块为…"表示保存模块到工业机器人硬盘；"更改声明…"可以更改模块的名称和类型；"删除模块…"表示将模块从运行内存删除，但不影响已在硬盘保存的模块	
4	在弹出的对话框中单击"是"	

续表

序号	操作步骤	图示操作步骤
5	在"新模块"界面可以通过按钮"ABC…"进行模块名称"Modulel – chuji"的设定，也可能通过"▼"对类型进行选择，程序模块默认类型是"Program"，单击"确定"按钮创建	
6	在模块列表中，显示出新建的程序模块，选中模块chuji，然后单击"显示模块"按钮	
7	在右图所示界面单击"例行程序"，进行例行程序的创建	

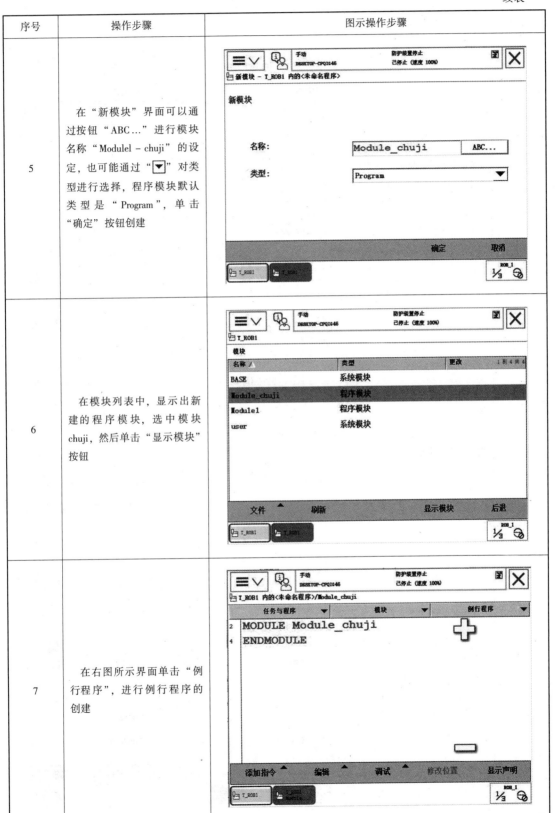

183

续表

序号	操作步骤	图示操作步骤
8	"例行程序"界面打开"文件"菜单，单击"新建例行程序…"选项	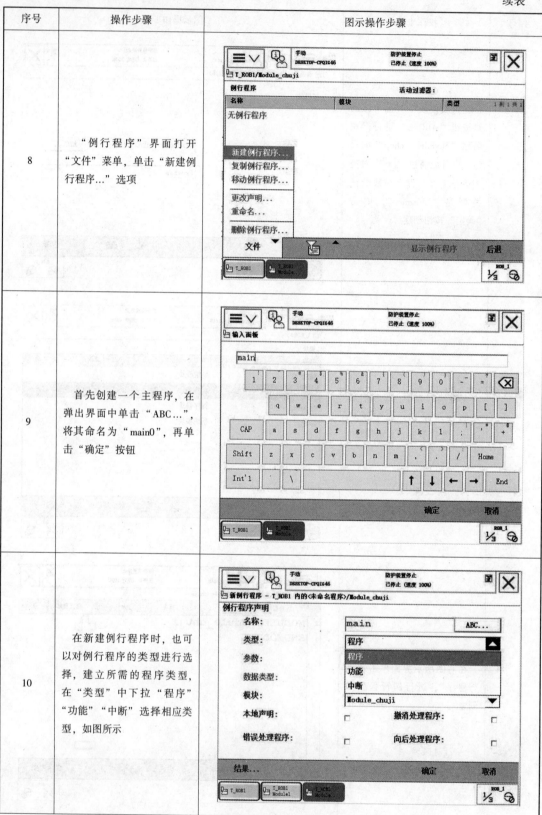
9	首先创建一个主程序，在弹出界面中单击"ABC…"，将其命名为"main0"，再单击"确定"按钮	
10	在新建例行程序时，也可以对例行程序的类型进行选择，建立所需的程序类型，在"类型"中下拉"程序""功能""中断"选择相应类型，如图所示	

续表

序号	操作步骤	图示操作步骤
11	可用相同的方法根据工程项目需要新建例行程序，程序名"lianxu"，方便用于主程序main调用或例行程序间的互相调用。名称可以在系统保留字段之外自由定义，单击"确定"按钮完成新建	
12	如右图所示，在例行程序的列表中选择相应的例行程序，单击"显示例行程序"选项，便可进行编程	

3. 示教器中样例程序的编辑

在创建程序模块及样例程序基础上，可以进行复制例行程序、移动例行程序、更改声明、重命名、删除例行程序的操作，其操作步骤如表6-3所示。

表6-3　编辑例行程序的操作步骤

序号	操作步骤	图示操作步骤
1	在表6-2中完成步骤12显示例行程序后，选中界面左下角"文件"选项	

续表

序号	操作步骤	图示操作步骤
2	选中"复制例行程序…"选项会弹出如右图所示界面,可以对复制的例行程序的名称(单击"ABC…")、类型(单击"▼"下拉菜单)、存储的模块(单击"▼"下拉菜单)等进行修改。 完成后单击"确定"按钮返回界面	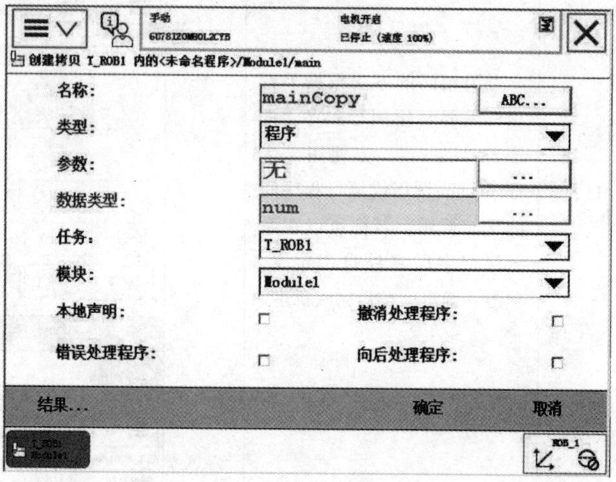 手动 6U781Z0M80L2CY5 电机开启 已停止(速度 100%) 创建拷贝 T_ROB1 内的<未命名程序>/Module1/main 名称: mainCopy　ABC… 类型: 程序 ▼ 参数: 无 … 数据类型: num … 任务: T_ROB1 ▼ 模块: Module1 ▼ 本地声明: □　撤消处理程序: □ 错误处理程序: □　向后处理程序: □ 结果… 确定 取消
3	若从"文件"菜单中选中"移动例行程序…"后,会弹出如右图所示界面,在"模块"选项利用"▼"选择要移动的目标模块,即"移动例行程序"就是将选中的例行程序移动到其他程序模块中	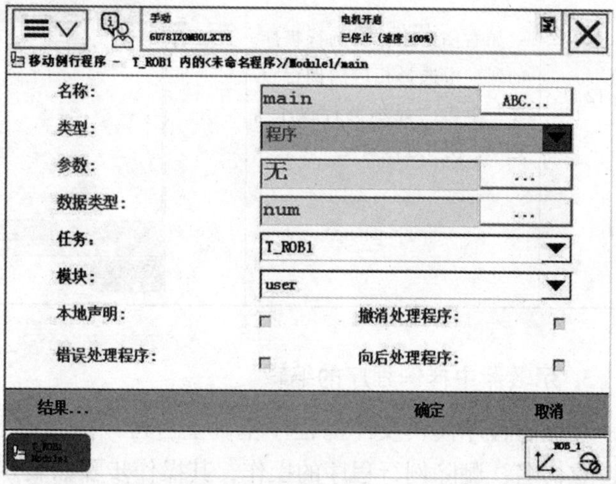 手动 6U781Z0M80L2CY5 电机开启 已停止(速度 100%) 移动例行程序 – T_ROB1 内的<未命名程序>/Module1/main 名称: main　ABC… 类型: 程序 ▼ 参数: 无 … 数据类型: num … 任务: T_ROB1 ▼ 模块: user ▼ 本地声明: □　撤消处理程序: □ 错误处理程序: □　向后处理程序: □ 结果… 确定 取消
4	若从"文件"菜单中选中"更改声明…"后,会弹出如右图所示"例行程序声明"界面,可以对例行程序的类型(程序、功能、中断),所属的模块进行修改	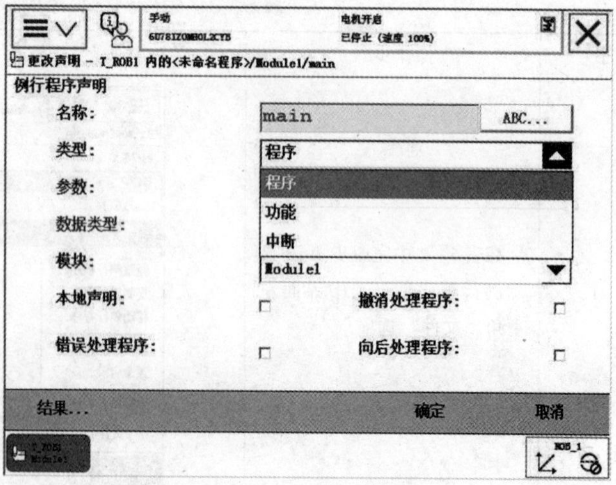 手动 6U781Z0M80L2CY5 电机开启 已停止(速度 100%) 更改声明 – T_ROB1 内的<未命名程序>/Module1/main 例行程序声明 名称: main　ABC… 类型: 程序 ▲ 参数: 程序 数据类型: 功能 　中断 模块: Module1 ▼ 本地声明: □　撤消处理程序: □ 错误处理程序: □　向后处理程序: □ 结果… 确定 取消

序号	操作步骤	图示操作步骤
5	若从"文件"菜单中选中"重命名"后，会直接弹出键盘，输入新的名称后，单击"确定"按钮，即完成新名称的命名	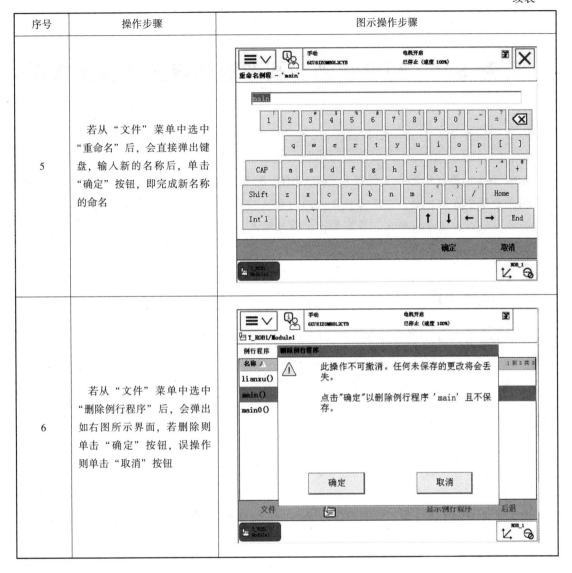
6	若从"文件"菜单中选中"删除例行程序"后，会弹出如右图所示界面，若删除则单击"确定"按钮，误操作则单击"取消"按钮	

思考与练习

（1）工业机器人程序设计中允许有_____个主程序 main，且主程序是可以被系统_____。

（2）主模块中包括主程序和程序模块，而程序模块中包括_____、_____、_____和_____四种对象。

（3）ABB工业机器人都自带两个系统模块分别是_____和_____。在使用过程中不要对系统模块进行修改。

任务 6.2   矩形轨迹、圆形轨迹等的示教器编程

ABB 工业机器所采用的编程语言为 RAPID，属于动作级编程语言。RAPID 包含了一连串控制工业机器人的指令，以工业机器人的运动为描述中心，一般一个指令对应一个动作。这些指令可以移动工业机器人、设置输出、读取输入，还能实现决策、重复其他指令、构造程序、与系统操作员交流等。

重点知识

工业机器人编程常用指令 MoveAbsJ、MoveL、MoveJ 等的格式、含义、添加、参数修改等。

矩形、三角形、圆形等轨迹规划、示教程序编写、调试。

关键能力

正确设置工业机器人安全位置点（也称初始状态），能根据现场需要调整参数，正确使用 moveAbsJ 指令。

熟练掌握 MoveJ 等指令添加、修改、删除、点位修改、保存等操作，熟悉指令列表中查找指令。

培养一定的轨迹规划能力，熟练操纵工业机器人到达指定点位的校点，完成程序调试。

任务描述

利用工业机器人常用指令 MoveAbsJ、MoveL、MoveJ 等，完成在 ABB 工业机器人基础教学工作站轨迹与写字模块上矩形轨迹、三角形轨迹、曲线轨迹、圆形轨迹等编程。

任务要求

利用 MoveAbsJ、MoveL、MoveJ 三种指令完成矩形轨迹程序编写，要求轨迹上 4 个点顺序为 p10→p20→p30→p40，工业机器人安全位置点为 [0, 0, 0, 0, 90, 0]。

利用 MoveAbsJ、MoveL、MoveC 三种指令完成圆形轨迹程序编写，要求轨迹上 4 个点顺序为 p150→p160→p170→p180，工业机器人安全位置点为 [0, 0, 0, 0, 90, 0]。

拓展要求：（1）编程绘制三角形轨迹，示教点依次为 p50、p60、p70；（2）在轨迹与写

字模块中完成由三段圆弧（p80、p90、p100、p110、p120、p130、p140）构成曲线轨迹。

任务环境

2 人一组的实训平台，可以完成 PPT 教学。

ABB 工业机器人基础教学工作站 6 套。

相关知识

运动指令是通过建立示教点指示工业机器人按一定的轨迹运动的代码；而示教点是指工业机器人末端 TCP 移动轨迹的目标点位置。工业机器人在空间上的运动方式主要有绝对位置运动、关节运动、线性运动和圆弧运动 4 种，分别对应 4 种运动指令 MoveAbsJ、MoveL、MoveJ、MoveC 来实现。

1. 绝对位置运动指令 MoveAbsJ

绝对位置运动指令是指工业机器人使用 6 个关节轴和外轴的角度值进行运动和定义目标位置数据的指令，其格式如图 6-3 所示。指令表示工具 tool1 沿着一个非线性路径到绝对轴位置 p10，速度为 500 mm/s，转角数据为 z10。

图 6-3　moveAbsJ 指令格式

又如，绝对运动指令：MoveAbsJ * \ NoEOffs, v1000 \ T：=5, fine, grip3；表示工业机器人携带工具 grip3 沿着一个非线性路径到一个停止点，该停止点在指令中作为一个绝对轴位置来存储（*标示），完成整个运行需要 5 s。

绝对位置运动指令 MoveAbsJ 中各参数含义如表 6-4 所示。使用中要注意在添加或修改工业机器人的运动指令之前，一定要确认所使用的工具坐标和工件坐标。

表 6-4　MoveAbsJ 指令参数含义

序号	参数	定义	操作说明
1	*	目标点位置数据	定义工业机器人 TCP 的运动目标
2	NoEOffs	外轴不带偏移数据	
3	v1000	运动速度数据，1 000 mm/s	定义速度（mm/s）
4	z50	转弯区数据，转弯区的数值越大，工业机器人的动作越圆滑与流畅	定义转弯区的大小，z50 表示最小转弯半径区数据为 50
5	tool1	工具坐标数据	定义当前指令使用的工具
6	wobj1	工件坐标数据	定义当前指令使用的工件坐标

绝对位置运动指令应用在工业机器人以单轴承运行的方式运动至目标点，绝对不存在死点，运动状态完全不可控，避免在正常生产中使用此指令。常用于检查工业机器人零点位置，指令中 TCP 和 Wobj 只与运行速度有关，与运动位置无关。

常用于工业机器人 6 个轴回到机械零点的位置或 Home 点，Home 点或机械零点是一个工业机器人远离工件和周边机器的安全位置。当工业机器人在 Home 点时会同时发出信号给其远端控制设备，如 PLC。根据此点信号可以判断工业机器人是否在 Home 点，避免因工业机器人动作的起始位置不安全而损坏周边设备。

2. 线性运动指令 MoveL

线性运动指令 MoveL 用来使工业机器人的 TCP 从起点（如 p10 点）沿直线运动到给定目标点（如 p20）。MoveL 指令格式如图 6 - 4 所示，其运动过程示意如图 6 - 5 所示。

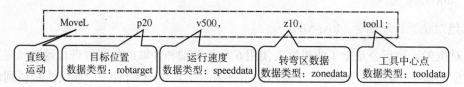

图 6 - 4　MoveL 指令格式

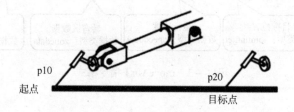

图 6 - 5　MoveL 运动过程示意

例如：MoveL　p10，v1000，z30，tool2；表示工具 tool2 的 TCP 沿着直线运动到目标点 p10，运动速度为 1 000 mm/s，转角数据为 z30。

又如：MoveL　* \ NoEOffs，v1000 \ T：=5，fine，grip3；表示工具 Grip3 的 TCP 沿直线运动到存储在指令中的 fine 点，完成整个运动需要 5 s。

线性运动指令 MoveL 各参数含义与表 6 - 4 中 MoveaAbsJ 各参数含义相同。

MoveL 指令完成工业机器人以线性移动方式运动至目标点，当前点与目标点两点确定一条直线，工业机器人运动状态可控，运动路径保持唯一，可能出现死点，常用在工业机器人在工作状态移动，如激光切割、涂胶、弧焊等对路径要求精度较高的场合。

3. 关节运动指令 MoveJ

关节运动指令 MoveJ 是在对路径精度要求不高的情况下，将工业机器人 TCP 快速移动至给定目标点的指令。MoveJ 指令格式如图 6 - 6 所示，其运动过程示意如图 6 - 7 所示。

例如：MoveJ　p20，vmax，z30，tool2；表示工具 tool2 的 TCP 沿着非线性路径运动到目标点 p20，运动速度为 max mm/s，转角数据为 z30。

图6-6　MoveJ指令格式

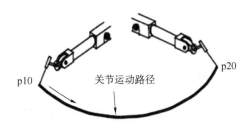

图6-7　MoveJ运动过程示意

又如：MoveJ　* ，vmax \ T：=5，fine，grip3；表示工具Grip3的TCP沿着非线性路径运动到已存储在指令中的停止点（fine点，用 * 标记），完成整个运动需要5 s。注意：当工业机器人运动使用参数［\ T］时，运行速度vmax将不起作用。

关节运动指令MoveJ各参数含义与表6-4中MoveAbsJ各参数含义相同。

关节运动指令使工业机器人以最快捷的方式运动至目标点，工业机器人的运动状态不完全可控，但运动路径保持唯一。常用于工业机器人在空间大范围移动，不容易在运动过程中发生关节轴进入机械奇异点的问题。如果工业机器人到达机械奇异点，将会引起自由度减少，使得关节无法实现某些方向的运动，示教器界面报错，也有可能导致关节轴失控。

一般来说工业机器人有两类奇异点，分别为臂奇异点和腕肘奇异点。臂奇异点是指轴4、轴5和轴6的交点与轴1在 Z 轴方向上的交点所处位置，如图6-8所示。腕奇异点是指轴4和轴6处于一条直线上的点，即轴5角度为0°。肘部奇异点是2、3轴共线，如图6-9所示。

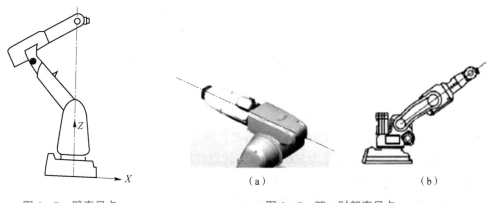

图6-8　臂奇异点

图6-9　腕、肘部奇异点

（a）腕部奇异点；（b）肘部奇异点

图 6 - 10 所示为一段轨迹，对应程序如下所示：

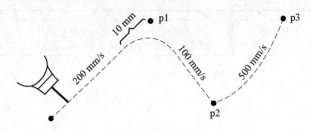

图 6 - 10　MoveL 与 MoveJ 指令

MoveL　p1，v200，z50，tool1；
MoveL　p2，v100，fine，tool1；
MoveJ　p3，v500，fine，tool1；

4. 圆弧运动指令 MoveC

圆弧运动指令 MoveC 是将工业机器人的 TCP 沿圆弧形式运动至给定目标点。圆弧路径由起始点、中间点（过渡点）和目标点来确定，其指令格式如图 6 - 11 所示，其运动过程示意如图 6 - 12 所示。

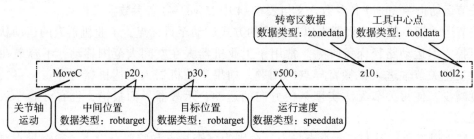

图 6 - 11　MoveJ 指令格式

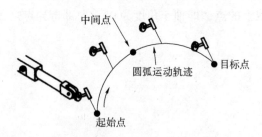

图 6 - 12　MoveC 运动过程

例如：MoveC　p10，p20，v500，z30，tool2；表示工具 tool2 的 TCP 沿着弧线经位置 p10 运动到目标点 p20，运动速度为 500 mm/s，转角数据为 z30。

又如：MoveL　p10，v500，fine，tool2；
　　　MoveC　p20，p30，v500，z50，tool2；
　　　MoveC　p40，p10，v500，fine，tool2；

表示工具 tool2 的 TCP 先沿着直线运动到位置 p10，再沿弧线经位置 p20 运动到位置 p30，最后沿弧线经位置 p40 运动到位置 p10，各位置间的运动速度均为 500 mm/s。由此也表明，用至少两个圆弧运动指令可使 TCP 完成一个圆周运动。

圆弧运动指令 MoveC 各参数含义与表 6 - 4 中 MoveaAbsJ 各参数含义相同。

圆弧运动指令 MoveC 工业机器人通过中间点以圆弧移动方式运动到目标点，当前点、中间点和目标点三点决定一段圆弧，工业机器人运动状态可控，运动路径保持唯一，常用于工业机器人在工作状态移动。

 任务实施

1. 矩形轨迹示教编程

利用 MoveabsJ、MoveL、MoveJ 三种指令完成矩形轨迹程序编写，要求轨迹上 4 个点顺序为 p10→p20→p30→p40，工业机器人安全位置点为 [0, 0, 0, 0, 90, 0]，其操作步骤如表 6 - 5 所示。

1）新建"juxingguiji"样例程序

表 6 - 5　新建"juxingguiji"样例程序的操作步骤

序号	操作步骤	图示操作步骤
1	进入 ABB 主菜单，在示教器操作界面中单击"程序编辑器"选项，如右图所示	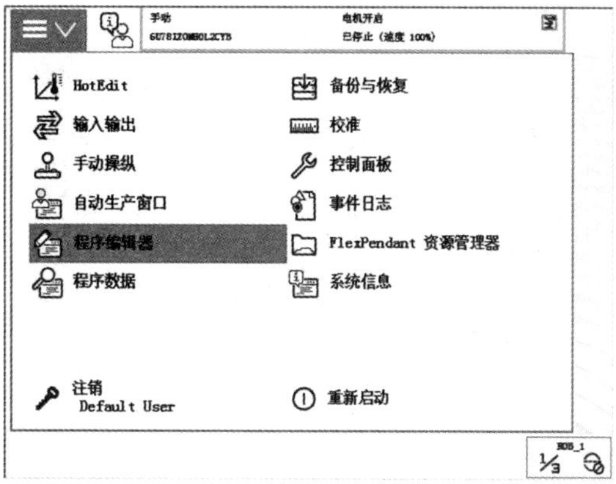
2	若工业机器人尚未创建过程序，则会弹出"不存在程序"窗口，如右图所示，单击"新建"会直接进入程序编辑器窗口，系统会自动创建模块和主程序	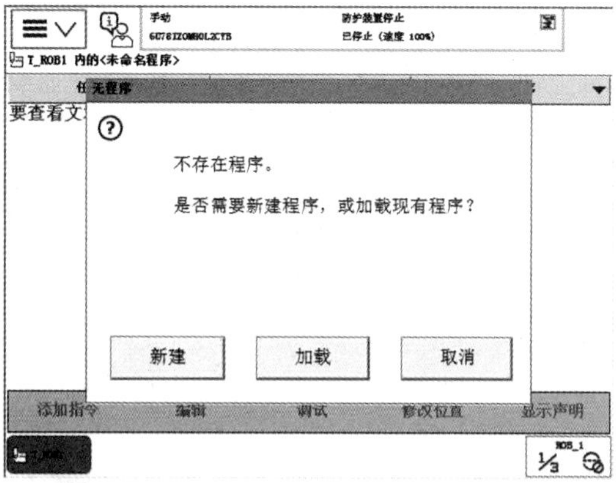

续表

序号	操作步骤	图示操作步骤
3	如右图所示，可单击"例行程序"进入界面查看系统自动生成的模块 MainModule 和主程序 Main( )	
4	这里新建一个样例程序，命名为"juxingguiji"，操作步骤是：打开"文件"菜单选择"新建样例程序…"选项	
5	在弹出的界面中单击"名称"栏右侧"ABC…"按钮，命名为"juxingguiji"或直接选中修改名称，单击"确定"按钮	
6	进入界面后单击"显示样例程序"则进入到"例行程序"编辑界面	

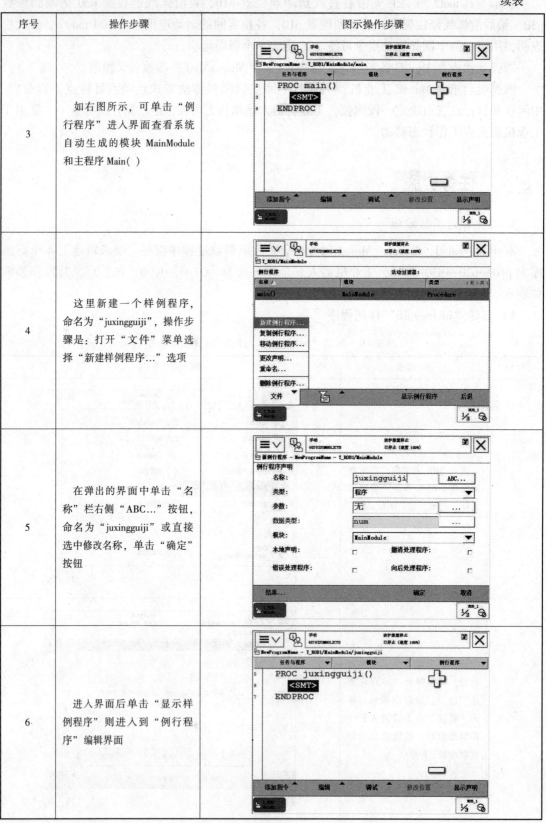

2）设定工业机器人初始状态

新建例行程序后就可以添加指令，首先要设置工业机器人的初始状态，即设置工业机器人的安全位置，其操作步骤如表6-6所示。

表6-6　设置工业机器人的初始状态的操作步骤

序号	操作步骤	图示操作步骤
7	在程序编辑器窗口单击"添加指令"，然后在"Common"选项中查找指令并选择"MoveAbsJ"指令。指令中"＊"代表的是目标位置数据，是指工业机器人6个轴和外轴的角度值定义的绝对位置，更改"＊"的数据值就可以设置初始位置	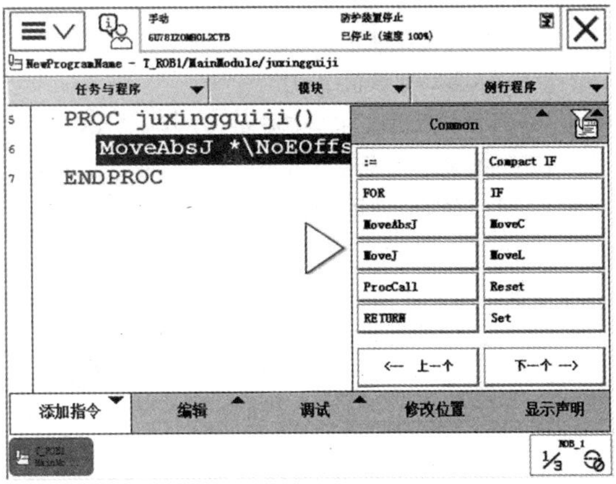
8	双击"MoveAbsJ"指令行中的"＊"弹出变量修改窗口，如右图所示，亮蓝色区域第一个中括号内的数据表示的是当前工业机器人所在位置的各个轴的角度，可以通过更改这6个角度值，使工业机器人位于理想中的初始值，单击下方"表达式…"按钮。 说明：此处若选择单击"新建"选项，将机器人末端手动操纵至指定安全位置点后，单击新界面中"初始值"进入修改界面，修改后单击"确定"选项，与步骤9、10、11效果一样	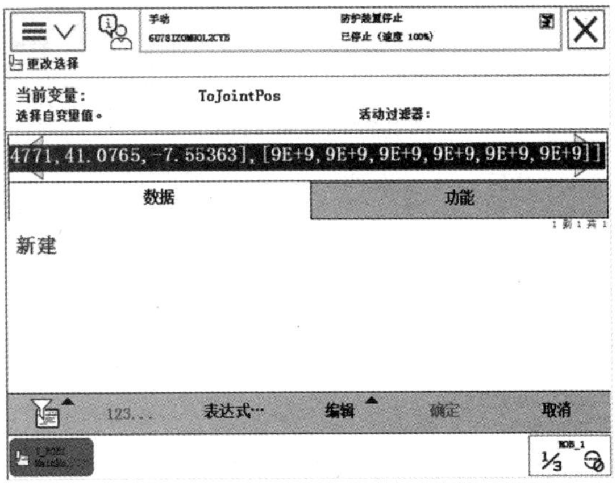
9	弹出如右图所示的界面，单击"编辑"菜单，再单击"仅限选定内容"选项	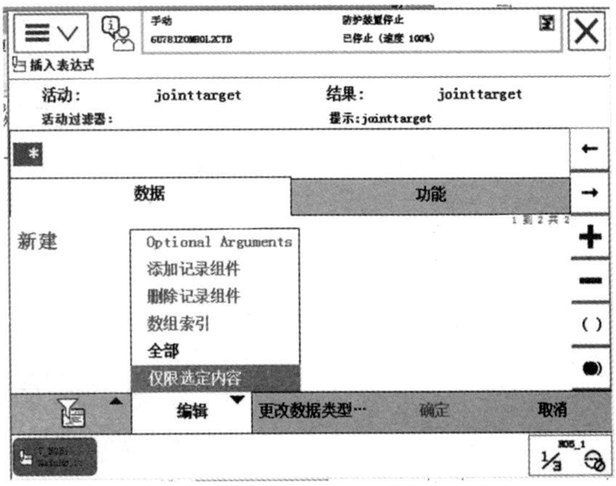

续表

序号	操作步骤	图示操作步骤
10	进入如右图所示界面，通过键盘界面将该组数值中的第一个中括号内的数值改为"[0, 0, 0, 0, 90, 0]"，其他数值不修改，单击"确定"按钮返回	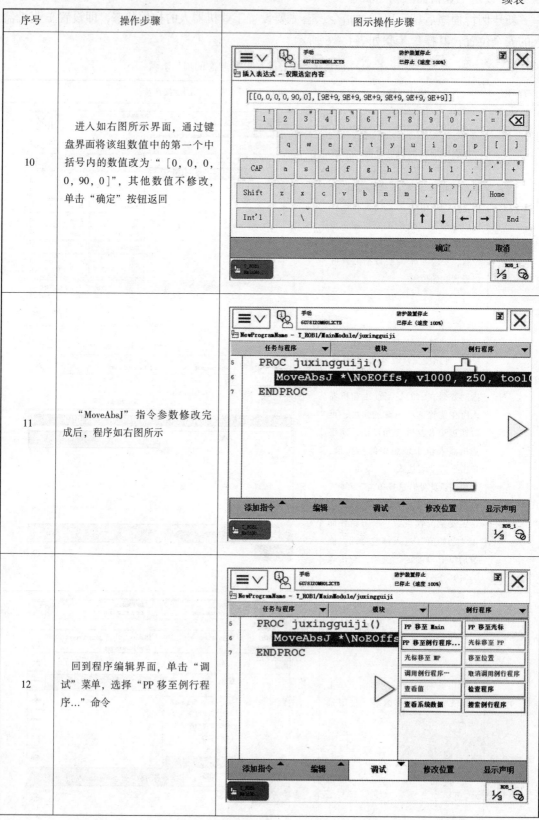
11	"MoveAbsJ"指令参数修改完成后，程序如右图所示	
12	回到程序编辑界面，单击"调试"菜单，选择"PP移至例行程序..."命令	

续表

序号	操作步骤	图示操作步骤
13	选择"MoveAbsJ"指令语句例行程序"juxingguiji",单击"确定"按钮,如右图所示	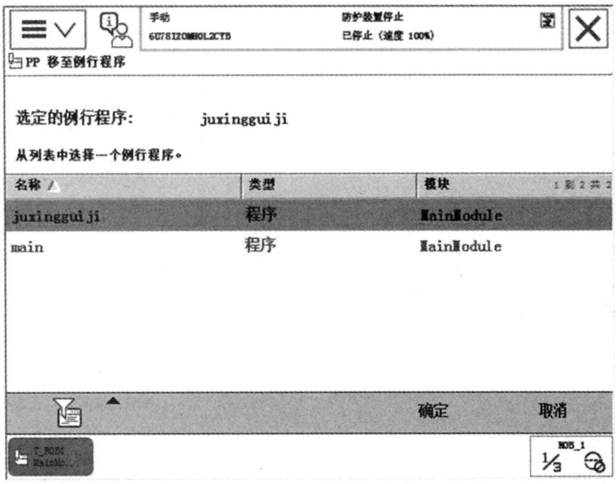
14	将光标箭头指在"MoveAbsJ"指令语句所在语句行	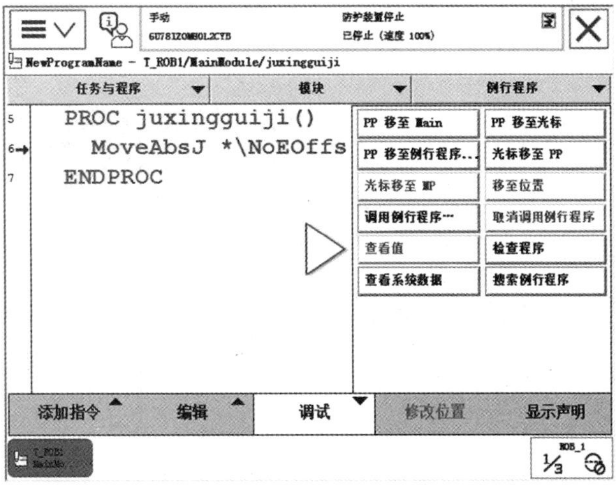
15	手握示教器使能端; 按下程序调试控制按钮 L(步进执行程序)。工业机器人执行"MoveAbsJ"指令语句即可完成回零点操作。 说明:K 按钮(执行程序);M 按钮(停止执行程序);J 按钮(步退执行程序)	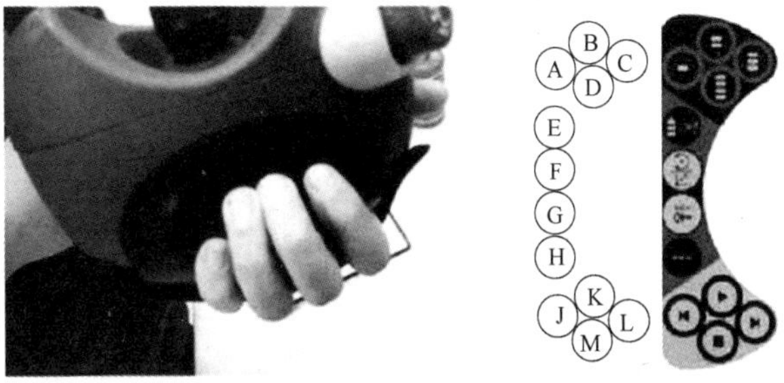

3)矩形轨迹编程

设置好安全位置点后就可以进行轨迹的示教编程,ABB工业机器人基础教学工作站配备轨迹与写字模块,选取 4 个点构建矩形轨迹,轨迹示教点分别是 p10、p20、p30、p40。轨迹规划线路是先从安全位置点

矩形轨迹示教编程

197

出发，运行到点 p10 上方（如 200 mm 或其他高度），然后依次点 p10→p20→p30→p40→p10，走完矩形轨迹后回到点 p10 上方，最后回到安全位置点，其操作步骤如表 6 - 7 所示。

表 6 - 7　矩形轨迹程序编写的操作步骤

序号	操作步骤	图示操作步骤
1	进入 ABB 主菜单，选择"手动操纵"选项，将工具坐标系和工件坐标系更改为对应的圆锥工具的工具坐标系 tool1 和轨迹路径模块的工件坐标系 wobj1。 说明：项目一实际操作中已建立 tool1、wobj1。若没有定义可参照 5.2、5.3 节重新新建坐标系	
2	回到程序编辑器的界面，单击"添加指令"，再单击"MoveJ"指令，如右图所示，在弹出的对话框中单击"下方"选项	
3	添加"MoveJ"指令后如右图所示。添加本条指令目标是运动到 p10 上方工作区域，再运动至 p10 点	

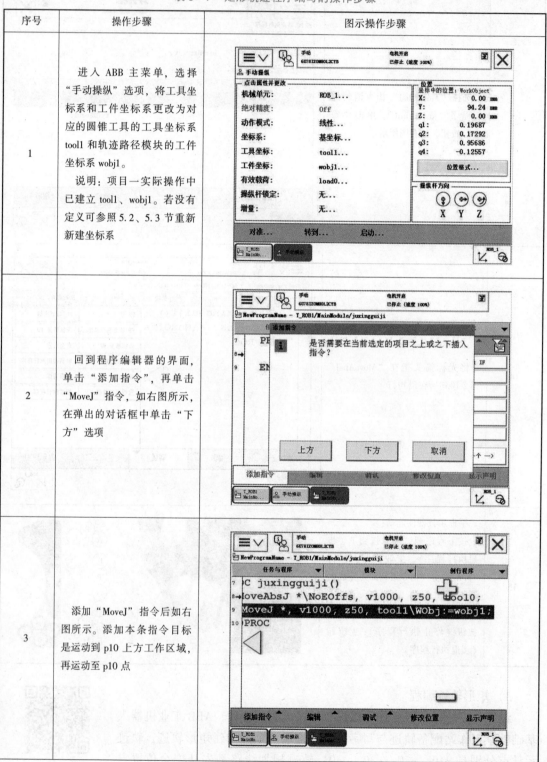

序号	操作步骤	图示操作步骤
4	双击"MoveJ"指令行中的"＊"进入如右图所示界面，选择"新建"选项创建点 p10	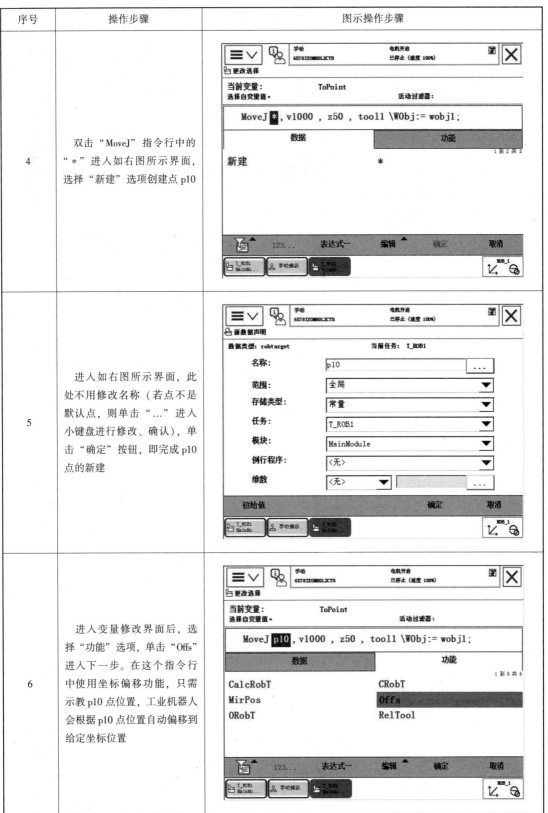
5	进入如右图所示界面，此处不用修改名称（若点不是默认点，则单击"..."进入小键盘进行修改、确认），单击"确定"按钮，即完成 p10 点的新建	
6	进入变量修改界面后，选择"功能"选项，单击"Offs"进入下一步。在这个指令行中使用坐标偏移功能，只需示教 p10 点位置，工业机器人会根据 p10 点位置自动偏移到给定坐标位置	

续表

序号	操作步骤	图示操作步骤
7	进入如右图所示界面后，Offs后的4个"〈EXP〉"参数要依次修改为"p10""0""0""200"。Offs（p10，0，0，200）就是指此目标点相对于p10点，(*x*, *y*, *z*) 三个坐标分别偏移（0，0，200）后所得的点位，这里的"200"是可以根据实际情况自行设置的。第一个"〈EXP〉"选择"p10"	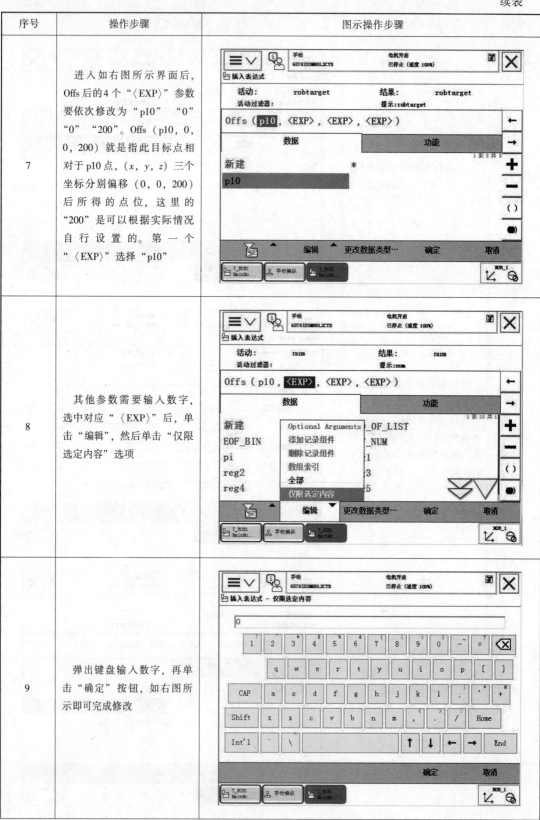
8	其他参数需要输入数字，选中对应"〈EXP〉"后，单击"编辑"，然后单击"仅限选定内容"选项	
9	弹出键盘输入数字，再单击"确定"按钮，如右图所示即可完成修改	

续表

序号	操作步骤	图示操作步骤
10	输入所有参数后，单击"确定"按钮	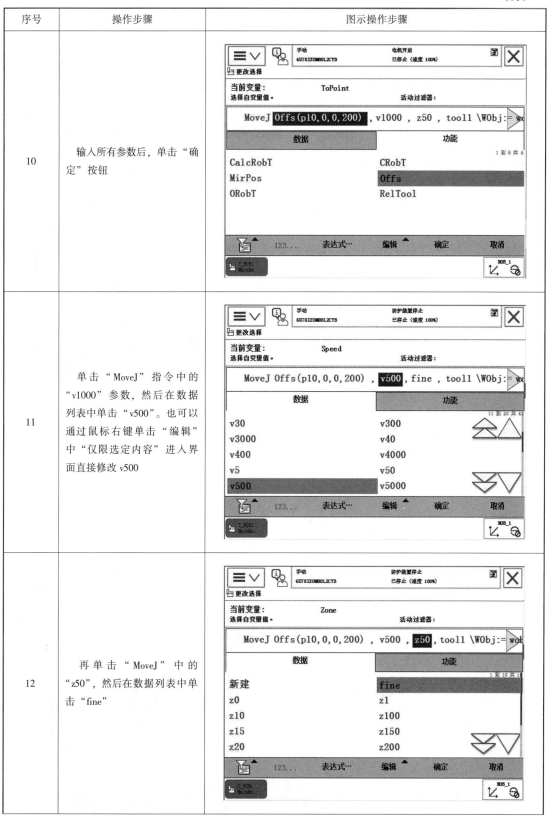
11	单击"MoveJ"指令中的"v1000"参数，然后在数据列表中单击"v500"。也可以通过鼠标右键单击"编辑"中"仅限选定内容"进入界面直接修改 v500	
12	再单击"MoveJ"中的"z50"，然后在数据列表中单击"fine"	

序号	操作步骤	图示操作步骤
13	单击"确定"返回如右图所示界面,"MoveJ"指令创建完成。 说明指令行中 200 表示点 p10 上方 200 mm,要注意其 +、-,防止碰撞;"fine"是指 TCP 到达目标点后减速至零,工业机器人会停顿一下再向下运动	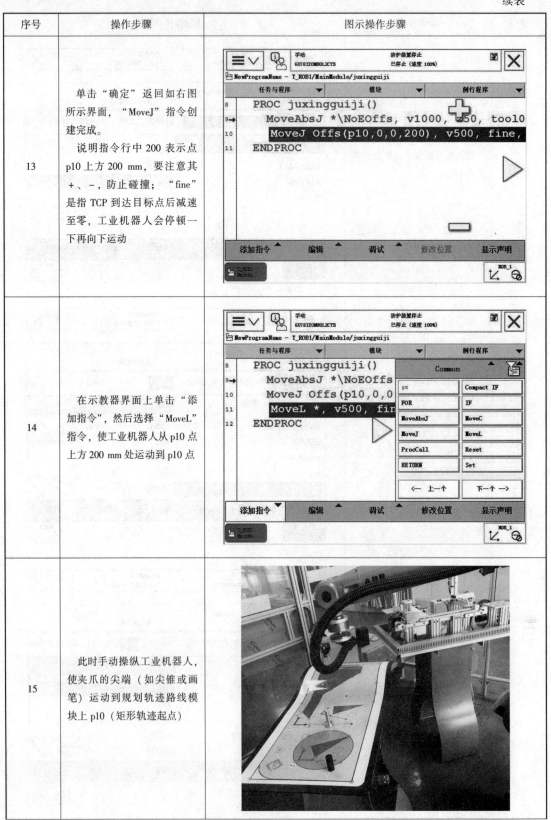
14	在示教器界面上单击"添加指令",然后选择"MoveL"指令,使工业机器人从 p10 点上方 200 mm 处运动到 p10 点	
15	此时手动操纵工业机器人,使夹爪的尖端(如尖锥或画笔)运动到规划轨迹路线模块上 p10(矩形轨迹起点)	

序号	操作步骤	图示操作步骤
16	示教后双击编辑界面指令中"＊"，进入到变量修改参数界面，将目标点更改为"p10"，单击"确定"按钮	
17	再单击"修改位置"选项，在弹出界面中单击"修改"修改，系统会记录保存下 p10 点的位置	
18	在弹出的确定修改界面中，选择"修改"，第一条"MoveL"指令添加完成	

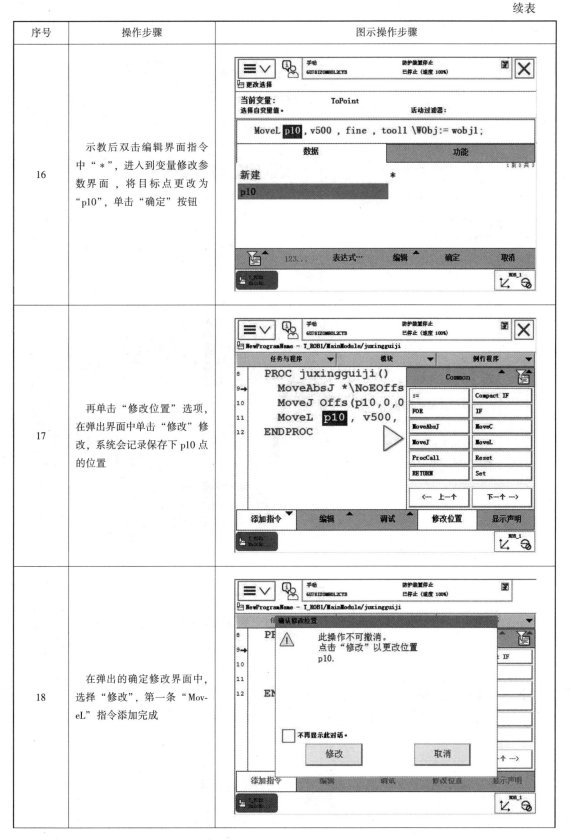

续表

序号	操作步骤	图示操作步骤
19	单击"添加指令",继续加"MoveL"指令,使工业机器人从p10点运动到p20点。 提示:便捷方法是选中p10指令行→单击"编辑"→选中"复制"→再选中p20指令行→选中"粘贴"。后续内容也可用便捷方式	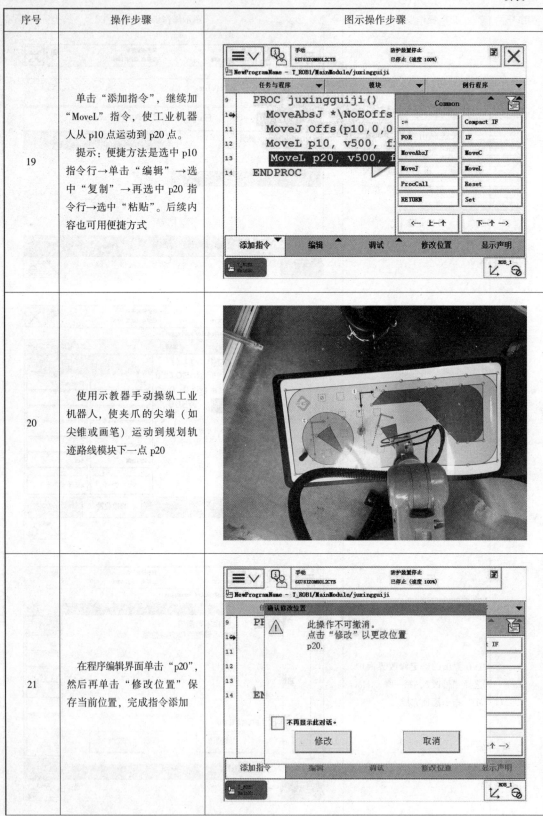
20	使用示教器手动操纵工业机器人,使夹爪的尖端(如尖锥或画笔)运动到规划轨迹路线模块下一点p20	
21	在程序编辑界面单击"p20",然后再单击"修改位置"保存当前位置,完成指令添加	

序号	操作步骤	图示操作步骤
22	继续添加"MoveL"指令，目标点是 p30 点，并手动操纵工业机器人运动到矩形轨迹下一个点 p30	
23	在程序界面中单击"p30"，然后单击"修改位置"保存当前位置，完成指令添加	
24	继续添加"MoveL"指令，目标点是 p40 点，并手动操纵工业机器人运动到矩形轨迹下一个点 p40	

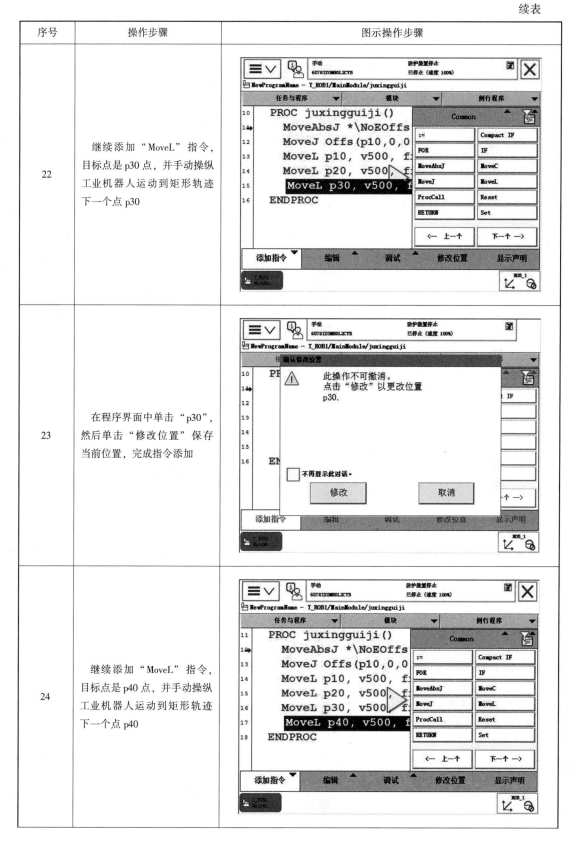

205

续表

序号	操作步骤	图示操作步骤
25	在程序界面中单击"p40"，然后单击"修改位置"保存当前位置，完成指令添加	
26	再添加一条"MoveL"指令	
27	双击指令行中的"p50"，将"p50"替换为"p10"，使矩形轨迹首尾相连，再单击"确定"按钮返回	

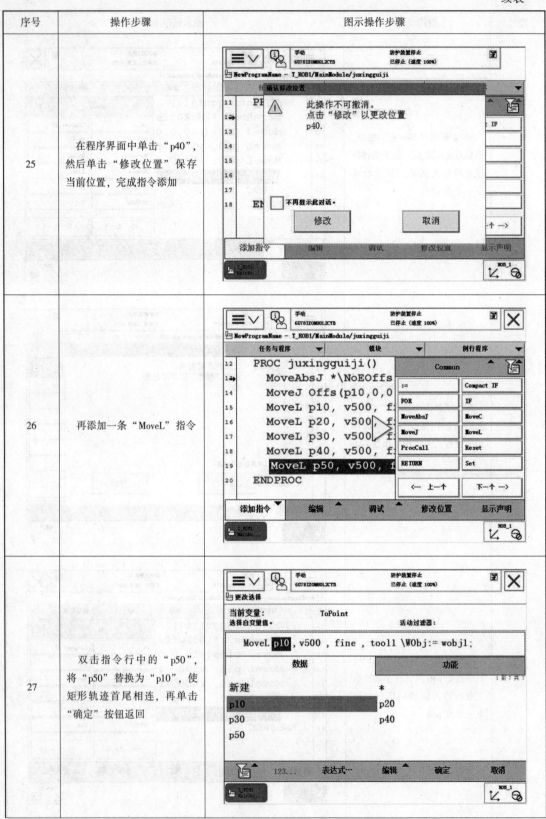

续表

序号	操作步骤	图示操作步骤
28	此时工业机器人夹爪需要回到 p10 点上方工作区域，需要再添加"MoveL"指令，将指令中参数"p60"修改为"Offs（p10，0，0，200）"（操作方法如前所述）。 说明：此处也可复制程序段第 2 行中"MoveJ"指令，进行粘贴后，在"编辑"中选择"更改为 MoveL"，这样就完成了	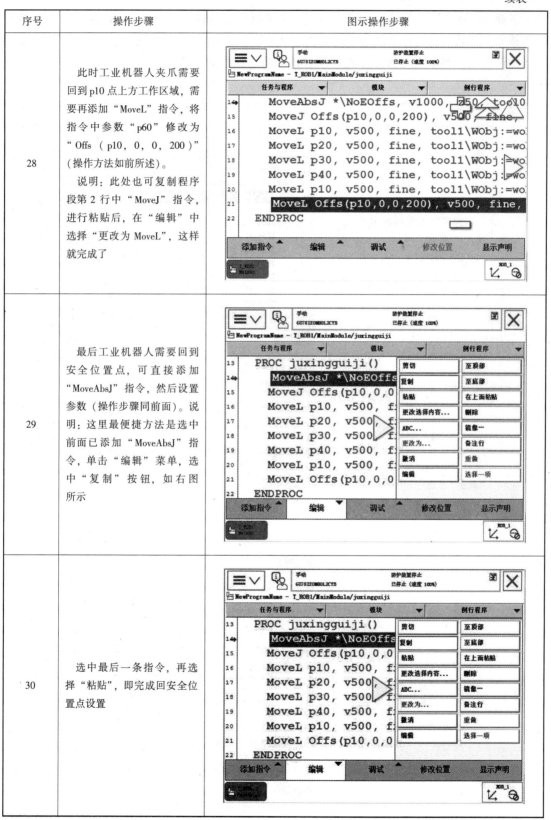
29	最后工业机器人需要回到安全位置点，可直接添加"MoveAbsJ"指令，然后设置参数（操作步骤同前面）。说明：这里最便捷方法是选中前面已添加"MoveAbsJ"指令，单击"编辑"菜单，选中"复制"按钮，如右图所示	
30	选中最后一条指令，再选择"粘贴"，即完成回安全位置点设置	

207

4）矩形轨迹编程调试

下面对矩形轨迹程序进行调试，当执行步进执行程序时，将逐步运行，检查工业机器人是否按照预定轨迹行走，若轨迹不正确则手动操纵工业机器人移动至正确位置后，单击需要修改的位置点，再单击"修改位置"保存正确的位置数值。其操作步骤如表6-8所示。

表6-8　矩形轨迹程序调试的操作步骤

序号	操作步骤	图示操作步骤
1	回到程序界面如右图示，单击"调试"菜单，选择"PP移至例行程序…"命令	
2	在出现的例行程序界面，选择"juxingguiji"，再单击"确定"按钮	
3	在程序编辑器的第一行指令旁会出现箭头标志，表示工业机器人准备执行第一行指令	

续表

序号	操作步骤	图示操作步骤
4	手握示教器使能端； 　按下程序调试控制按钮 L（步进执行程序）。 　警告：工业机器人行走与规划轨迹出现偏差时，应立即松开使能控制按钮，避免与设备发生碰撞	
5	完成上述步进执行后，再次连续执行调试，方法是： 　手握示教器使能端； 　单击"pp 移至例行程序…"选项，按下程序调试控制按钮 K（执行程序）。观察工业机器人自动完成从安全位置点出发沿着矩形轨迹行走，又回到安全位置点	

2. 三角形轨迹示教编程

利用 MoveAbsJ、MoveL、MoveJ 三种指令完成三角形轨迹程序编写，三角形轨迹规划是从安全位置点→p50 点上方工作区域→p50→p60→p70→p50→p50 点上方工作区域→安全位置点，工业机器人安全位置点为 [0，0，0，0，90，0]，其操作步骤如表 6 – 9 所示。

三角形轨迹示教编程

1）新建"sanjiaoxingguiji"样例程序

表 6 – 9　新建"sanjiaoxingguiji"样例程序的操作步骤

序号	操作步骤	图示操作步骤
1	进入 ABB 主菜单，在示教器操作界面中单击"程序编辑器"选项，如右图所示	

序号	操作步骤	图示操作步骤
2	在模块 MainModule 中再创建一个样例程序，命名为"sanjiaoxingguiji"，操作步骤是：打开"文件"菜单选择"新建样例程序…"	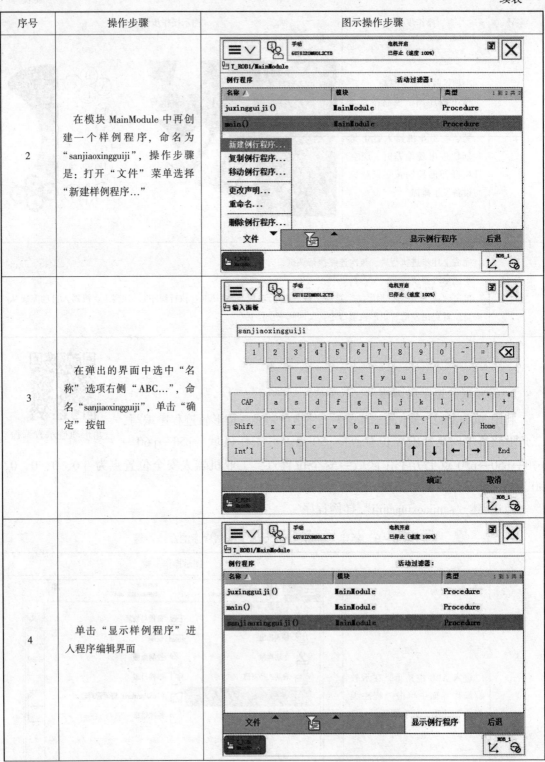
3	在弹出的界面中选中"名称"选项右侧"ABC…"，命名"sanjiaoxingguiji"，单击"确定"按钮	
4	单击"显示样例程序"进入程序编辑界面	

序号	操作步骤	图示操作步骤
5	在程序编辑器窗口，确认蓝色长亮部分位于"SMT"，单击"添加指令"按钮	
6	进入界面，在右侧"Common"下找到并添加"MoveAbsJ"指令	
7	进入界面后双击"*"对安全位置点进行修改	

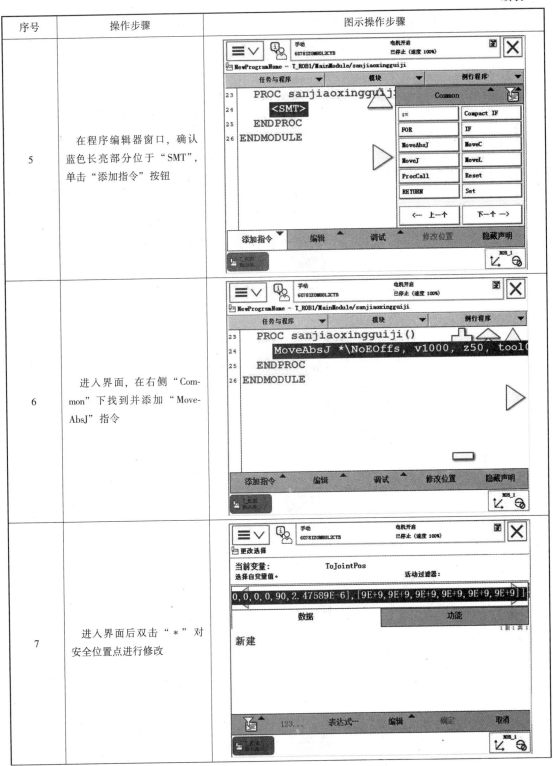

序号	操作步骤	图示操作步骤
8	进入如右图所示界面，单击"新建"按钮，建立本程序下对应的安全位置点	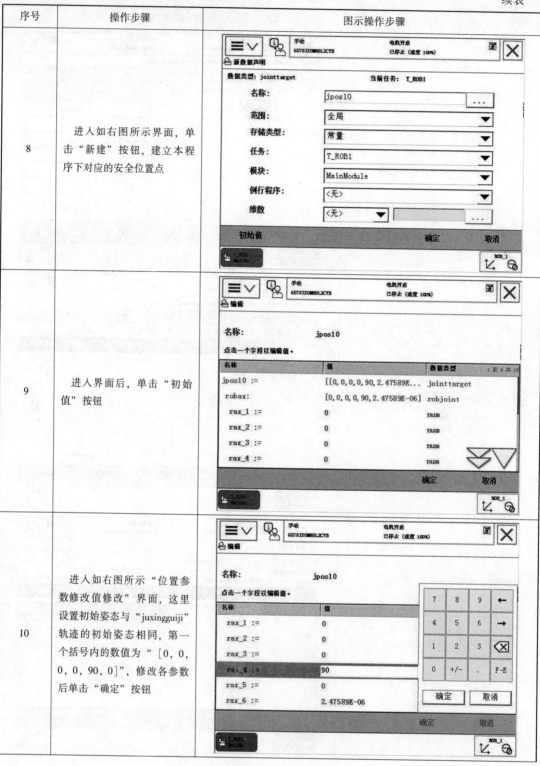
9	进入界面后，单击"初始值"按钮	
10	进入如右图所示"位置参数修改值修改"界面，这里设置初始姿态与"juxingguiji"轨迹的初始姿态相同，第一个括号内的数值为"[0, 0, 0, 0, 90, 0]"，修改各参数后单击"确定"按钮	

续表

序号	操作步骤	图示操作步骤
11	进入界面继续添加"MoveJ"指令，手动操纵工业机器人运动到p50上方工作区域	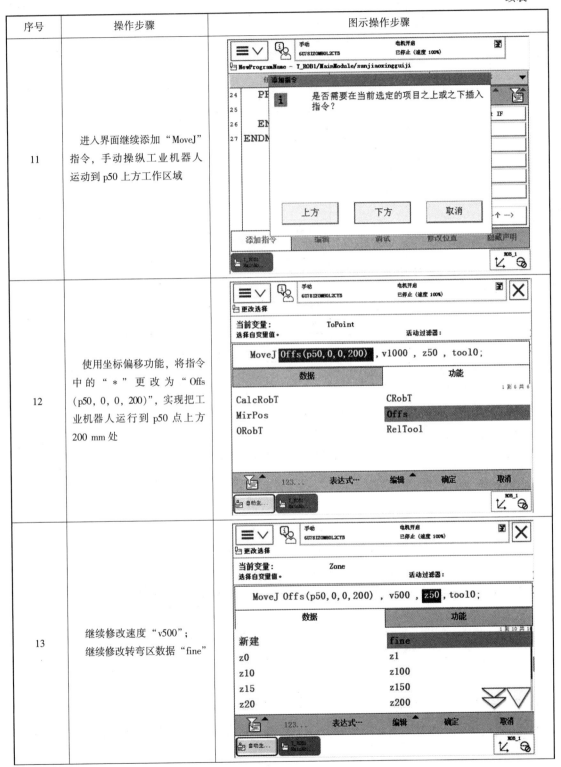
12	使用坐标偏移功能，将指令中的"＊"更改为"Offs(p50，0，0，200)"，实现把工业机器人运行到p50点上方200 mm处	
13	继续修改速度"v500"；继续修改转弯区数据"fine"	

续表

序号	操作步骤	图示操作步骤
14	继续添加"MoveL"指令； 手动操纵工业机器人移动至三角形轨迹第一顶点 p50	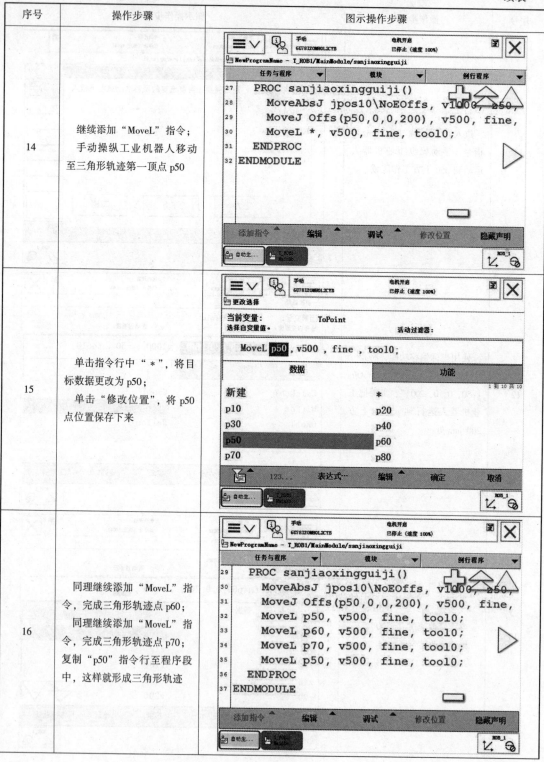
15	单击指令行中"＊"，将目标数据更改为 p50； 单击"修改位置"，将 p50 点位置保存下来	
16	同理继续添加"MoveL"指令，完成三角形轨迹点 p60； 同理继续添加"MoveL"指令，完成三角形轨迹点 p70； 复制"p50"指令行至程序段中，这样就形成三角形轨迹	

续表

序号	操作步骤	图示操作步骤
17	接着复制 Offs（p50，0，0，200）这一指令行至程序段后，并修改为"MoveL"，即工业机器人夹爪移至 p50 点上方区域。 继续复制"MoveAbsJ"指令，使工业机器人回到初始状态。 这样完成三角形轨迹程序编写	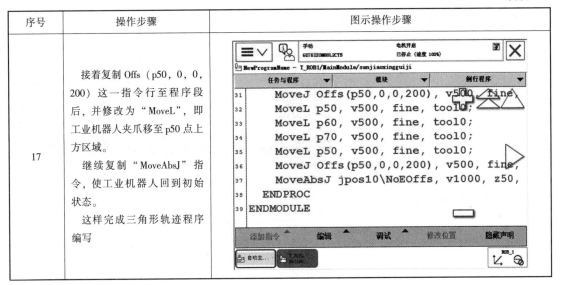

2）测试程序

参照矩形轨迹程序调试方法，进行三角形轨迹测试，详细步骤参照表 6 – 8 中第 1 ~ 5 步。

三角形轨迹编程调试

3. 曲线轨迹示教编程

利用 MoveAbsJ、MoveL、MoveJ、MoveC 四种指令完成三段圆弧组成的曲线轨迹程序编写，曲线轨迹规划是从安全位置点→p80 点上方工作区域→p80→p90→p100→p110→p120→p130→p140→p140 点上方工作区域→安全位置点，

工业机器人安全位置点为［0，0，0，0，90，0］，其操作步骤如表 6 – 10 所示。

曲线轨迹编程调试

1）"quxianguiji"样例程序

用示教编程法编写"quxianguiji"样例程序的操作步骤如表 6 – 10 所示。

表 6 – 10　新建"quxianguiji"样例程序的操作步骤

序号	操作步骤	图示操作步骤
1	进入 ABB 主菜单，在示教器操作界面中单击"程序编辑器"选项，如右图所示	HotEdit　备份与恢复 输入输出　校准 手动操纵　控制面板 自动生产窗口　事件日志 程序编辑器　FlexPendant 资源管理器 程序数据　系统信息 注销 Default User　重新启动

序号	操作步骤	图示操作步骤
2	在模块 MainModule 中再创建一个样例程序，命名为"quxianguiji"，操作步骤是：打开"文件"菜单选择"新建样例程序…"选项	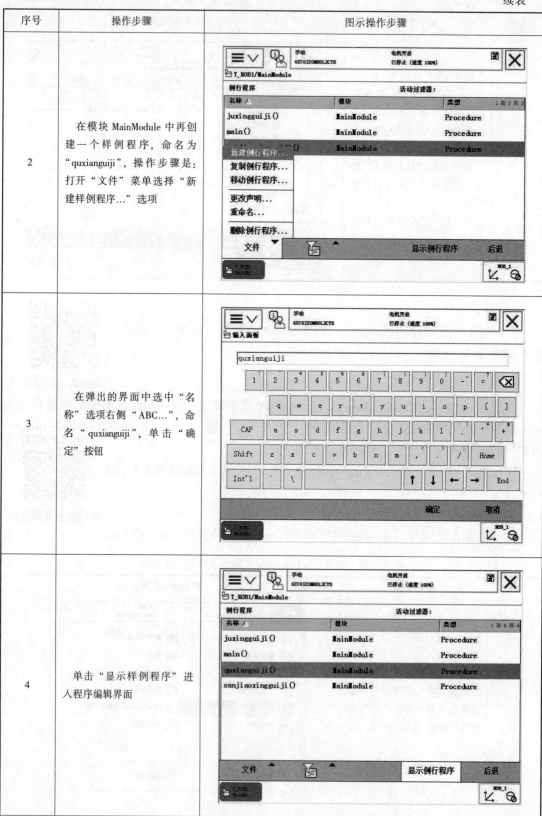
3	在弹出的界面中选中"名称"选项右侧"ABC…"，命名"quxianguiji"，单击"确定"按钮	
4	单击"显示样例程序"进入程序编辑界面	

续表

序号	操作步骤	图示操作步骤
5	在程序编辑器窗口，确认蓝色长亮部分位于"〈SMT〉"，单击"添加指令"按钮	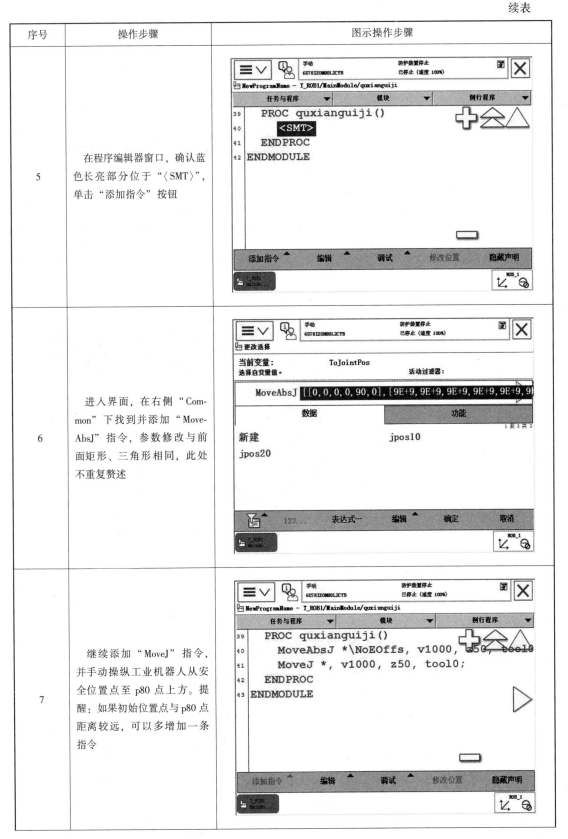
6	进入界面，在右侧"Common"下找到并添加"MoveAbsJ"指令，参数修改与前面矩形、三角形相同，此处不重复赘述	
7	继续添加"MoveJ"指令，并手动操纵工业机器人从安全位置点至 p80 点上方。提醒：如果初始位置点与 p80 点距离较远，可以多增加一条指令	

217

序号	操作步骤	图示操作步骤
8	将"MoveJ"指令中的"*"改为"Offs（p80，0，0，200）"，这里的"200"表示夹爪在 p80 上方 200 mm，也可以据现场确定数值。 继续修改"v500""fine"参数	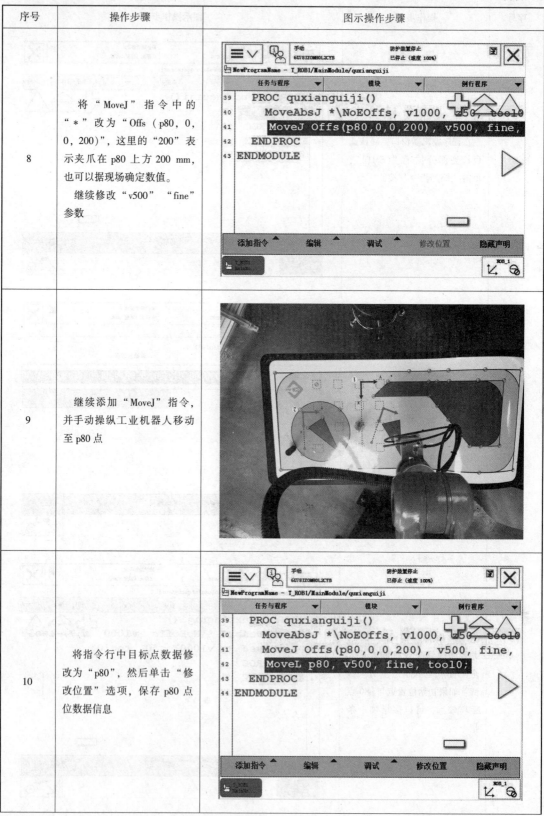
9	继续添加"MoveJ"指令，并手动操纵工业机器人移动至 p80 点	
10	将指令行中目标点数据修改为"p80"，然后单击"修改位置"选项，保存 p80 点位数据信息	

序号	操作步骤	图示操作步骤
11	接下来曲线的第 1 段圆弧，起点是 p80，中间点是 p90，终点 p100，通过添加"MoveC"指令。 　　手动操纵工业机器人移动至轨迹第 1 段圆弧中间点 p90	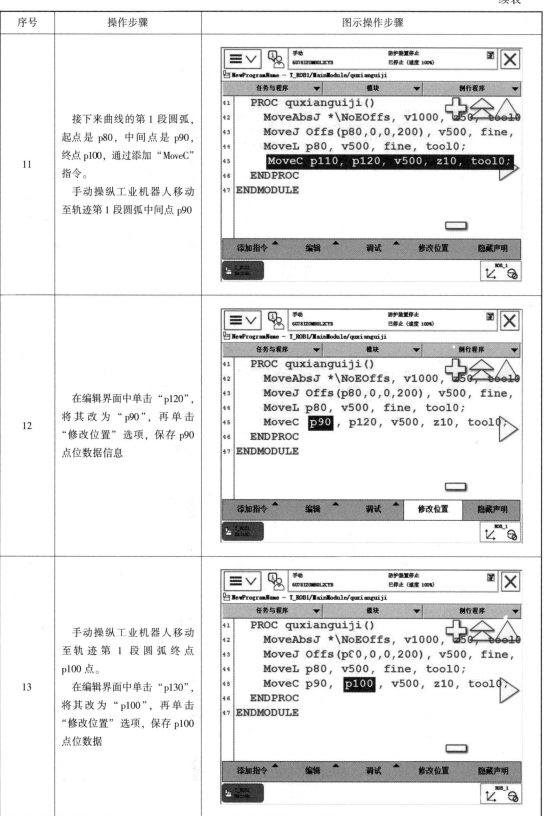
12	在编辑界面中单击"p120"，将其改为"p90"，再单击"修改位置"选项，保存 p90 点位数据信息	
13	手动操纵工业机器人移动至轨迹第 1 段圆弧终点 p100 点。 　　在编辑界面中单击"p130"，将其改为"p100"，再单击"修改位置"选项，保存 p100 点位数据	

续表

序号	操作步骤	图示操作步骤
14	按同样的操作步骤完成曲线轨迹另两段圆弧编程，即添加两行"MoveC"指令并修改点位、参数	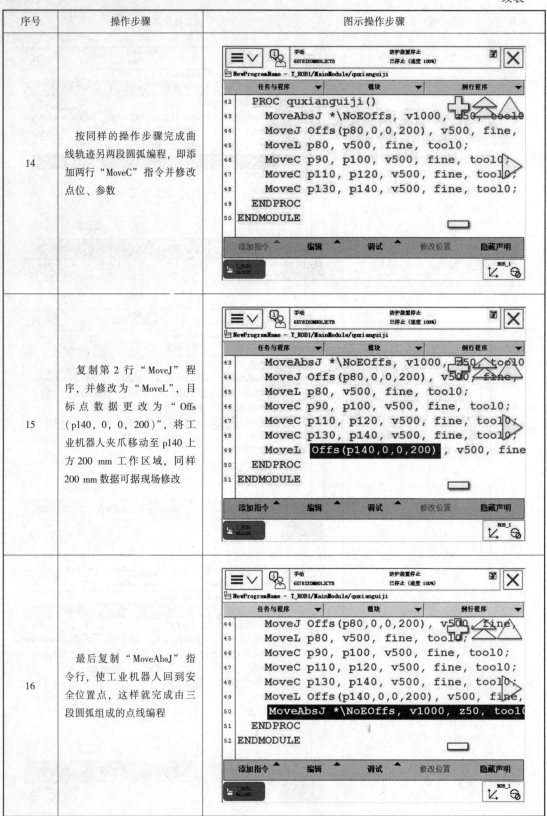
15	复制第2行"MoveJ"程序，并修改为"MoveL"，目标点数据更改为"Offs（p140, 0, 0, 200）"，将工业机器人夹爪移动至p140上方200 mm工作区域，同样200 mm数据可据现场修改	
16	最后复制"MoveAbsJ"指令行，使工业机器人回到安全位置点，这样就完成由三段圆弧组成的点线编程	

2）测试程序

参照矩形轨迹程序调试方法，进行曲线轨迹测试，详细步骤参照表6-8第1~5步。

4. 圆形轨迹示教编程

利用 MoveAbsJ、MoveL、MoveJ、MoveC 四种指令完成圆形轨迹程序编写，圆形轨迹规划是从安全位置点→p150 点上方工作区域→p150→p160→p170→p180→p150→p150 点上方工作区域→安全位置点，如图6-13所示。工业机器人安全位置点为 [0，0，0，0，90，0]。

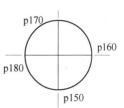

图 6-13　圆形轨迹规划图

圆形轨迹示教编程

1）新建"yuanxingguiji"样例程序

圆形轨迹"yuanxingguiji"样例程序的操作步骤如表6-11所示。

表 6-11　新建"yuanxingguiji"样例程序的操作步骤

序号	操作步骤	图示操作步骤
1	在模块 MainModule 中再创建一个样例程序，命名为"yuanxingguiji"	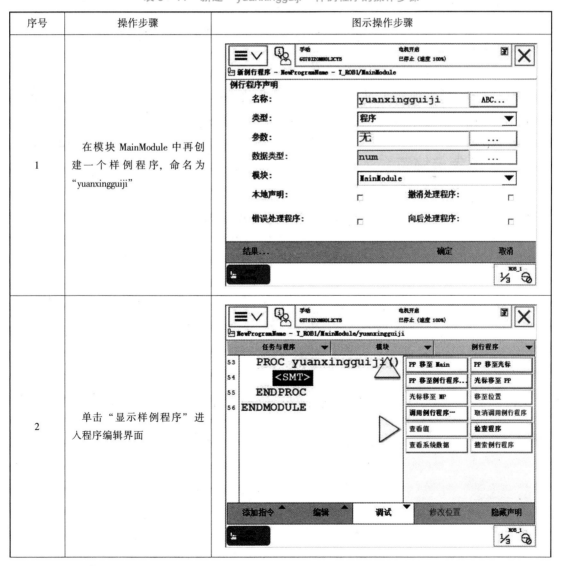
2	单击"显示样例程序"进入程序编辑界面	

续表

序号	操作步骤	图示操作步骤
3	依次完成添加指令如下： ①设置安全位置点"Move-AbsJ"； ②p150 点上方工作区域"MoveJ"； ③准确移至 p150 点"MoveL"； ④第一个半圆"MoveC"； ⑤第二个半圆并回至起点 p150 "MoveC"； ⑥偏移至 p150 上方 200 mm； ⑦再回安全位置点	 ``` 59 PROC yuanxingguiji() 60 MoveAbsJ *\NoEOffs, v1000, z50, tool0 62 MoveJ Offs(p150,0,0,200), v500, fine, 63 MoveL p150, v500, fine, tool0; 64 MoveC p160, p170, v500, fine, tool0; 65 MoveC p180, p150, v500, fine, tool0; 66 MoveL Offs(p150,0,0,200), v500, fine, 67 MoveAbsJ *\NoEOffs, v1000, z50, tool0 68 ENDPROC ```

2）测试程序

参照矩形轨迹程序调试方法，进行曲线轨迹测试，详细步骤参照表 6-8 中第 1~5 步。

形轨迹编程调试

 思考与练习

（1）区分机器人指令 MoveL 与指令 MoveJ 的相同点及不同点在哪里？

（2）ABB 工业机器人中常用的运动指令主要有哪些？请列出。

（3）根据本节操作技能在工作站的轨迹与写字模块平台上规划一个单线条操场跑道，即用两段直线及两个半圆形成的轨迹进行示教编程并演示。

任务 6.3　轨迹调用——复杂编程

在实际应用中，工业机器人的轨迹运动可应用于搬运作业、喷涂作业、切割作业、焊接作业、上下料作业等多种工业生产场合。为了使工业机器人按照既定的运动轨迹完成各种作业，应选择合适的动作模式，并根据实际要求设计工业机器人的工作流程。

重点知识

根据任务要求进行轨迹规划并正确设计 RAPID 程序框架。
运用条件判断指令、I/O 指令、子程序调用指令实现控制任务。

关键能力

利用条件判断 while、if、procall 等指令设计 RAPID 程序实现项目任务。
根据设计思想编写示教程序，熟悉示教器界面操作、调试过程。

任务描述

本任务要求在 6.2 节完成矩形轨迹、圆形轨迹等示教编程基础上，综合使用 I/O 指令、条件判断指令、子程序调用等实现调用控制的复杂编程。

任务要求

控制流程是安全位置点运行至画笔库，抓取画笔后，行走矩形轨迹 juxingguiji，之后行走曲线轨迹 quxianguiji 两遍，接着行走三角形轨迹 sanjiaoxingguiji，最后把画笔放回，工业机器人返回安全位置点。

连续多个轨迹示教编程

在示教器中建立主程序 main，子程序 juxingguiji、sanjiaoxingguiji、quxianguiji（6.2 节中已建立）。

任务环境

2 人一组的实训平台，可以完成离线仿真操作。
ABB 工业机器人基础教学工作站 6 套。

相关知识

1. I/O 控制指令

在许多现代新型自动化设备中工业机器人与周边设备信号的交互，一般都是通过工业机器人 I/O 控制指令来实现。最为典型的是工业机器人与 PLC 间的信号交互，如生产线中搬运环节 PLC 收到工业机器人发出位置到位信号后，PLC 执行推出工件动作，并发送信号给工业机器人，开始执行抓取工件等过程控制。

1）数字信号置位指令 Set

Set 用于将数字输出信号（Digital Output）置 1，从而使对应的执行器开始执行动作，使用中 Set do 指令可设置延时时间。

抓取与放置画笔示教编程

如：Set do1；表示将数字输出信号 do1 置 1。

又如：Set do \ SDelay：= 0.2，do10_1，1；表示经延时 0.2 s 后将数字信号 do10_1 置 1。

2）数字信号复位指令 Reset

Reset 用于将数字输出信号（Digital Output）置 0。

如：Reset do1；表示将数字输出信号 do1 置 0。

提醒在设计中如果在 Set、Reset 指令前有运动指令 MoveL、MoveJ、MoveC、MoveAbsJ，则转角数据必须使用 fine 才能使用工业机器人对数字输出信号进行准确的置位、复位。

3）时间等待指令 WaitTime

WaitTime 用于程序在等待一个指定的时间后，再继续向下执行程序。

如 WaitTime 4；表示等待 4 s 后，程序再继续向下执行。

此外还有其他 I/O 控制指令如表 6 – 12 所示。

表 6 – 12 其他 I/O 控制指令

指令	名称	格式举例	功能
SetAo	设置模拟量输出数值指令	SetAo Signal，Value；	用来改变模拟量输出信号的值，如：SetAo ao5，5.5；将信号 ao5 设置为 5.5
SetGo	设置一组数字信号输出数值	SetAo Signal，Value；	用来改变一组数字量输出信号的值，如：SetGo go1，12；将 go1 信号置于 00001100
WaitDi	等待已设置数字输入信号指令	WaitDi Signal，Value；	用来判断数字输入信号的值是否与目标值一致。如：WaitDi di1，1；即等待 di1 为 1 后继续执行后面程序
WaitDo	等待已设置数字输出信号指令	WaitDo Signal，Value；	用来判断数字输出信号的值是否与目标值一致，如：WaitDo do1，1；即等待 do1 为 1 后继续执行后面程序
WaitAi	等待已设置模拟量输入值指令	WaitAi Signal，Value；	用来判断模拟输入信号的值是否与目标值一致。如：WaitAi ai1，\ GT，5；即 ai1 等待输入大于 5 的值后继续执行后面程序，GT 即 Greater Than
WaitGi	等待已设置一组数字信号输入数值指令	WaitGi Signal，Value；	用来设置一组数字输入信号的值，如 WaitGi gi1，5；将 gi1 信号置于 00000101

2. 条件逻辑判断指令

条件逻辑判断指令用于对条件进行判断，满足条件后执行相应的操作。它是 RAPID 程序中重要的组成部分，常用的条件逻辑判断指令有 While、If、Compact、For、Test 等。

1）条件判断指令 While

While 指令是用于在给定条件满足的情况下，一直重复执行对应的指令的情况。

比如：While num1 ＞num2 do

Num1：＝num1 −1；

Endwhile

表示在满足条件 num1 ＞num2 的情况下，程序就一直执行对 num1 逐次减 1 的操作。

2）条件判断指令 If

If 指令是根据不同条件去执行不同的指令，条件判定的条件数量可以根据实际情况增加或减少，比如：

If num1 ＝1 then

Flag1：＝true；

Else if num1 ＝2 then

Flag1：＝false

Else

Set do1；

Endif

程序表示执行中若 num1 ＝1，则 flag1 会赋值为 true；若 num1 ＝2，则 flag1 会赋值为 false；如果是以上两种条件之外的情况，则将输出信号 do1 置 1。

3）重复执行判断指令 For

For 指令是适用于一个或多个指令需要重复执行数次的情况，比如：

For i from 1 to 10 do

Routine1；

end for

程序表示将例行程序 routinel1 重复执行 10 次。

4）紧凑型条件判断指令 Compact

Compact 指令用于当一个条件满足了以后就执行一句指令的情况，比如：

If　flag1 ＝true　set do1；

程序表示如果条件 flag1 的状态为 true，则数字输出信号 do1 被置 1。

3. 主程序调用子程序指令 ProcCall、返回例行程序 Return

ProcCall 指令实现主程序调用子程序的功能，一般用在程序中指令比较多的情况，通过建立对应的例行程序，再使用 ProcCall 指令实现调用，有利于程序管理。当程序执行到该指令时，就去执行被调用子程序（例行程序），子程序执行完成后，程序将继续执行调用后的指令语句。

Return 指令执行时，程序会立即结束正在执行的样例程序，并返回至调用此例行程序的位置继续向下执行，比如：

PROC Routine1（）

MoveL p10，v500，fine，tool1 \Wobj：＝wobj1；

Routine2；

Set do1；

ENDPROC

```
PROC Routine2( )
    If di1 =1 then
        RETURN;
    ELSE
        Stop;
    ENDIF
ENDPROC
```

程序段中前 5 行表示主程序 Routine1( )，第 6 ~ 11 行表示子程序 Routine2( )。当执行 "MoveL" 指令行后，调用 Routine2( ) 子程序，假如 di1 = 1 时返回主程序，继续向下执行 "set" 指令。

 任务实施

轨迹调用实操

利用示教器编写 RAPID 程序实现 3 个子程序轨迹调用，详细的操作步骤如表 6 – 13 所示。

表 6 – 13　轨迹调用——复杂编程操作步骤

序号	操作步骤	图示操作步骤
1	示教器界面中进入 ABB 主菜单。 在示教器操作界面中单击 "程序编辑器" 选项。 新建样例程序 " guijidiaoyong"	手动　6U78IZOMBOL2CTB　防护装置停止　已停止（速度 100%） 新例行程序 - NewProgramName - T_ROB1/MainModule 例行程序声明 名称：　guijidiaoyong　ABC... 类型：　程序 参数：　无　... 数据类型：　num　... 模块：　MainModule 本地声明：☐　撤消处理程序：☐ 错误处理程序：☐　向后处理程序：☐ 结果...　确定　取消 1/3
2	设置安全位置点，添加 "MoveAbsJ" 指令，方法参照表 6 – 6 步骤。 提醒此处可选择默认工具坐标系 tool0，若前面练习中设置了 tool1，也可选择 tool1，但要保持与后续语句相同	手动　6U78IZOMBOL2CTB　防护装置停止　已停止（速度 100%） NewProgramName - T_ROB1/MainModule/guijidiaoyong 任务与程序 ▼　模块 ▼　例行程序 ▼ 69　PROC guijidiaoyong() 70　MoveAbsJ *\NoEOffs, v500, fine, tool0 71　ENDPROC 添加指令　编辑　调试　修改位置　显示声明 1/3

轨迹示教编程

序号	操作步骤	图示操作步骤
3	添加"MoveJ"指令，并手动操纵工业机器人至画笔上方，并命名此点为 bi0，v800	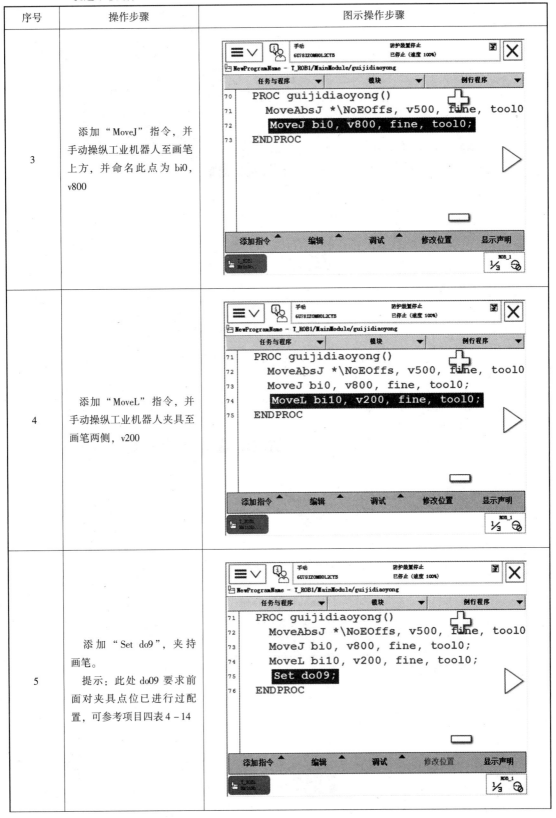
4	添加"MoveL"指令，并手动操纵工业机器人夹具至画笔两侧，v200	
5	添加"Set do9"，夹持画笔。 提示：此处 do09 要求前面对夹具点位已进行过配置，可参考项目四表4–14	

序号	操作步骤	图示操作步骤
6	添加"waittime 1",给予夹具1 s时间充分夹持	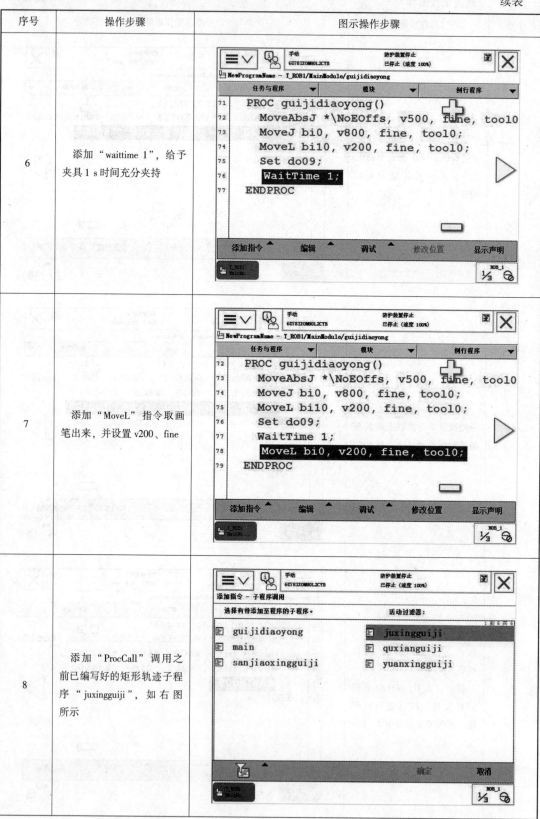
7	添加"MoveL"指令取画笔出来,并设置v200、fine	
8	添加"ProcCall"调用之前已编写好的矩形轨迹子程序"juxingguiji",如右图所示	

序号	操作步骤	图示操作步骤
9	在指令列表中添加" = "	
10	弹出"插入表达式"界面，显示的数据类型为string，单击"更改数据类型…"，选择 num 数字型数据	
11	在表中找到"num"并选中，再单击"确定"按钮。界面中也可通过"▽"查找对应类型	

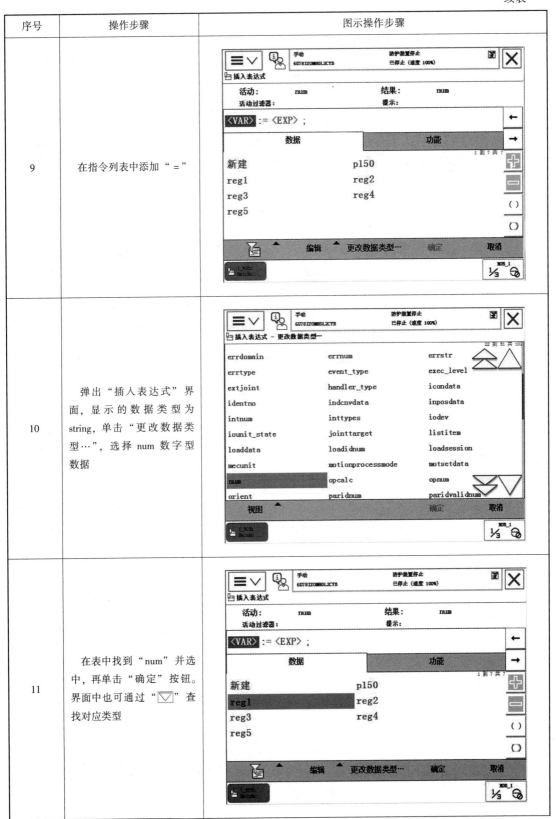

序号	操作步骤	图示操作步骤
12	数据类型变为"num"数字型,选中"reg1"	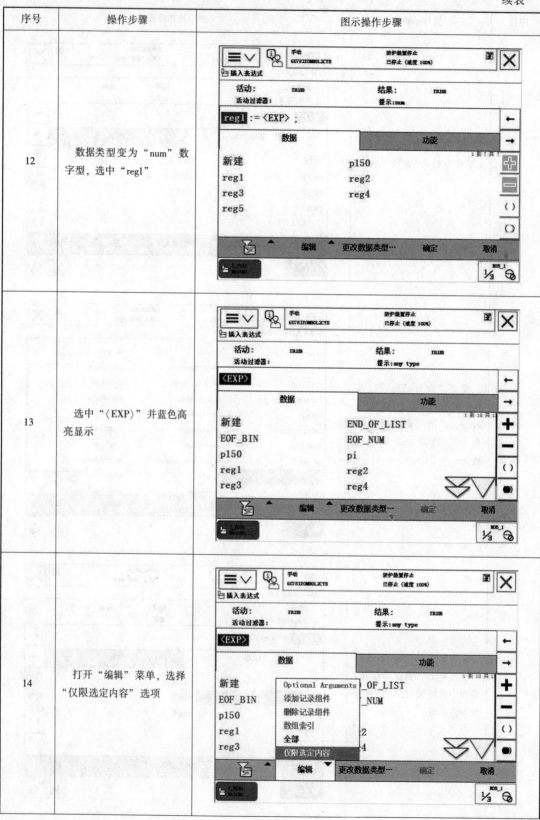
13	选中"〈EXP〉"并蓝色高亮显示	
14	打开"编辑"菜单,选择"仅限选定内容"选项	

序号	操作步骤	图示操作步骤
15	通过软键盘输入数字"1"，然后单击"确定"按钮	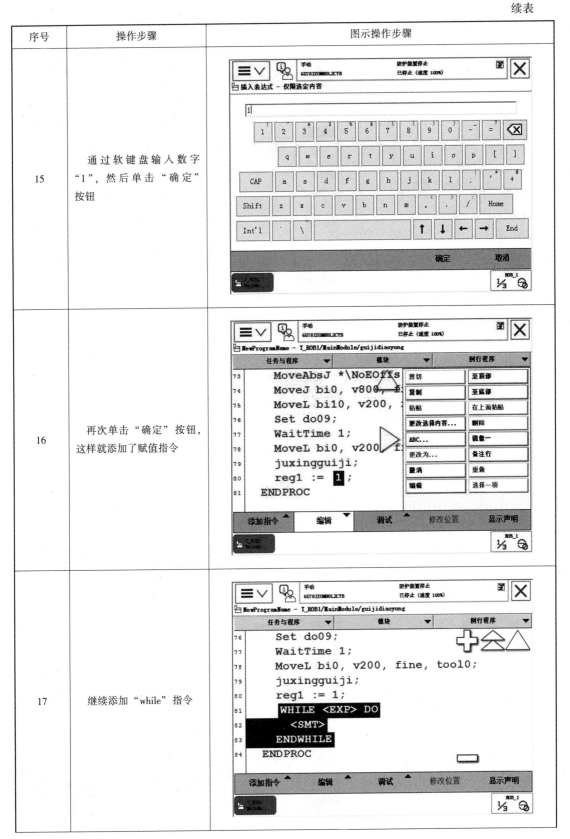
16	再次单击"确定"按钮，这样就添加了赋值指令	
17	继续添加"while"指令	

续表

序号	操作步骤	图示操作步骤
18	双击循环条件的"〈EXP〉"，进入插入表达式的界面	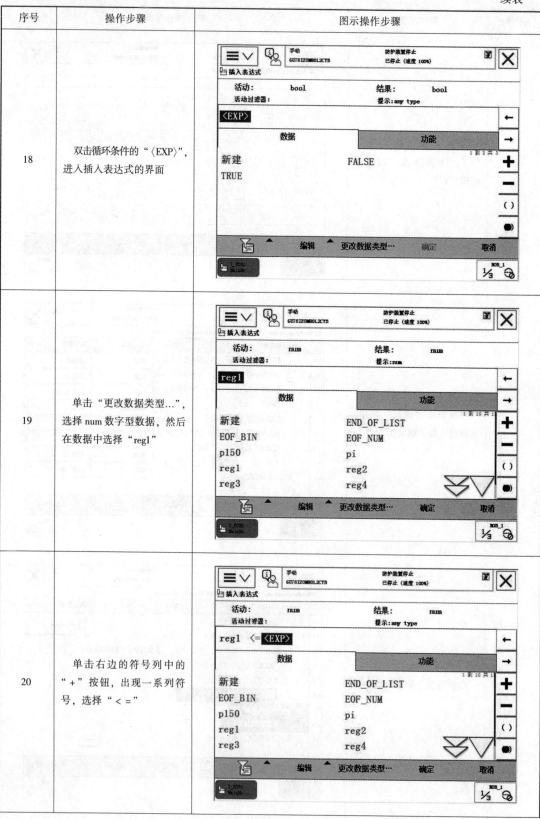
19	单击"更改数据类型…"，选择 num 数字型数据，然后在数据中选择"reg1"	
20	单击右边的符号列中的"＋"按钮，出现一系列符号，选择"＜＝"	

序号	操作步骤	图示操作步骤
21	选中"〈EXP〉"并蓝色高亮显示，单击"编辑"，选择"仅限选定内容"选项	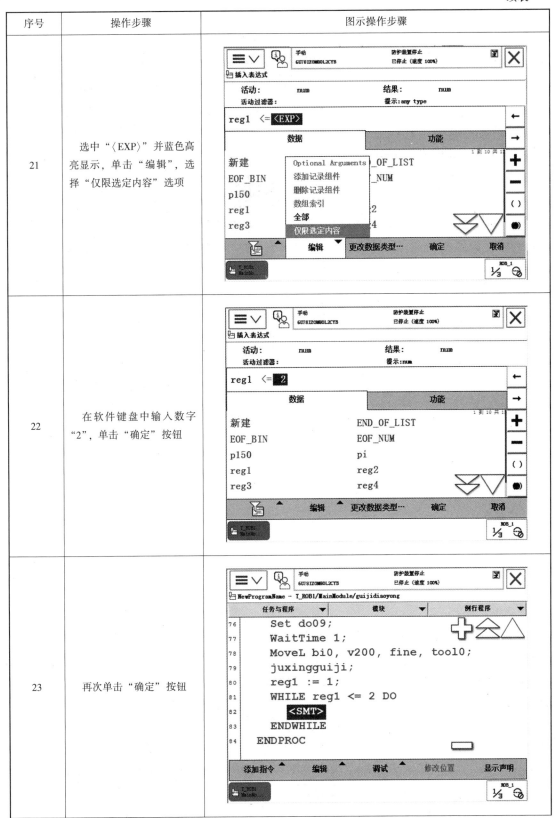
22	在软件键盘中输入数字"2"，单击"确定"按钮	
23	再次单击"确定"按钮	

续表

序号	操作步骤	图示操作步骤
24	再选中"〈SMT〉",添加条件满足要执行的指令,在指令列表中选择"ProcCall"例行程序调用指令,用来调用曲线轨迹程序"quxianguiji"	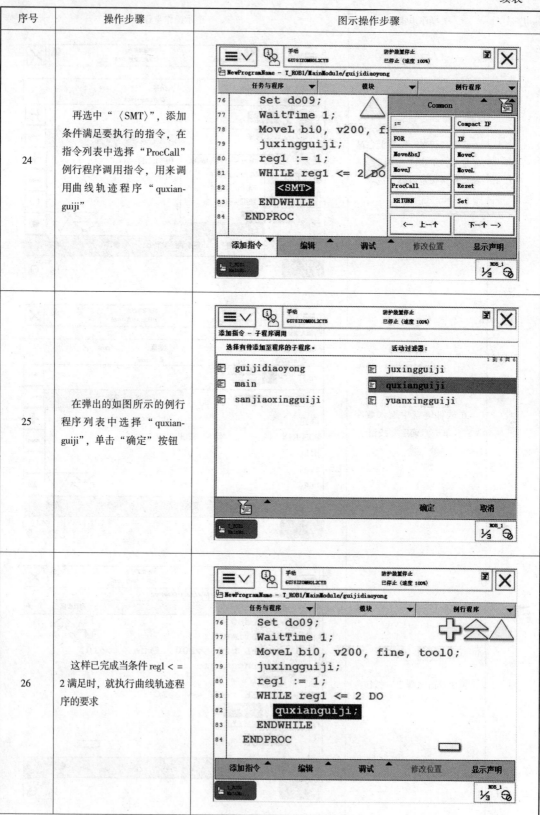
25	在弹出的如图所示的例行程序列表中选择"quxianguiji",单击"确定"按钮	
26	这样已完成当条件 reg1 <＝2 满足时,就执行曲线轨迹程序的要求	

序号	操作步骤	图示操作步骤
27	继续添加"reg1：= reg1 + 1"赋值指令，每次循环 reg1 的值加1来限制循环次数，在指令列表中选择"：="指令	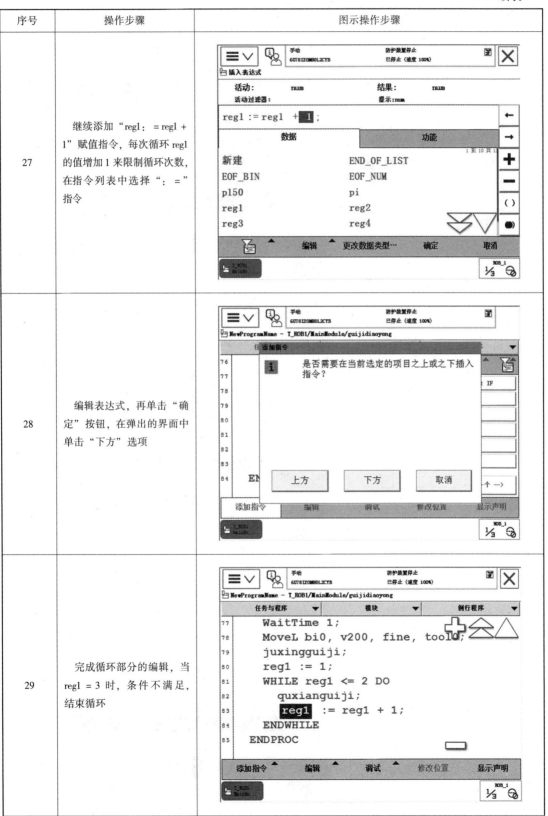
28	编辑表达式，再单击"确定"按钮，在弹出的界面中单击"下方"选项	
29	完成循环部分的编辑，当 reg1 = 3 时，条件不满足，结束循环	

续表

序号	操作步骤	图示操作步骤
30	选中"while"指令，然后再添加"ProcCall"指令，调用三角形轨迹程序"sanjiaoxingguiji"，使循环结束后执行三角形轨迹程序	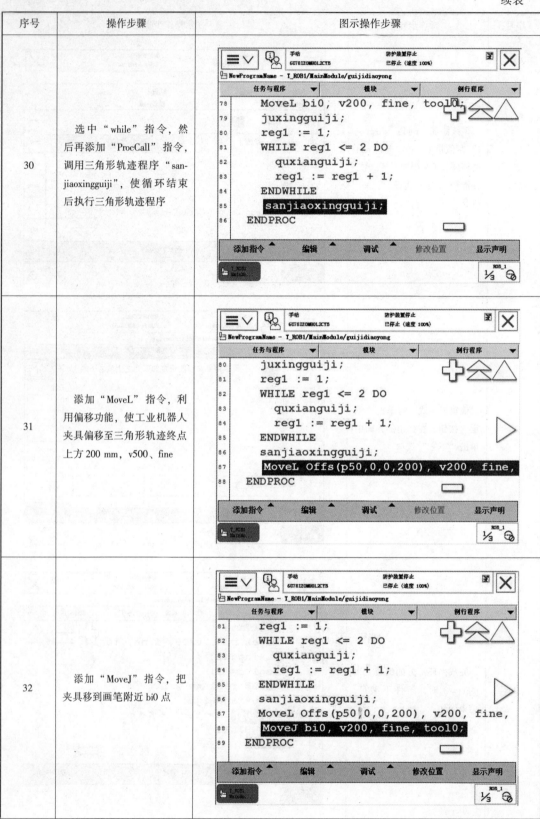
31	添加"MoveL"指令，利用偏移功能，使工业机器人夹具偏移至三角形轨迹终点上方200 mm，v500、fine	
32	添加"MoveJ"指令，把夹具移到画笔附近 bi0 点	

序号	操作步骤	图示操作步骤
33	添加"MoveL"指令，把画笔移到画笔库里 bi10 点	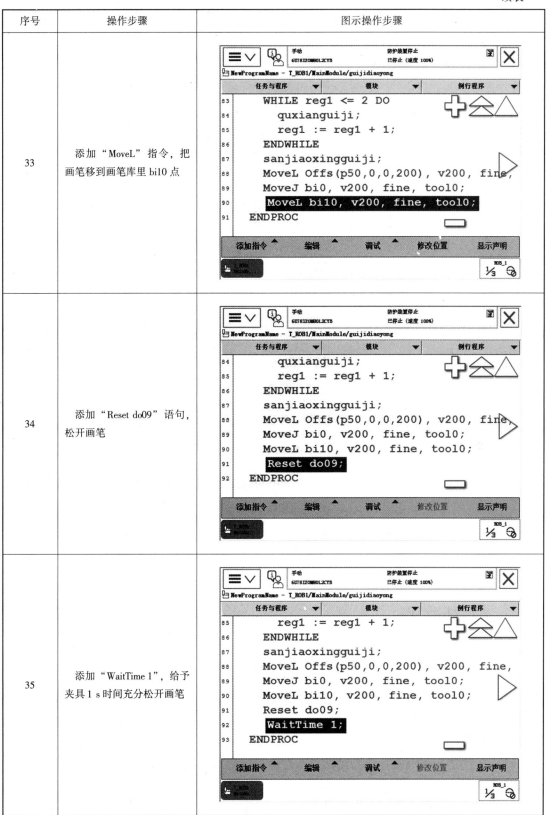
34	添加"Reset do09"语句，松开画笔	
35	添加"WaitTime 1"，给予夹具 1 s 时间充分松开画笔	

续表

序号	操作步骤	图示操作步骤
36	添加"MoveL"指令，把夹具从画笔位移出至点 bi0 处，v200	
37	复制程序开始处"MoveAbsj"指令，工业机器人回到安全位置点	

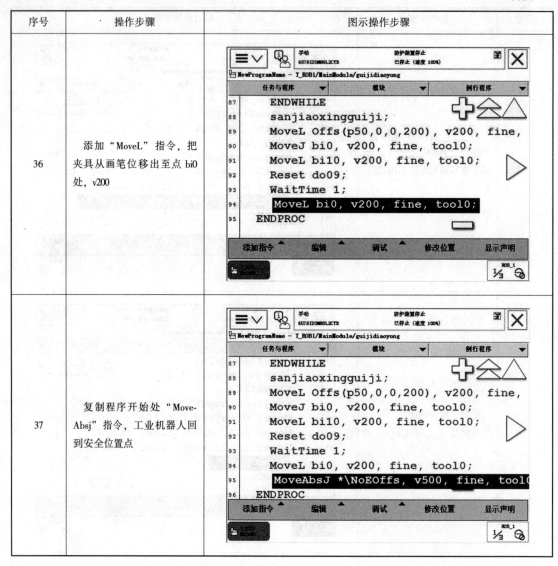

 延伸阅读

建立 RAPID 程序的注意事项

（1）在建立 RAPID 程序前，应明确项目的具体内容和基本要求，并据此分步列出工业机器人运行流程，在此基础上分析每一步该由哪些程序指令来实现，如此才能准确地确定所需程序模块和例行程序的数量。

（2）在建立 RAPID 程序进行调试时，可根据需要对模块名称进行自定义，以便于识记和管理。

（3）在对 RAPID 程序进行调试时，应分别对主程序和例行程序进行调试，如系统提示程序错误,应根据提示内容检查程序,更正错误后重新调试。只有在 RAPID 程序调试无错误的情况下,才能将工业机器人设置成自动运行状态。

 思考与练习

(1) I/O 控制指令的作用是_____,列举常用的指令有_____。

(2) 分析下列语句的含义:

For i From 1 to 10 do

Routime1;

Endfor

(3) Test 指令应用于根据表达式或数的值执行不同的指令。分析如下程序段含义。

Test reg1

Case1,2,3:

Routine1;

Case4:

Routine2;

Default:

TP write"Illegal choice";

Endtest

(4) 在配置好数字输入信号 di1 基础上,分析如下程序含义,并在设备上运行之。

PROC main( )

　　Rinitalize;初始化

　　While True Do

　　　　If di1 =1 Then

　　　　　　Sanjiaoxingguiji;调用三角形轨迹

　　　　　　Rhome;回安全点

　　　　　ENDIF

　　　　WaitTime 1

　　ENDWhile

ENDPROC

任务 6.4　利用数组编写搬运程序

工业机器人的搬运功能被广泛应用在汽车、建材、医药、化工、金属加工等领域，涉及物流输送、周转、仓储等作业。

重点知识

掌握数组的概念及二维数组；理解偏移功能 Offs 与 Reltool 的区别。
掌握编写带参数子程序的编写方法与应用。

关键能力

利用工业机器人编程中数组创建与应用。
掌握在工业机器人示教编程完成 6 个物料块搬运至传送带端编程、调试能力。

任务描述

数组及码垛搬动

某生产线上使用工业机器人完成搬运工件到指定位置，以进入下一工序。如图 6-14 所示，利用工业机器人将椭圆形包围的 6 个物料块搬运至指定传送带端，物料块的尺寸是 30 mm×30 mm×30 mm。

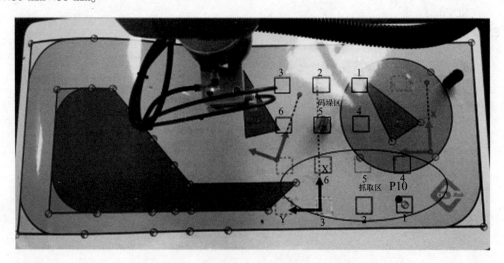

图 6-14　码垛物料块摆放位置图

要求采用二维数组来实现搬运，可采用 1 个示教点后修改尺寸或示教 6 个示教点编写实现过程程序，要求程序中偏移功能调用数组。

任务要求

二维数组定义"grab_array""grab_x、grab_y"代表数组的行、列。

二维数组定义为 2 行 3 列，每一行中的数值对应物料块在示教点位置 X、Y、Z 方向上的坐标值。以物料块 1 为例说明取放，当执行抓取物料块 1 时令带参数子程序的参数 grab_x、grab_y 为 1、1。

数组数值的定义与物料块的尺寸、摆放距离有关，通过重新定义坐标系，抓取物料块 1 位置点坐标值 $[0, 0, 0]$，物料块 2 是位置点相对物料块 1 在 Y 的正方向偏移 72.5 mm，故此时坐标值为 $[0, 72.5, 0]$，据此各物料块相对应的数组行的数值便可类推得出。提醒此处若示教点位置与物料块摆放不完全一致时，可以根据物料块行间距、列间距、物料块尺寸直接在示教器坐标值上修改 X、Y、Z 坐标值。

任务环境

2 人一组的实训平台，安装离线仿真软件 Robot Studio。

ABB 工业机器人基础教学工作站 6 套。

相关知识

1. 数组及应用

1）数组的概念

在定义程序数据时可以将同种类型、同种用途的数值存放在一个数据中，每个数值对应一个索引号，当调用该数据时，需要写明索引号来指定调用的是该数据中的哪个数值，这种数据形式就是数组。

在工业机器人的 RAPID 程序中可定义一维数组、二维数组和三维数组。

（1）一维数组。

一维数组是最简单的数组，其逻辑结构是线性表。比如定义一维数组：

Const num num1 {3}：= {5, 7, 9}；

若令 num2：= num1 {2}，则 num2 被赋值为 7，相应的 num1 {1} 和 num1 {3} 则分别对应数值 5 和 9。

（2）二维数组。

二维数组在概念上是二维的，即在两方向上变化，而不是像一维数组只是一个向量，一个二维数组也可以分解为多个一组数组。数组中的各元素是有先后顺序的，元素用整个数组的名字和它自己所在顺序位置来表示。比如定义二维数组：

Const num num1 {3, 4}：= [[1, 2, 3, 4] [5, 6, 7, 8] [9, 10, 11, 12]]；

指令行中 num1 {3, 4} 代表一个在 3 行 4 列的二维数组，如表 6 – 14 所示。若令 num2：= num1 {3, 2}，则 num2 被赋值为 10。相应的 num1 {2, 1} 和 num1 {3, 1} 则分别对应数值 5 和 9。

表 6 – 14　二维数组 num1 {3，4} 元素

数组	num1［］［1］	num1［］［2］	num1［］［3］	num1［］［4］
num1［1］［］	1	2	3	4
num1［2］［］	5	6	7	8
num1［3］［］	9	10	11	12

2）数组的应用

对于一些常见的工业机器人搬运、码垛作业，可以利用数组来存放各位置点数据，以便在程序中直接调用这些数据。如图 6 – 15 所示，模拟冲压生产线中，从抓取区规则放置的 6 个物料块中抓取放入料井口，以及传送带末端抓取物料块放入码垛区。可以采取以下方法来定义放置点，首先示教一个基准位置点 p10，然后创建一个数组，用于存储摆放 1、2、3、4、5、6 物料块位置数据，所创建的二维数组为 2 行 3 列，即

Const num num1 {2，3}：= [[0，0，0][0，72.5，0]，[0，145，0]，[70，0，0]，[70，72.5，0]，[70，145，0]]；

说明：此处物料块为边长 30 mm 的正方体，物料块行间相隔 72.5 mm、列间距相隔 70 mm 来计算各物料块坐标值。1 号物料块坐标假定为 (0，0，0)，结合现场放置位置示教后的坐标值为准，并修改其他坐标值。

图 6 – 15　二维数组应用

在 RAPID 语言中数组的定义为 num 数据类型，程序调用数组时从行列数 "1" 开始计算，比如：

MoveL　RelTool（p10，grab_array {count，1}，grab_array {count，2}，grab_array {count，3}，v200，fine，tool0）；

此语句中调用数组 "grab_array"，当 count 值为 1 时，调用的即为 "grab_array" 数组的第一行的元素值，使得工业机器人运动到对应位置点。

2. RelTool 工具位置及姿态偏移函数的用法

RelTool 将通过有效工具坐标系表达的位移或旋转增加至机械臂位置，RelTool 参数变量含义如表 6 – 15 所示。

表 6 – 15　RelTool 参数变量含义

参数	定义	操作说明
p1	目标点位置数据	定义工业机器人 TCP 的运动目标
0	X 方向上的偏移量	定义 X 方向上的偏移量
0	Y 方向上的偏移量	定义 Y 方向上的偏移量
100	Z 方向上的偏移量	定义 Z 方向上的偏移量
\ Rx	绕 X 轴旋转的角度	定义 X 方向上的旋转量
\ Ry	绕 Y 轴旋转的角度	定义 Y 方向上的旋转量
\ Rz：= 25	绕 Z 轴旋转的角度	定义 Z 方向上的旋转量

例如：MoveL　RelTool（p1，0，50，0），v200，z50，tool0；表示沿工具的 Y 方向，将机械臂移动至距 p1 点 50 mm 的一处位置。

又如：MoveL　RelTool（p1，0，0，0 \ Rz：= 25），v200，z50，tool0；将工具围绕 Z 轴旋转 25°。

3. I/O 信号配置

工业机器人根据完成任务不同，常常需要进行信号配置，表 6 – 16 所示为工业机器人搬运作业时需要配置的 I/O 信号参数。具体应用时要根据现场设备来确定使用到具体的 I/O 信号。

表 6 – 16　工业机器人搬运作业时需要配置的 I/O 信号参数

Name	Type of signal	Assigned to Device	Device Mapping	信号说明
do00_Xipan	Digital Output	Board10	0	夹具控制
do02_PalletFull	Digital Output	Board10	2	工件满载
do05_AutoOn	Digital Output	Board10	5	电动机上电状态
do06_Estop	Digital Output	Board10	6	急停状态
do07_CycleOn	Digital Output	Board10	7	程序正在运行
do08_Error	Digital Output	Board10	8	程序报错
di01	Digital Input	Board10	1	工件到位
di07_MotorOn	Digital Input	Board10	7	电动机上电
di08_Start	Digital Input	Board10	8	程序开始
di09_Stop	Digital Input	Board10	9	程序停止
di10_StartAtMain	Digital Input	Board10	10	从主程序开始执行
di11_EstopReset	Digital Input	Board10	11	急停复位

 任务实施

要求利用数组来实现如图 6 – 15 所示椭圆内 1 ~ 6 号位置物料块依次搬运至传送带端。

1. 定义 I/O 信号

本任务是搬运，需要选择合适的输出端口为夹具提供合适的控制信号，本任务以机器人配置标准板 DSQC 652 为例，使用参数如表 6 – 17 所示。

表 6 – 17 I/O 通信板所使用的参数

Name	Type of Unit	Network	Address
Board10	DSQC 652	DeviceNet	10

2. 搬动程序详细操作步骤

利用数组思路设计工业机器人搬运，其操作步骤如表 6 – 18 所示。

带参子程序示教编程操作

表 6 – 18 利用数组编写搬运程序的操作步骤

序号	操作步骤	图示操作步骤
1	从示教器界面进入 ABB 主菜单； 在示教器操作界面单击"程序数据"，进入如图所示界面	
2	在图示界面选择"robtarget"双击进入。若无"robtarget"则单击右下角视图，选中"全部数据类型"，在弹出的界面中找到"robtarget"	

序号	操作步骤	图示操作步骤
3	在弹出的界面中单击底栏"新建"。 在"输入面板"界面将数组名称改为"grab_array"。 单击"确定"按钮	
4	如右图所示，将"存储类型"设为"常量"； 在"维数"栏设为"2"，再单击"..."按钮	
5	在"定义数组大小"界面中将"第一"改为"2"；将"第二"改为"3"，此数组为2行3列。 单击"确定"按钮。 再次单击"确定"按钮，弹出界面中单击"grab_array"	

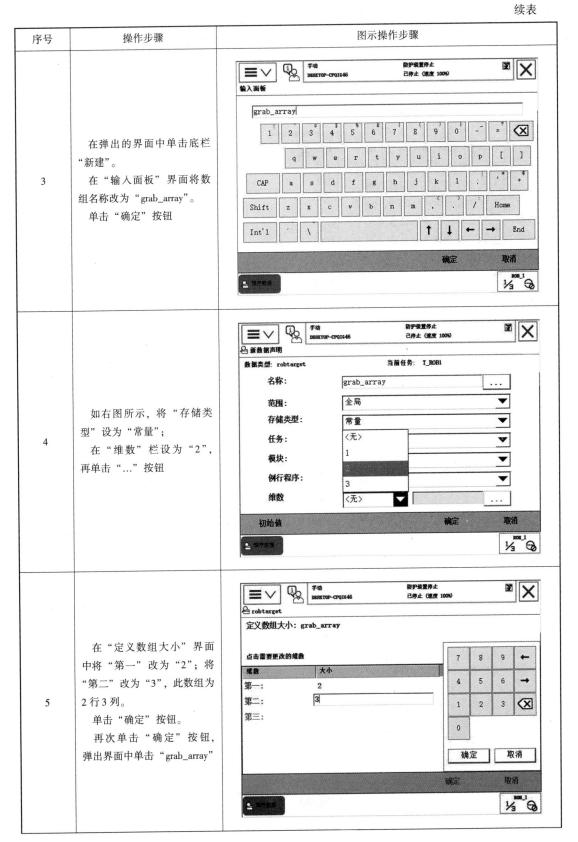

序号	操作步骤	图示操作步骤
6	根据预先规定好的布置，对此数组"grab_array"定义为：[0，0，0]，[0，72.5，0]，[0，145，0]，[70，0，0]，[70，72.5，0]，[70，145，0]。提示：假定抓取第1物料块坐标为（0，0，0）为前提，现场要示教准确坐标值后修改各坐标值或分别示教6个点位即可	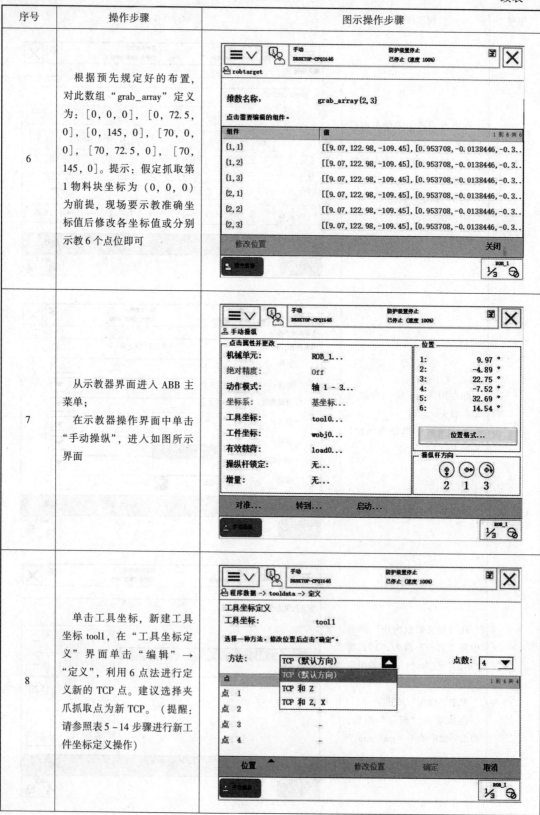
7	从示教器界面进入 ABB 主菜单； 在示教器操作界面中单击"手动操纵"，进入如图所示界面	
8	单击工具坐标，新建工具坐标 tool1，在"工具坐标定义"界面单击"编辑"→"定义"，利用6点法进行定义新的 TCP 点。建议选择夹爪抓取点为新 TCP。（提醒：请参照表5-14步骤进行新工件坐标定义操作）	

序号	操作步骤	图示操作步骤
9	单击工件坐标，新建工具坐标 wobj1，依次单击"工件坐标"→"新建"→"确定"→最底行选"编辑"→"定义"后弹出如右图所示界面，依次完成 X1、X2、Y1 三点定义。（提醒：请参照前述内容进行新工件坐标定义操作）	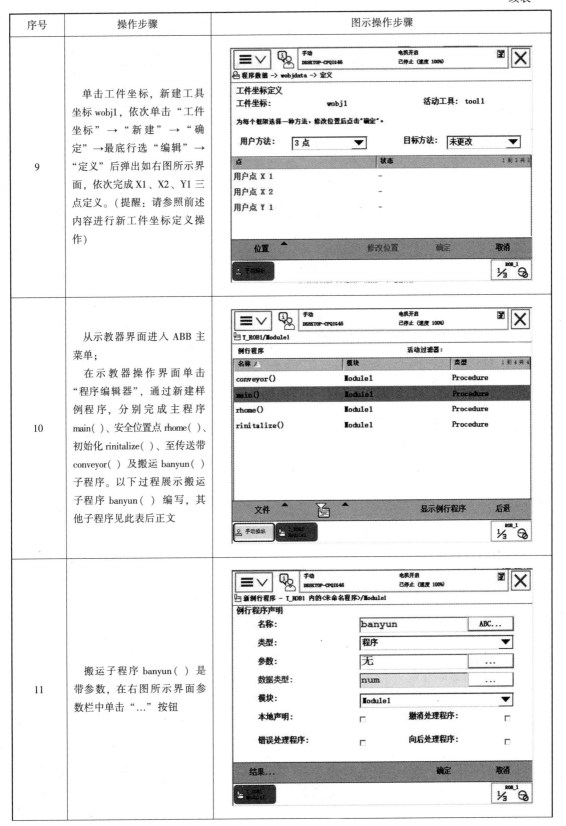
10	从示教器界面进入 ABB 主菜单； 　　在示教器操作界面单击"程序编辑器"，通过新建样例程序，分别完成主程序 main( )、安全位置点 rhome( )、初始化 rinitalize( )、至传送带 conveyor( ) 及搬运 banyun( ) 子程序。以下过程展示搬运子程序 banyun( ) 编写，其他子程序见此表后正文	
11	搬运子程序 banyun( ) 是带参数，在右图所示界面参数栏中单击"…"按钮	

247

续表

序号	操作步骤	图示操作步骤
12	在弹出界面中单击"添加"选项，选中"添加参数"	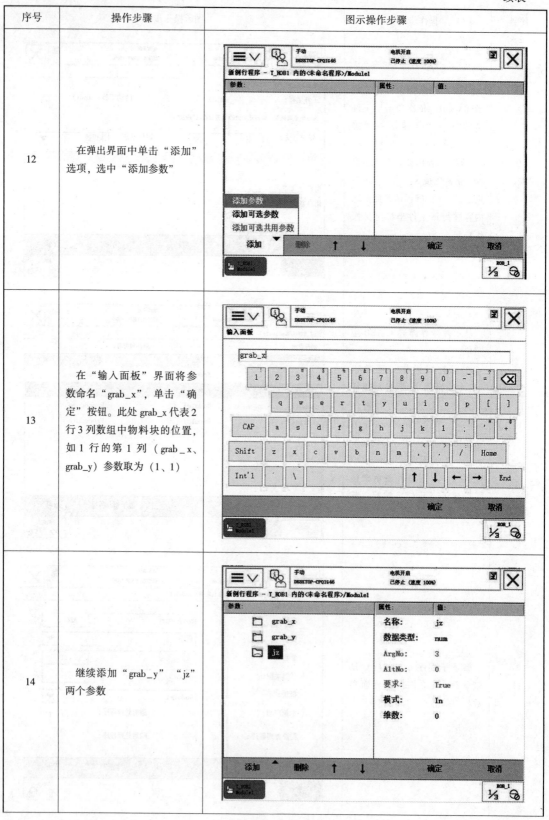
13	在"输入面板"界面将参数命名"grab_x"，单击"确定"按钮。此处 grab_x 代表 2 行 3 列数组中物料块的位置，如 1 行的第 1 列（grab_x、grab_y）参数取为（1、1）	
14	继续添加"grab_y""jz"两个参数	

续表

序号	操作步骤	图示操作步骤
15	单击"确定"按钮后，再单击"确定"按钮，弹出如右图所示界面。此时 banyun( ) 带了参数 grab_x、grab_y	
16	添加指令 MoveJ，在"更改选择"界面"功能"选项中选择"Offs"	
17	在弹出界面中修改蓝色高亮EXP，选中"grab_array"选项	

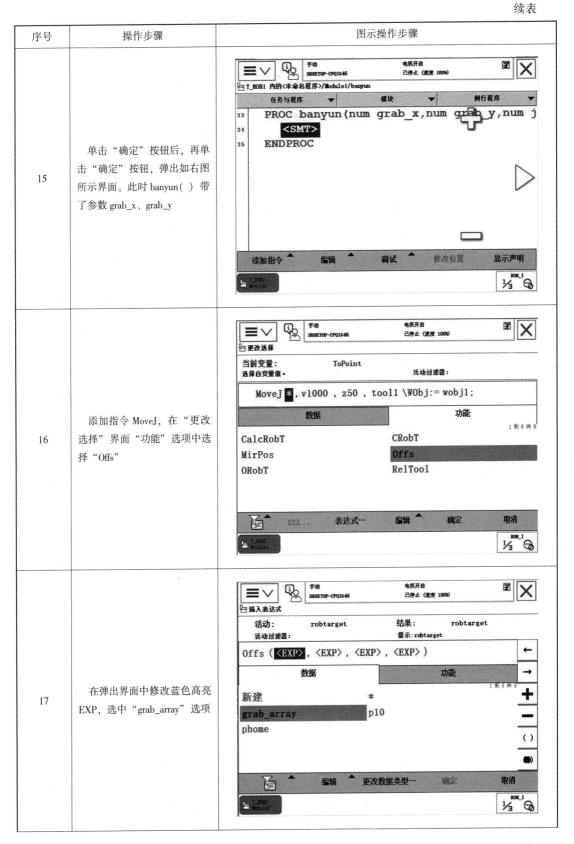

序号	操作步骤	图示操作步骤
18	在弹出的界面选中"编辑"对高亮蓝色 EXP 修改为"grab_x"	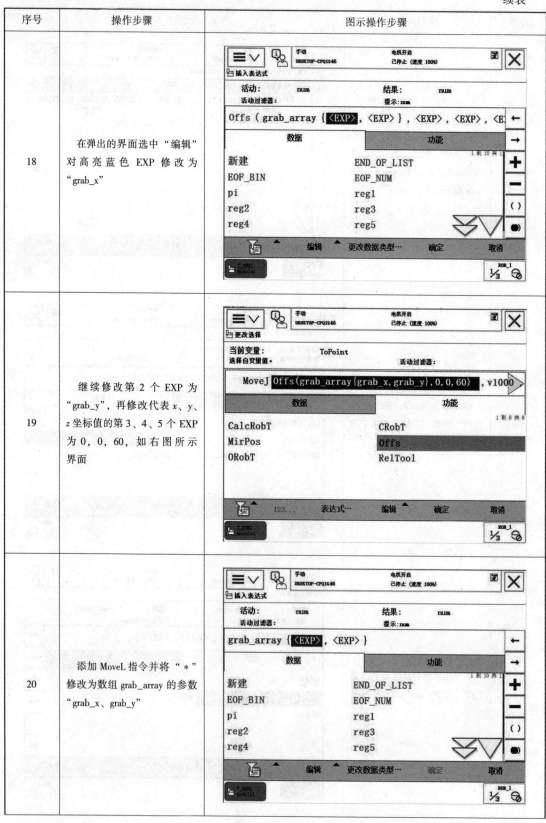
19	继续修改第 2 个 EXP 为"grab_y",再修改代表 x、y、z 坐标值的第 3、4、5 个 EXP 为 0,0,60,如右图所示界面	
20	添加 MoveL 指令并将"∗"修改为数组 grab_array 的参数"grab_x、grab_y"	

序号	操作步骤	图示操作步骤
21	单击"确定"按钮	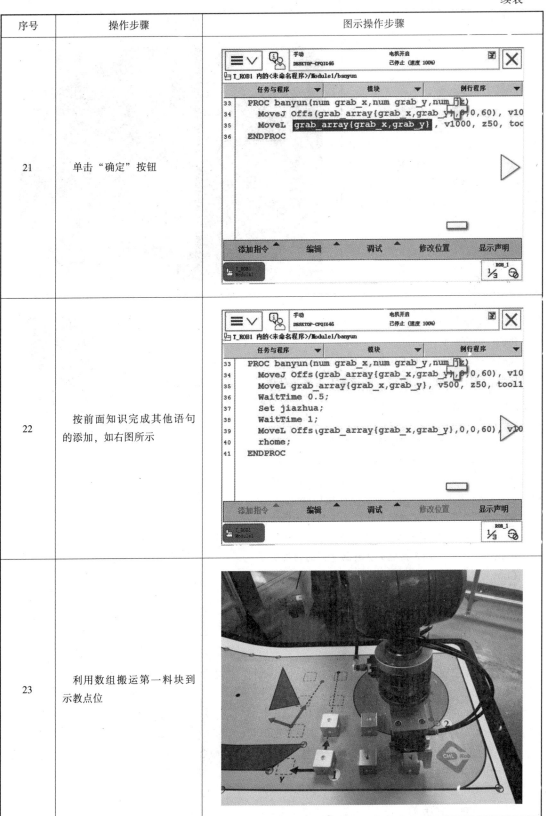
22	按前面知识完成其他语句的添加，如右图所示	
23	利用数组搬运第一料块到示教点位	

续表

序号	操作步骤	图示操作步骤
24	搬动至终点，即传送到上方的井式料口，此处需要精确校点	

搬运完整程序：

PROC main( )

Rinitalize;调用初始化子程序 Rinitalize

Banyun 1,1,1;指定搬运第 1 行第 1 列的物料块，即参数(grab_x、grab_y、jz)取 1、1、1

Conveyor;调用搬运至传送带上子程序 Conveyor

Banyun 1,2,1;指定搬运第 1 行第 2 列的物料块

Conveyor;调用搬运至传送带上子程序 Conveyor

Banyun 1,3,1;指定搬运第 1 行第 3 列的物料块

Conveyor;调用搬运至传送带上子程序 Conveyor

Banyun 2,1,1;指定搬运第 2 行第 1 列的物料块

Conveyor;调用搬运至传送带上子程序 Conveyor

Banyun 2,2,1;指定搬运第 2 行第 2 列的物料块

Conveyor;调用搬运至传送带上子程序 Conveyor

Banyun 2,3,1;指定搬运第 2 行第 3 列的物料块

Conveyor;调用搬运至传送带上子程序 Conveyor

ENDPROC

PROC rhome( )

　　MoveJ phome,v1000,z50,tool1\Wobj:=wobj1;指定安全位置点 phome

ENDPROC

PROC rinitalize( )

　　Accset 100,100;指定加速度最大值百分比100%及加速度坡度值

　　Velset 100,90;指定速度的百分比为100%及线速度的最高值不超过90 mm/s

　　Rhome;回到安全位置点子程序

ENDPROC

PROC conveyor( )

带参数子程序示教编程

252

```
    MoveJ   Offs(p100,0,0,50),v1000,z50,tool1\Wobj：=wobj1;偏移到传送带放置点上方50 mm处
    MoveL   p100,v500,fine,tool1\Wobj：=wobj1;将物料块放置于传送带的指定位置p100
    WaitTime   0.5;延时0.5s保证自动挡时有充足时间抓取物料块
    Reset   jiazhua;松开夹具放下物料块
    WaitTime   1 s;延时1 s为有充足时间放下物料块
  MoveJ   Offs(p10,0,0,50),v1000,z50,tool1\Wobj：=wobj1;偏移到传送带放置点上方50 mm处
    Rhome;回到安全位置点子程序
  ENDPROC
  PROC banyun(num grab_x,num grab_y,num jz)
    MoveJ   Offs(grab_array{grab_x,grab_y},0,0,60),v1000,z50,tool1\Wobj：=wobj1;指定搬运物料
块至放置点上方50 mm,物料块由主程序指定
    MoveL   grab_array{grab_x,grab_y},v500,fine,tool1\Wobj：=wobj1;指定物料块抓取点位置
    WaitTime   0.5;延时0.5 s
    Set   jiazhua;抓取物料块
    WaitTime   1;设置1 s为有充足时间抓取物料块
  MoveJ   Offs(grab_array{grab_x,grab_y},0,0,60),v1000,z50,tool1\Wobj：=wobj1;指定搬运物料
块至放置点上方50 mm,物料块由主程序指定
    Rhome;回到安全位置点子程序
  ENDPROC
```

 思考与练习

码垛搬动操作

（1）数组 a［2］［2］共代表多少个元素？一个三行四列的二维数组如何表示？

（2）RelTool 函数的含义是什么？语句：MoveL RelTool（p30，0，0，0 \\ Ry = 30），v200，fine，tool1 的含义是什么？在子程序 banyun（ ）中将 Offs 替换成 RelTool 进行调试，比较差别。

（3）依照本节举例思路，现在要求建立 2 行 2 列的 4 个物料块搬运至指定位置，分别从建立一维数组方法，建立二维数组 a［2］［2］两种方法示教编程，请编写程序并在设备中验证。

项目七
ABB 工业机器人综合编程案例
——模拟冲压流水线

使用工业机器人进行码垛、上下料是一种成熟的机械加工的辅助手段，在数控车床、冲床上下料环节中具有工件自动装卸的功能，主要适应于在大批量、重复性强或工作环境具有高温、粉尘等恶劣条件下使用。ABB 工业机器人基础教学工作站将模拟码垛搬运、模拟冲压和模拟流水线生产与工业机器人共同构成一个柔性制造系统和柔性制造单元，并且具有机器人写字绘图功能。

思维导图

```
                        ┌─────────────┐   ┌─ 模拟冲压生产线结构
                        │ 模拟冲压生   │───┤
                        │ 产线简介     │   └─ 模拟冲压生产线工艺流程
                        └─────────────┘
                        ┌─────────────┐   ┌─ 建立五个程序块、I/O信号配置
                        │ 简单RAPID程 │───┼─ 初始化例行程序编写
                        │ 序的建立     │   └─ 模拟冲压生产线程序框架编写
                        └─────────────┘
                        ┌─────────────┐   ┌─ 未成品搬运轨迹规划
                        │ 模拟未成品搬 │───┼─ 未成品搬运示教编程操作
                        │ 运示教编程   │   └─ 未成品搬运示教程序调试
  ┌──────────────┐      └─────────────┘
  │ 模拟冲压生产线 │      ┌─────────────┐   ┌─ 模拟冲压轨迹路线规划
  │ 示教编程与调试 │──────│ 冲压上下料   │───┤
  └──────────────┘      │ 示教编程     │   └─ 模拟冲压示教编程操作
                        └─────────────┘
                        ┌─────────────┐   ┌─ 成品搬运码垛轨迹路线规划
                        │ 成品搬运码垛 │───┼─ 成品搬运码垛示教编程操作
                        │ 示教编程     │   └─ 成品搬运码垛示教程序调试
                        └─────────────┘
                        ┌─────────────┐   ┌─ 第2块成品搬运码垛编程与调试
                        │ 多块物料块搬运│──┼─ 第3、4、5、6块成品搬运码垛示教程序调试
                        │ 码垛示教编程 │   └─ 多块成品搬运码垛示教编程与联调
                        └─────────────┘
```

任务 7.1　模拟冲压流水线设备

模拟冲压流水线进行示教编程控制是 ABB 工业机器人基础教学工作站的综合应用案例，设备主要由物料块仓储模块、工业机器人 IRB1410、料井及推料机构、传送带、模拟冲压加工生产模块、质量检测或计数模块、成品码垛模块等组成。

 重点知识

掌握冲压流水线生产的工艺流程。

能看懂电气原理图、气动原理图。

 关键能力

结合现场设备与冲压流水线生产项目工艺要求，明确设立各模块工序及功能。

结合现场设备能看懂气动原理图、电气原理图。

 任务描述

ABB 工业机器人基础教学工作站中模拟冲压流水线生产单元是示教编程的综合案例，学习中要求掌握各组成部分功用基础上，完成示教编程综合运用案例。

任务要求

识别模拟冲压流水线硬件组成、各部分功能。

结合料井内最底部物料块推出移动过程，绘制气动系统原理图。

结合前沿课程识读冲压流水线单元的电气控制原理图。

任务环境

ABB 工业机器人基础教学工作站模拟冲压流水线生产单元 6 套。

常用电工工具，如螺丝刀、剪线钳、万用表等。

厂家配套图纸文件，有布局图、连接图、气路系统图等。

 相关知识

模拟冲压流水线认知

1. 模拟冲压流水线设备结构

图 7-1 所示为模拟冲压流水线布局图，包括料井、传输带、冲压机构、检测机构、码盘、工业机器人、PLC、气源等。

图 7-1　模拟冲压流水线结构布局图

2. 模拟冲压流水线气路系统

ABB 工业机器人基础教学工作站中有机器人夹爪、推料气缸等。要求结合开设《液压气动传动》课程中各类阀、气缸等符号，读懂冲压流水线气路系统图，其气路系统图如 图 7-2 所示。可选冲压流水线中有料井底部气缸推料、冲压推料等绘出气动原理图。

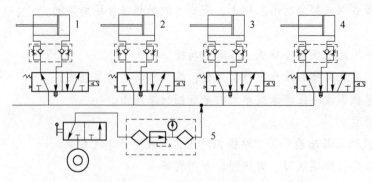

图 7-2　模拟冲压流水线气路系统图

1—井式料口底部推料气缸；2—推入冲压加工区气缸；3—冲压气缸；
4—推出冲压加工区气缸；5—气源

3. 冲压流水线生产工艺

（1）物料被摆放在半成品码垛区，工业机器人从半成器区夹取物料块放至料井中，落料后料井底部的光电传感器检测到物料块，反馈给气缸、电动机后，物料块被气缸推至传送带上，启动传送带输送到传送带的另一端。

（2）皮带光电传感器检测到有物料块，即传感器反馈给 PLC 后，由 PLC 给工业机器人输入信号 di 9，工业机器人启动将物料块夹取至冲压工序模块上。

（3）冲压模块前光电传感器检测到有物料块来了，工业机器人给 PLC 输出信号 do 10，控制信号启动冲压推料气缸开始工作，将物料块推至冲压气缸下，进行冲压加工，冲压结束后，物料块被气缸推出。

（4）冲压完成光电传感器检测到有物料块，即 PLC 给工业机器人输入信号 di 10，工业机器人夹取物料块，经过工件检测识别区，进行质量检测或计数，最后堆放至码垛区。

模拟冲压流水线工艺过程如图 7-3 所示。

图 7-3　模拟冲压流水线工艺过程

 任务实施

1. 理清冲压工艺过程

如图 7-3 所示，根据模拟冲压流水线工艺过程，在现场设备中查找对应工序的硬件及标出元件名称。

（1）仓储物料块。

仓储物料块单元中物料块手动从该单元深井式入口放入，机器人需要调整好姿态从深井底部伸进去夹取物料块并平移出来。如图 7-4 所示，请结合现场实物分析结构、功能，夹具抓取位置。

（2）料井。

查找料井位置，测量尺寸并记录。

料井外围尺寸（长 mm × 宽 mm × 高 mm）_____；

料井内侧尺寸（长 mm × 宽 mm × 高 mm）_____；

料井固定方法：_____。

料井的机械结构实物如图 7-5（a）所示，在图 7-5（b）位置画出结构示意简图。

（3）传送带规格：_____；驱动方式：_____；若皮带松动可能是：_____原因引起，采取：_____措施加以消除。

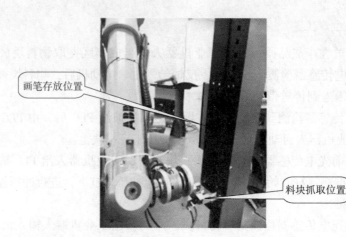

图7-4　仓储物料块单元图

（a）　　　　　　　　　　　　　　　　　　　　（b）

图7-5　料井的机械结构

（a）实物图；（b）示意简图

（4）冲压加工单元。

①模拟冲压加工由_____组成。

②本单元气路共有_____个气缸，指出其中1个气缸运动行程（伸出有效距离）是_____；

③冲压单元工作顺序描述：_____。

（5）检测单元。

检测单元主要作用是对冲压生产后的产品质量检测或对产品数量进行统计。在实用智能生产线中本单元更广泛的应用是视觉检测。

查看检测单元中传感器类型是_____，有_____个传感器。

（6）模拟冲压流水线的过程。

_____

_____

_____。

2. 气路查找与分析

（1）气路元件。

模拟冲压流水线气路系统有气阀_____个，分别用来控制推料、冲压等动作。请在图7-6位置画出模拟冲压流水线气路图，并分别标出气动系统中电磁阀编号、名称、符号。

图7-6　模拟冲压流水线气路图

（2）结合模拟冲压流水线料井底部推料气缸，在图7-7位置画出气路图。

图7-7　模拟冲压流水线料井推料气路图

3. 检测单元

简述检测单元结构与检测过程。

_____

_____

_____

_____。

 延伸阅读

模拟冲压流水线设备 PLC 控制分析

1. 硬件分析

模拟冲压流水线设备配备西门子 S7-1215 型 PLC，CPU 型号为 1215C DC/DC/DC，连接扩展模块 SM221 DC、SM1222 RLY，用于模拟冲压流水线控制与工业机器人信号交互。

PLC 控制系统中 I/O 连接信号如图 7-7 所示，可以查看到模拟冲压加工的 3 个气缸相关的信号如表 7-1 所示。

ABB——工业机器人操作与编程

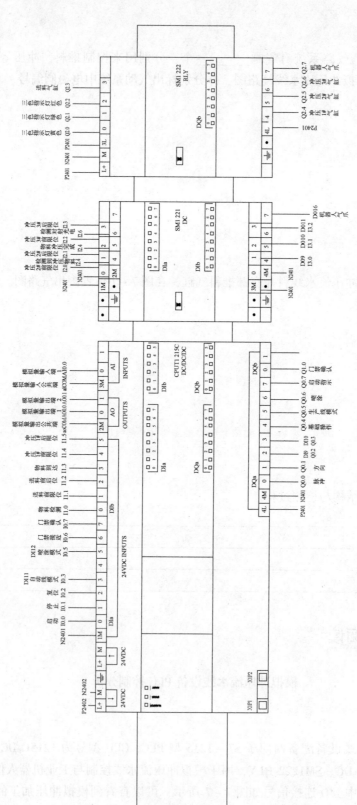

图 7-8　ABB 机器人基础教学工作站 PLC 接线简图

表 7 – 1　模拟冲压流水线冲压相关 3 个气缸相关信号

序号	模块名称	名称	位	备注
1	CPU1215C	冲压 1 号气缸前限位	I1.4	
2	CPU1215C	冲压 1 号气缸后限位	I1.5	
3	SM1221 DC	冲压 2 号气缸前限位	I2.0	
4	SM1221 DC	冲压 2 号气缸后限位	I2.1	
5	SM1221 DC	冲压 3 号气缸前限位	I2.2	
6	SM1221 DC	冲压 3 号气缸后限位	I2.3	
7	SM1221 DC	检测到冲压物料	I2.4	
8	SM1221 DC	物料冲压生产完成	I2.5	
9	SM1221 DC	检验对射光电开关	I2.6	检测单元使用
10	SM1222 RLY	冲压 1 号气缸	Q2.4	
11	SM1222 RLY	冲压 2 号气缸	Q2.5	
	SM1222 RLY	冲压 3 号气缸	Q2.5	

2. 梯形图分析

模拟冲压流水线中冲压加工由 3 个气缸动作来模拟，其控制梯形图（部分）如图 7 – 9 所示。

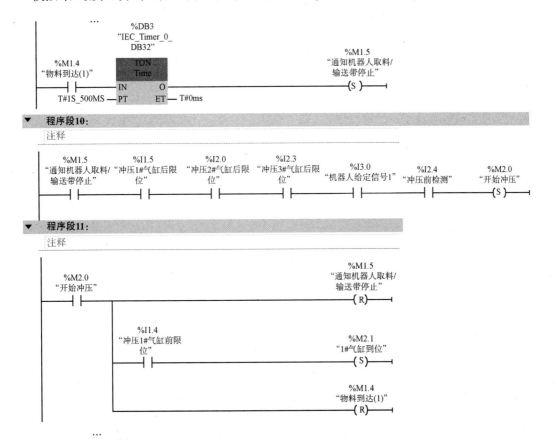

图 7 – 9　模拟冲压流水线模拟冲压加工梯形图（部分）

图 7-9 中当传送带把机器人从搬动区送来的料块运到末端时，料块到达 M1.4 触点闭合，延时 1 s 后传送带停止，符合 3 个冲压气缸回退原位 I1.5、I2.0、I2.3，冲压前检测 I2.4 均为闭合时，开始执行冲压，此时 M2.0 得电。程序段 11 中复位传送带 M1.5，料块被推出到限位开关 I1.4 闭合，1 号气缸推料到位。

更多关于 PLC 控制程序可结合现场及附带资料中获取。

 ## 思考与练习

（1）结合现场设备向小组成员或老师陈述模拟冲压加工生产过程。

（2）结合现场设备中二位五通电磁气阀结构说明气管接法，分析气缸中气管接法。

（3）分析检测部分是如何实现检测功能？目前最流行使用的检测设备是什么？

任务 7.2　模块信号配置、坐标系标定和程序模块创建

在工业机器人进行搬运作业时要根据生产现场进行应用程序编写，掌握冲压流水线硬件支撑，前面已经述及配置 DSQC 652 板，本任务中要结合冲压流水线进行 I/O 配置，然后再创建主程序、5 个样例程序。

重点知识

进行示教编程前的准备工作如新建坐标系、轨迹规划、数据配置等。
模拟冲压流水线生产的控制程序架构。

关键能力

运用前面学过的操作技能，进行冲压流水线信号正确配置，新建工具坐标系与工件坐标系。
综合运用示教编程的程序架构、指令应用等编写模拟冲压流水线的 RAPID 程序。

任务描述

模拟冲压流水线结构
分析与程序创建

本任务是实施模拟冲压流水线示教编程准备工作，需要完成 DSQC 652 板信号配置、新建坐标系、架构程序。

任务要求

在 DSQC 652 标准板配置冲压流水线的 di9、di10、do9、do10 信号。
新建工具坐标系 zhua，工件坐标系 wobjpath。
分别完成模拟冲压流水线的示教编程架构，未成器搬运、冲压加工、成器码垛子程序编写。

任务环境

2 人一组的实训平台，电脑中安装 studio 软件。
ABB 工业机器人基础教学工作站 6 套。

 相关知识

1. 工业机器人搬运应用的优势

工业机器人的搬运功能已被广泛应用在机械加工、化工、食品、医药、饲料、仓储等行业，主要优势有：

（1）比传统码垛的高度要高许多；

（2）结构简单、故障少、配件少；

（3）耗电量少，大约是传统机械式码垛的五分之一；

（4）操控可通过触摸屏来实现，变得智能化；

（5）可实现一台机器人同时控制多条生产线；

（6）采用编写程序方式实现，可通过设置参数、更换程序等灵活实现任务变化。

2. 工业机器人搬运一般流程

工业机器人应用于生产线中完成搬运已有广泛应用，需要根据被搬运对象不同选用或设计不同的夹爪。搬运动作可分解为到达物料区、抓取物料、移动物料、放置物料、返回等环节。本案例模拟冲压流水生产线中物料块为 30 mm×30 mm×30 mm 立方铝块，采用夹爪抓取，其动作细分图如图 7-10 所示。

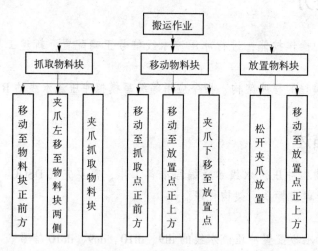

图 7-10 搬运作业动作细分图

3. 示教编程必须完成工作

在项目实施中要使工业机器人完成物料块搬运任务，需要依次完成的工作有：

（1）根据工业机器人本体配置的标准 I/O 板进行信号配置，如本例中 DSQC 652 板配置信号 di、do。

（2）需要建立三个关键程序数据，即工件数据、工具数据、有效载荷，是构建编程环境的必要条件。

（3）要根据轨迹规划，合适选择目标点，合理使用指令，进行目标点示教、记录。本

例中主要有物料块正前方停留点、抓取点、放置点正上方停留点、放置点等。

（4）示教编写程序并调试。

4. 注意事项

（1）为减小工业机器手臂振动对抓取物料精确度的影响，应尽可能地减小夹爪靠近工件的速度。若行程较长时或复杂时可考虑在预定路径中多增加几个示教点，以增加路径可控性。

（2）一般采用气动手爪时，尽量避免工业机器人发生倾斜运行，以保持机器人运动及抓取物料块的更稳定、更安全。

（3）工业机器人返回时可适当加快速度，以减少工业机器人无效工作时间，提高运行效率。

（4）一般以码盘角点或中心点为原点，创建工件坐标系，以码盘摆放方向作为坐标系方向。

 任务实施

1. I/O 信号配置

根据工业机器人所配置 DSQC 652 标准 I/O 通信板，选择合适的端口为工具提供控制信号。分析模拟冲压流水线的生产全过程中，是通过输入输出信号的状态和光电传感器的状态信号作为工业机器人输入端信号来控制夹爪、气缸及传送电动机的开闭。模拟冲压流水线需要配置的 I/O 信号及其参数如表 7 - 2 所示。

表 7 - 2　模拟冲压流水线需要配置 I/O 信号及参数

Name	Type of Signal	Assigned to Device	Device Mapping	信号说明
Di9	Digital Input	Bard10	8	传送带输送到位 PLC 发出信号
Di10	Digital Input	Bard10	9	冲压完成 PLC 发出信号
Do9	Digital Output	Bard10	8	机器人夹爪信号
Do10	Digital Output	Bard10	9	机器人将物料块搬运到冲压开始处并发出信号

信号配置的操作方法可参考任务 4.2 进行信号配置。如配置输入 di9，其操作步骤为：

控制面板→配置→双击"signal"→添加→双击"name"→输入 di9→双击"type of signal"→选择"digital input"→双击"assigned to device"→选择"d652"→双击"deice mapping"→输入"8"→单击"确定"→重启示教器。

2. 新建坐标系

1）创建工件坐标系

进行模拟冲压流水线控制程序编写前，必须对码垛盘进行工件坐标系的标定，即新建工件坐标系 wobjpath，详细的操作步骤如表 7 - 3 所示，也可参见项目 5 中表 5 - 13、表 5 - 14。

表7-3 创建工件坐标系操作步骤

序号	操作步骤	图示操作步骤
1	选择合适的带尖端工具，通过示教器上的可编程按钮对夹具状态进行配置（前已配置do9），手动控制工业机器人夹住工具	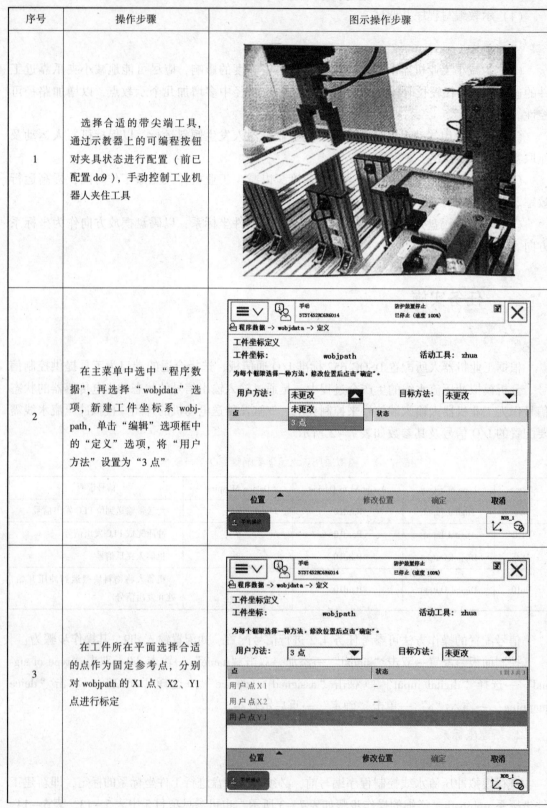
2	在主菜单中选中"程序数据"，再选择"wobjdata"选项，新建工件坐标系wobjpath，单击"编辑"选项框中的"定义"选项，将"用户方法"设置为"3点"	
3	在工件所在平面选择合适的点作为固定参考点，分别对wobjpath的X1点、X2、Y1点进行标定	

续表

序号	操作步骤	图示操作步骤
4	标定完成后单击"确定"按钮,关闭"程序数据"窗口	

2)创建工具坐标系

同时也需要进行 TCP 标定,新建的夹爪工具坐标系命名为"zhua",详细操作步骤如表7-4 所示,也可参见项目 5 任务 5.3.2。

表 7-4　创建工具坐标系操作步骤

序号	操作步骤	图示操作步骤
1	选择合适的带尖端工具,通过示教器上的可编程按钮对夹具状态进行配置(前已设置),手动控制工业机器人夹住工具	
2	在主菜单中选中"程序数据",再选择"tooldata"选项,新建工具坐标系 zhua,单击"编辑"选项框中的"定义"选项,将"方法"设置为"TCP 和 Z","点数"默认为 4	

续表

序号	操作步骤	图示操作步骤
3	以三角形的一个顶点为固定参考点，对 zhua 各点进行标定，标定完成后单击"确定"按钮。 提示：手动操纵工业机器人以不同位姿使 TCP 与固定参考点接触，在第 4 点时应保持 zhua 的 Z 轴方向与固定参考点所在平面垂直；在延伸器点 Z 时，应使 TCP 位于固定参考点正上方	手动 5T5T452RC6R6014 防护装置停止 已停止（速度 100%） 程序数据 → tooldata → 定义 工具坐标定义 工具坐标： zhua 选择一种方法，修改位置后点击"确定"。 方法： TCP 和 Z 　　　点数： 4 点　　　　状态　　　　2 到 5 共 5 点 2　　　已修改 点 3　　　已修改 点 4　　　已修改 延伸器点 Z　　　— 位置　　修改位置　　确定　　取消 手动操纵　　　ROB_1

3. 建立 RAPID 程序

根据模拟冲压流水线工艺要求，需要建立一个程序模块 Module，模块中包含 5 个例行程序，其中 1 个主程序 main（ ）、1 个初始化程序 rInitAll（ ）、1 个未成品程序 weichengpin（ ）、1 个冲压程序 chongya（ ）、1 个成品程序 chengpin（ ）、生产第 1 块物料程序 wuliaokuai1（ ）。

利用示教器编写 RAPID 程序详细的操作步骤如表 7 - 5 所示。

表 7 - 5　轨迹调用——复杂编程操作步骤

序号	操作步骤	图示操作步骤
1	从示教器界面进入 ABB 主菜单，单击"程序编辑器"选项。 选择"文件"选项，单击"新建模块"，弹出界面中单击"是"	手动 5T5T452RC6R6014 防护装置停止 已停止（速度 100%） HotEdit　　　　　备份与恢复 输入输出　　　　校准 手动操纵　　　　控制面板 自动生产窗口　　事件日志 程序编辑器　　　FlexPendant 资源管理器 程序数据　　　　系统信息 注销 Default User　　重新启动 ROB_1

268

序号	操作步骤	图示操作步骤
2	不需要改名，直接单击"确定"，即建立"Module1"模块。 单击"Module1"程序模块，再单击"显示模块"进入模块编辑窗口	
3	单击"例行程序"按钮； 单击"文件"，弹出选项中选中"新建例行程序…"选项，建立例行程序	
4	分别完成 main( )、rInitAll( )、weichengpin ( )、chongya ( )、chengpin ( )、wuliaokuai1 ( ) 命名	

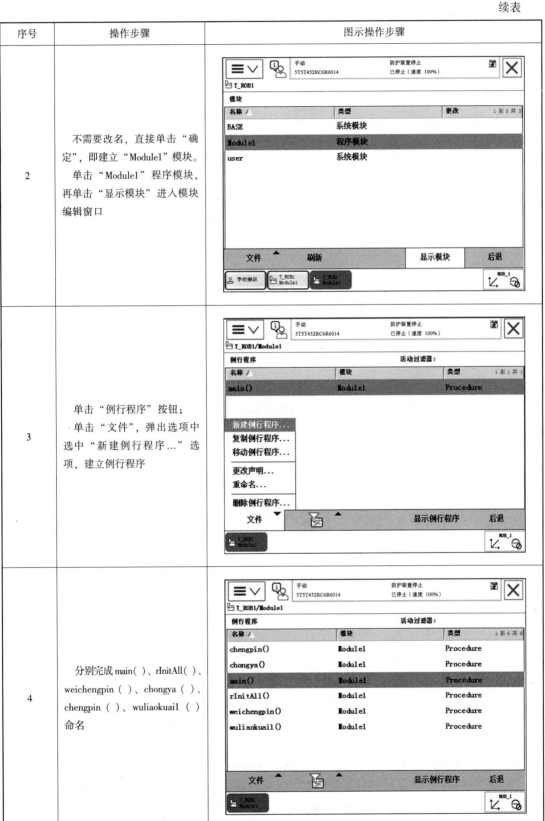

续表

序号	操作步骤	图示操作步骤
5	返回"手动操纵"界面，确认"工件坐标"为"wobj-path"，"工具坐标系"为"zhua"。 已完成编写程序前准备工作，可进入各环节编程工作	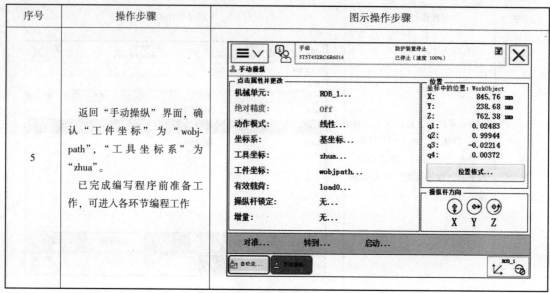

 延伸阅读

焊接作业简介

工业机器人焊接作业最早应用于汽车装配流水线，已取得广泛应用，突显了提高产品质量、良好经济效益等优点。

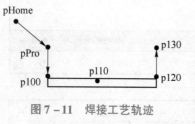

图 7-11　焊接工艺轨迹

1. 焊接作业的基本流程

不同的焊接工艺相应的作业顺序也就不同。在焊接作业中动作可分解为检测夹具信号、检测焊枪信号、焊接工件、清理焊枪等环节（子任务）。如图 7-11 所示，焊接轨迹中，空闲时焊枪在原点 pHome 等待。当收到焊接指令后系统开始检测装夹信号、焊枪信号、工件到位信号，全部满足规定条件后，焊枪移动至接近点 pPro 并准备起弧，从开始点 p100 经过中间点 p110 到达终点 p120，结束收弧后移动至 p130 点。

2. 焊接指令

ABB 工业机器人中编程使用的焊接指令有 ArcL 和 ArcC，可实现焊枪线性或圆弧运动及定位，功能上分别相当于 MoeL、MoveC。如 ArcL 指令相关的指令有 ArcL Start、ArcLEnd、ArcL 三条，即线路焊接开始、线性焊接结束、线性焊接，如语句：

ArcL Start P100，200，seam1，seld1，fine，tool0；

该语句就表示工具 tool1 的中心点，以 200 m/s 的速度线性运动至 p100 点起焊，运动速度数据 v200 在焊接过程中将被数据 weld_ speed 取代，数据 seam1 中则定义了起弧和收弧时的焊接参数。

3. 示教编程思路

与模拟冲压流水线编程相似，要依次完成配置 I/O 信号、设置焊接参数、创建相关程序数据、示教目标点、编写示教程序、联机调试等环节。

主要需要建立的样例程序有主程序 main（ ）、初始化程序、焊枪检查程序、返回等待点程序、清枪程序、焊接路径程序。

以上只是提供焊接示教编程的思路，更详细的资料，请参考其他教科书或查询网络。

 思考与练习

（1）工业机器人在进行项目程序编写前的准备工作有哪些？这也是一个安装调试岗位应具备的基础技能。

（2）工业机器人应用于搬运主要的工作流程一般分为哪些工艺？

（3）焊接是工业机器人应用的重要领域，解释下面一条语句的含义。

ArcL Start p100，200，seam1，seld1，fine，tool0；

任务 7.3 未成品、模拟冲压、成品子程序编写与调试

模拟冲压流水生产全过程中工业机器人需要设置三个搬运功能的子程序，即需要完成未成品搬运、模拟冲压、成品子程序编写与调试。

 重点知识

根据现场从仓储位抓取物料块，运送至井式送料架的轨迹进行合理规划，灵活使用 Offs 功能、Set \ Reset、WaitTime 指令。

根据现场从传送带末端抓取物料块，运送至推料气缸上方，后放置于冲压加工点，编程时掌握 PLC 发送的 di9 信号，机器人发送的 do10 信号。

抓取现场冲压加工完成的物料块，经过检测单元后，再送到码盘放置准确位置的轨迹进行合理规划，掌握 PLC 发送物料块到达信号 di10。

 关键能力

根据轨迹要求利用常用指令编写符合要求的子程序。

能进行现场任务精确点位示教。

培养正确、安全操作设备的习惯，严谨做事的风格、协作意识。

 任务描述

1. 子程序"weichengpin"

未成品搬运分析与编程

用示教编程法实现从存储未成品物料块的仓储位点 p10，通过机器人取料后，经过 p20 点运送至井式送料架井口 p30 点，松开爪子，物料块自动落入井内，机器人再运行到达井式送料架与传送带末端中点位置 p40 点等待，如图 7-12 所示。据此编写子程序"weichengpin"。

2. 子程序"chongya"

当传送带将未成品物料块送到指定位置 p50（皮带末端）时，光 冲压加工分析与编程 电开关传感器检测到物料块后，PLC 给机器人发送一个信号 di9。此时将从机器人停止等待位置 p40 处开始启动机器人，运行至 p50 上方 100 mm 处等待接收 PLC 发出的信号。当

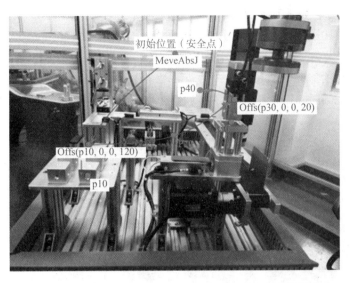

图 7 – 12 "weichegping" 搬运子程序中示教点位位置图

收到信号后机器人下行运动到指定位置 p50，夹取物料块垂直上升至上方 100 mm 处，将物料块搬运到冲压工序推料缸上方，即 p60 上方 100 mm 处，再下降至 p60 点位置，松开夹爪将物料块放入指定位置，机器人发出信号 do10，然后再运行到 p70 位置等待冲压工序完工，如图 7 – 13 所示。

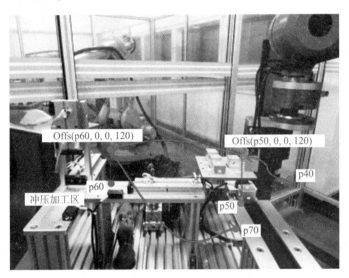

图 7 – 13 "chongya" 冲压子程序中示教点位位置图

3. 子程序 "chengpin"

机器人从 p70 点运行至冲压加工完成物料块放置点 p80 上方 120 mm 处，等待 PLC 发送物料块到达信号 di10，机器人收到此信号后，下降至 p80 点抓取物料块，再垂直上升至上方 120 mm 处，之后机器人再运行至检测单元上方 p90 点，然后下降至低于检测装置，确保可完成物料块（工件）可正常检测的 p100 点，水平移动一段检测距离，即到达 p110 点，完成检测过程。再垂直上升至上方 120 mm 处。接下来把物料块放置码盘上，机器人先运行至码盘第 1 块物料块放置点 p120 正上方 120 mm 处，垂直下降至 p120 点处，松开夹爪，放下 1 号已加工的成品物料块，再抬起至一个安全点位置，最后返回安全位置点。"chengpin" 冲压子程序中示教点位置图如图 7-14 所示。

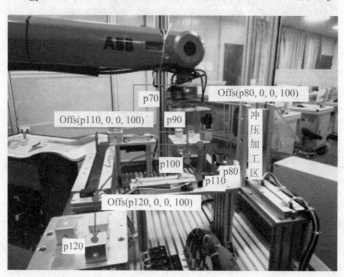

图 7-14　"chengpin" 冲压子程序中示教点位置图

任务要求

用示教器编程完成子程序，注意抓取与放置时均延时 1 s 以确保可靠抓取、放置。

主要使用指令有 MoveJ、MoveL、Set、Reset、WaitTime、WaitDi。

任务环境

2 人一组的实训平台，计算机装有离线软件。

ABB 工业机器人基础教学工作站 6 套，包括冲压流水线模块。

 相关知识

ABB 机器人与 S7-1200 PLC 之间常采用 ProfiNet 通信来实现。

1. 硬件要求

装有博途 V15 版计算机，ABB 机器人（带 ProfiNet 选项、带 GSD 文件包），S7-1200PLC，网线，交换机。准备好硬件后用网线将 PLC、交换机、计算机连接起来，如图 7-15 所示。

2. PLC 端操作

1）TIA 软件配置

（1）设置 IP 地址。

在 PLC 的应用软件 TIA 博途中新建项目，本案例选西门子 S7-1200，其型号为

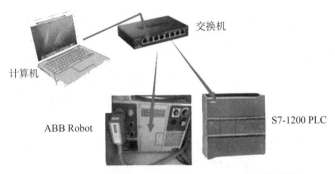

图 7 – 15　ABB Robot 与 S7 – 1200 PLC 硬件连接

CPU 1214C DC/DC/DC，如图 7 – 16 所示。此 PLC 为高性能小型机，自带 profibus – dp 口，可以作为主站也可作为从站，本例为主站。单击 PLC 的网口设置 IP 地址 192.168.10.1，操作提示如图 7 – 17 所示。

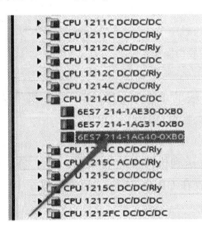

图 7 – 16　在 TIA 中添加 PLC 型号

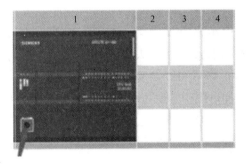

图 7 – 17　设置 PLC 的 IP

（2）安装 ABB 机器人的 GSD 文件。

在博途软件中依次单击"选项"→"管理通用站描述文件"→"选择 GSD 文件所在的位置"→"安装"，如图 7 – 18 所示。安装文件过程可能需要一些时间，因计算机而异。

管理通用站描述文件				
源路径：G:\simena\zhoubo3\AdditionalFiles\GSD				
导入路径的内容				
文件	版本	语言	状态	信息
hms_1811.gsd		默认	已经安装	

删除　安装　取消

图 7 – 18　安装 GSD 文件

275

（3）添加机器人设备。

在 TIA 软件中添加操作过程如下：硬件目录中查找"其他现场设备"→"profinet I/O"→"I/O"→"ABB Robotics"→"Robot Device"→"Bbsic v1.3"，拖入网络视图。

现将 PLC 与机器人的网口连接起来，如图 7-19 所示，双击机器人设备网口，把机器人的 IP 设置成为与 PLC 在同一网段内，并配置发送与接收数据包，这里选择发 8 个字节，收 8 个字节。

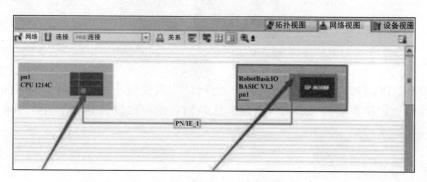

图 7-19 设置在同一网段内操作

可以单击查看映射地址图，映射地址为 PLC 端的 IB100～IB107，对应机器人端的 QB256～QB263，机器人端的 IB256～IB263 对应 PLC 端的 QB100～QB107。

（4）编写 PLC 端发送和接收端的程序。

在梯形图中实现功能如下：将 PLC 端的 Iw100 发送到机器人的 QW256；PLC 端 iw102 发送到机器人 QW258；把机器人端发送过来的数据接收在 QB100 里面，到此完成了 PLC 端设置。提醒：PLC 端要求编写梯形图实现，本课程不讲。

2）机器人端操作

在机器人端是从示教器操作界面中逐步操作设置完成，分别完成以下设置。

（1）设置 IP 地址。

设置 IP 地址操作过程如下：单击示教器"控制面板"→"配置"→"主题"→"communication"→"IP setting"→"显示全部"→"ProfiNet work"→"编辑"→"设置对应 IP 地址"，对应位置输入 192.168.10.2。

（2）建立通信板卡添加 PN 从站。

添加 PN 站操作过程如下：单击示教器"控制面板"→"配置"→"主题"→"I/O"→"ProfiNet Internal device"→"显示全部"，选择"PN-internal-device"→"编辑"，将"input size"默认值由 64 修改为 8（1 个字节）；将"output size"默认值由 64 修改为 8（1 个字节）→"确定"。

（3）设置组输入、组输出。

操作过程如下：单击示教器"控制面板"→"配置"→"主题"→"I/O"→"signal"→"显示全部"→"添加"。此处分两类添加，分别是 Name – gix、Type of Signal – Group Input、Assigned to Device – PN – Internal_ Device、DeviceMapping – 0 – 15；Name – giy、Type of Signal – Group Input、Assigned to Device – PN – Internal_ Device、DeviceMapping – 16 – 31。

请参照前面所学 I/O 信号配置操作。

 任务实施

WEICHENGPIN 子程序编写

1. 未成品子程序

利用示教器编写 RAPID 程序实现将物料块从仓储位取出送到井式送料架的子程序，其操作步骤如表 7 - 6 所示。

表 7 - 6　"weichengping" 子程序示教编程操作步骤

序号	操作步骤	图示操作步骤
1	从示教器界面进入 ABB 主菜单； 在示教器操作界面中单击"程序编辑器"选项。 在样例程序中选中"weichengpin"例行程序，进入编辑界面	手动　5T5T452RC6R6014　电机开启　已停止（速度 100%） T_ROB1 内的＜未命名程序＞/Module1/weichengpin 任务与程序　模块　例行程序 39　PROC weichengpin() 40　<SMT> 41　ENDPROC 42　ENDMODULE 添加指令　编辑　调试　修改位置　隐藏声明 手动操纵　T_ROB1 Module1
2	首先添加"MoveAbsJ"指令来设置机器人初始姿态，双击"＊"，将该组数据中第一个中括号内的数值修改为 [0, 0, 0, 0, 90, 0]，其他数据不改，完成初始姿态设置，单击"确定"按钮	手动　5T5T452RC6R6014　电机开启　已停止（速度 100%） T_ROB1 内的＜未命名程序＞/Module1/weichengpin 任务与程序　模块　例行程序 39　PROC weichengpin() 40　MoveAbsJ *\NoEOffs, v1000, z50, zhua 41　ENDPROC 42　ENDMODULE 添加指令　编辑　调试　修改位置　隐藏声明 手动操纵　T_ROB1

续表

序号	操作步骤	图示操作步骤
3	单击"添加指令",选择"MoveL"指令,在 MoveAbsJ 指令下方添加	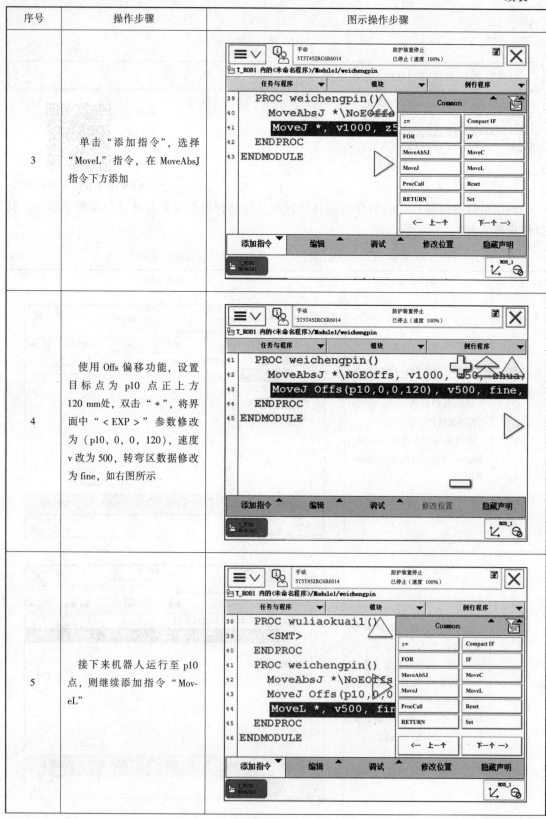
4	使用 Offs 偏移功能,设置目标点为 p10 点正上方 120 mm处,双击"*",将界面中"＜EXP＞"参数修改为(p10,0,0,120),速度 v 改为 500,转弯区数据修改为 fine,如右图所示	
5	接下来机器人运行至 p10 点,则继续添加指令"MoveL"	

序号	操作步骤	图示操作步骤
6	手动操纵机器人夹爪（松开状态）到达物料块两侧，此时要求夹爪尽量夹持物料块中间，以保持运行中平衡，不掉块。 在示教器界面中双击"＊"，将此点修改为p10，再单击"修改位置"，保存当前位置数据信息，如右图所示	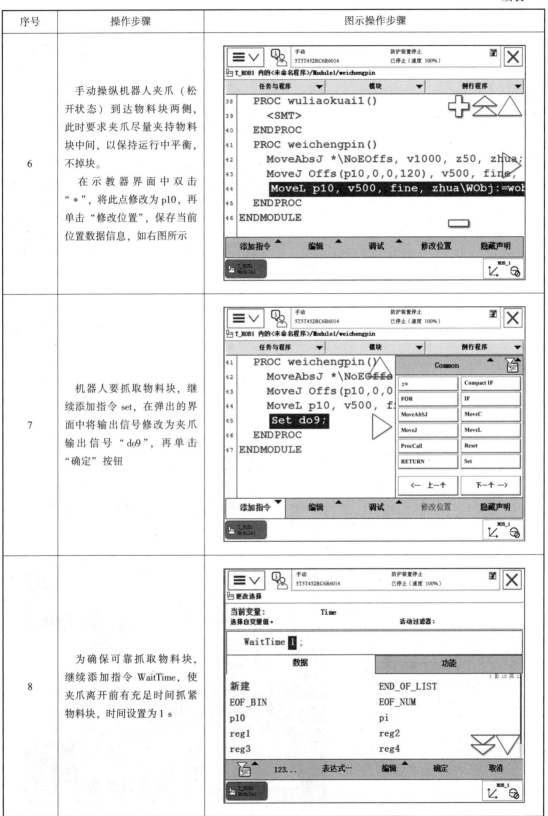
7	机器人要抓取物料块，继续添加指令set，在弹出的界面中将输出信号修改为夹爪输出信号"do9"，再单击"确定"按钮	
8	为确保可靠抓取物料块，继续添加指令WaitTime，使夹爪离开前有充足时间抓紧物料块，时间设置为1 s	

续表

序号	操作步骤	图示操作步骤
9	复制本子程序的第 2 行（有 Offs 功能），利用"编辑"中"粘贴"功能，并将 MoveJ 改 MoveL。即夹取物料块后运行至 p10 点上方 120 mm 处	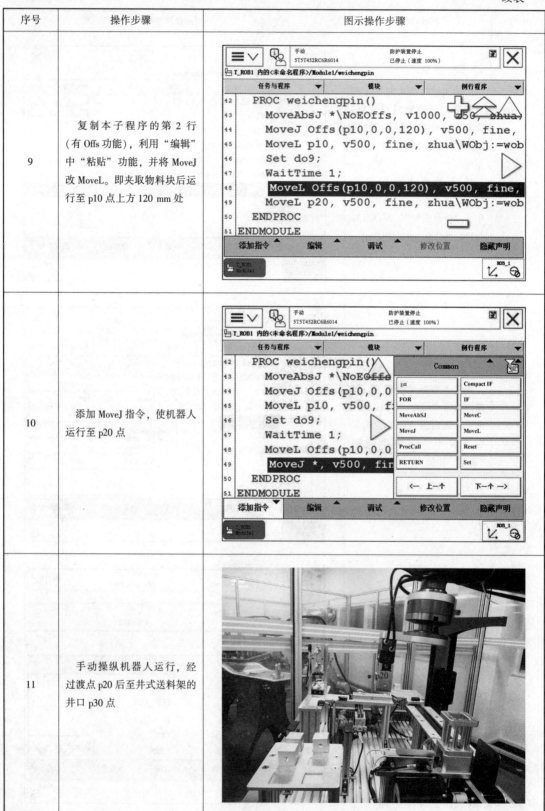
10	添加 MoveJ 指令，使机器人运行至 p20 点	
11	手动操纵机器人运行，经过渡点 p20 后至井式送料架的井口 p30 点	

续表

序号	操作步骤	图示操作步骤
12	示教 p20 点后，在编辑界面中双击"＊"修改为 p20 点，再单击"修改位置"，保存当前位置点信息，如右图所示	MoveAbsJ *\NoEOffs, v1000, z50, zhua; MoveJ Offs(p10,0,0,120), v500, fine, MoveL p10, v500, fine, zhua\WObj:=wob Set do9; WaitTime 1; MoveL Offs(p10,0,0,120), v500, fine, MoveJ **p20**, v500, fine, zhua\WObj:=wo ENDPROC ENDMODULE 添加指令 编辑 调试 修改位置 隐藏声明

13	复制本子程序的第 2 行（有 Offs 功能）利用"编辑"中"粘贴"功能添加语句 MoveJ Offs（p30，0，0，20），速度 v500，转弯区数据 fine，即机器人夹着物料块运行至 p30 点上方 20 mm 处	MoveJ Offs(p10,0,0...
		MoveL p10, v500...
		Set do9;
		WaitTime 1;
		MoveL Offs(p10,0,0...
		MoveJ p20, v500...
		MoveJ Offs(p30,0,0...
		ENDPROC
		ENDMODULE
		（剪切 复制 粘贴 更改选择内容... ABC... 更改为 MoveL. 撤消 编辑 / 至顶部 至底部 在上面粘贴 删除 镜像... 备注行 重做 选择一项）
		添加指令 编辑 调试 修改位置 隐藏声明

14	手动操纵机器人运行至井式送料架井口 p30 处，此时机器人夹紧物料块，示教这个位置仔细，精准校点后才能使物料块顺利通过井道口落入料井中	p30

281

续表

序号	操作步骤	图示操作步骤
15	机器人下降至井口放料,继续单击"添加指令",再选中"MoveL"指令	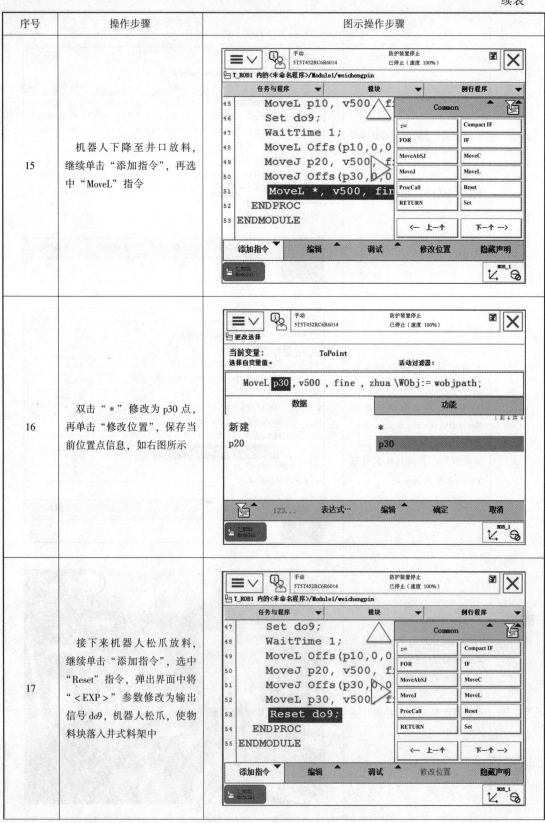
16	双击"*"修改为 p30 点,再单击"修改位置",保存当前位置点信息,如右图所示	
17	接下来机器人松爪放料,继续单击"添加指令",选中"Reset"指令,弹出界面中将"<EXP>"参数修改为输出信号 do9,机器人松爪,使物料块落入井式料架中	

序号	操作步骤	图示操作步骤
18	为确保可靠放下物料块，继续添加指令 WaitTime，使物料块脱离夹爪有充足时间离开物料块，时间设置为 1 s	
19	复制本子程序的第 2 行（有 Offs 功能）利用"编辑"中"粘贴"功能添加语句 MoveJ Offs（p30，0，0，20）…，单击更改为 MoveL，速度 v500，转弯区数据 fine，即机器人松开物料块后运行至 p30 点上方 20 mm 处	
20	接下来机器人运行至 p40 点，继续单击"添加指令"，单击"MoveJ"指令，再手动操纵机器人移至 p40 点，即示教 p40 点	

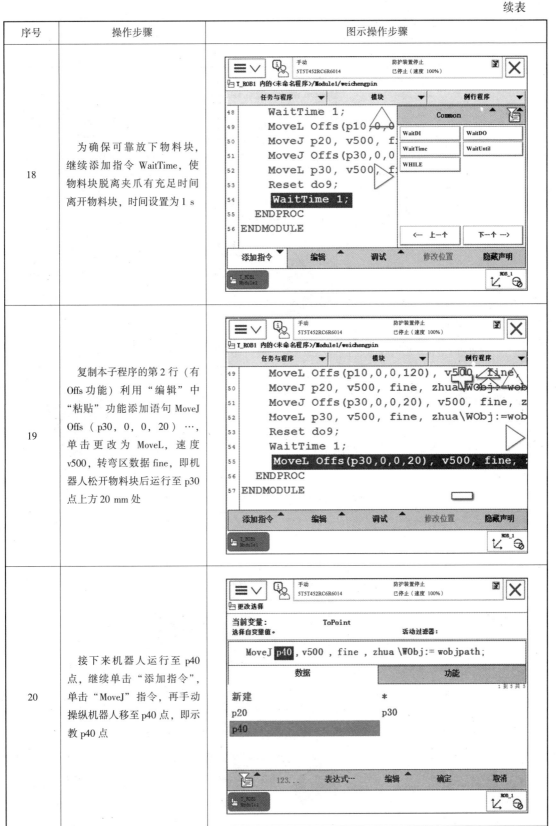

续表

序号	操作步骤	图示操作步骤
21	双击"＊"修改为 p40 点，再单击"修改位置"，保存当前位置点信息，如右图所示	
22	此时工业机器人将物料块在 p30 位置放置后，返回 p40 等待	

2. 模拟冲压上下料子程序

前一个子程序机器人已在 p40 位置等待，此时要完成将传送带送来的末端物料块抓取，搬运至冲压推料处，并返回。其操作步骤如表 7-7 所示。

CHONGYA 子程序编写

表 7-7 "chongya"子程序编写操作步骤

序号	操作步骤	图示操作步骤
1	在例行程序界面中选中"chongya"例行程序，单击"显示样例程序"，进入程序编辑界面。在界面单击"添加指令"，再选中"MoveJ"指令，如右图所示	

续表

序号	操作步骤	图示操作步骤
2	双击"＊"更改指令参数，目标点数据修改为 Offs（p50，0，0，120），速度 v500，转弯区数据 fine，如右图所示	手动　5T5T452RC6R6014　　电机开启　已停止（速度 100%） T_ROB1 内的<未命名程序>/Module1/chongya 任务与程序　▼　　模块　▼　　例行程序　▼ 34 PROC chongya() 35 MoveJ Offs(p50,0,0,120), v500 36 ENDPROC 37 PROC chengpin() 38 <SMT> 39 ENDPROC 40 PROC chushihua() 41 <SMT> 添加指令▲　编辑　调试▲　修改位置　隐藏声明 T_ROB1 Module1
3	此时机器人停留在 p50 正上方等待传送带把物料块送到末端后，传感器检测反馈给 PLC 发出的信号。所以添加等待输入信号"WaitDI"指令，双击"＜EXP＞"，修改为 di 9	手动　5T5T452RC6R6014　　电机开启　已停止（速度 100%） T_ROB1 内的<未命名程序>/Module1/chongya 任务与程序　▼　　模块　▼　　例行程序　▼ 34 PROC chongya()　　　Common 35 MoveJ Offs(p50　WaitDI　WaitDO 36 WaitDI di9, 1;　WaitTime　WaitUntil 37 ENDPROC　WHILE 38 PROC chengpin() 39 <SMT> 40 ENDPROC 41 PROC chushihua()　←上一个　下一个→ 添加指令▼　编辑▲　调试▲　修改位置　隐藏声明 T_ROB1 Module1
4	机器人收到信号后将下降到 p50 点，进行夹紧物料块。继续添加指令"MoveL"，再将机器人手动操纵至如右图所示的位置。注意示教这个点位时要求物料块要放置传送带末端，以保证夹取物料块时位置准确	

285

续表

序号	操作步骤	图示操作步骤
5	双击"＊"修改为 p50 点，再单击"修改位置"，保存当前位置点信息，如右图所示	
6	机器人此时要抓取物料块，继续"添加指令"，选中 Set，双击"＜EXP＞"，修改为 do9	
7	为确保可靠抓取物料块，继续添加指令 WaitTime，使夹爪离开前有充足时间抓紧物料块，时间设置为 1 s	

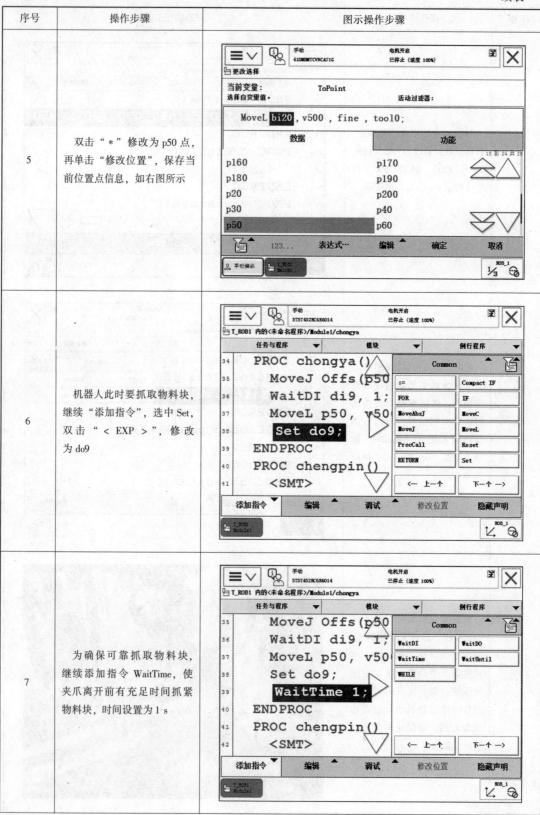

续表

序号	操作步骤	图示操作步骤
8	复制子程序中带 Offs 偏移功能语句，通过单击"编辑"，再选中"粘贴"完成添加语句，之后再通过"编辑"，选中"更改为 MoveL"	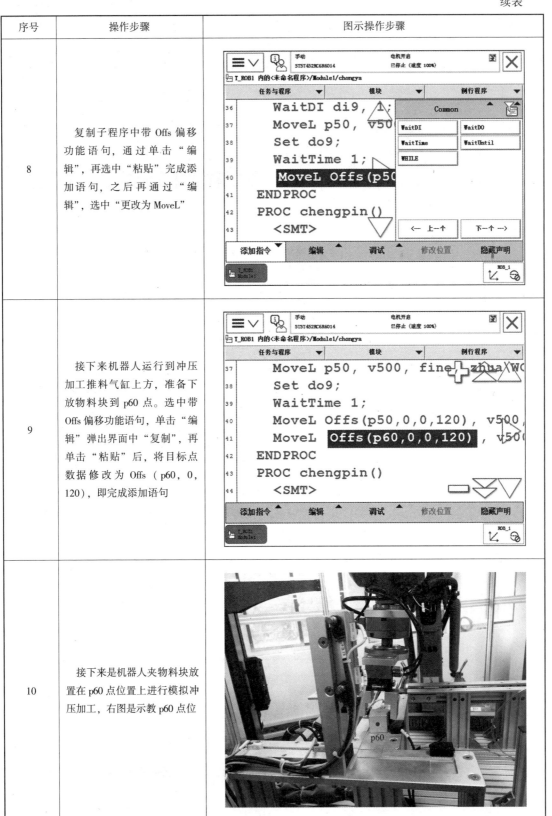
9	接下来机器人运行到冲压加工推料气缸上方，准备下放物料块到 p60 点。选中带 Offs 偏移功能语句，单击"编辑"弹出界面中"复制"，再单击"粘贴"后，将目标点数据修改为 Offs（p60，0，120），即完成添加语句	
10	接下来是机器人夹物料块放置在 p60 点位置上进行模拟冲压加工，右图是示教 p60 点位	

续表

序号	操作步骤	图示操作步骤
11	机器人接下来垂直下降至p60，继续单击"添加指令"，选中"MoveL"指令，双击"＊"在界面中修改数据为p60	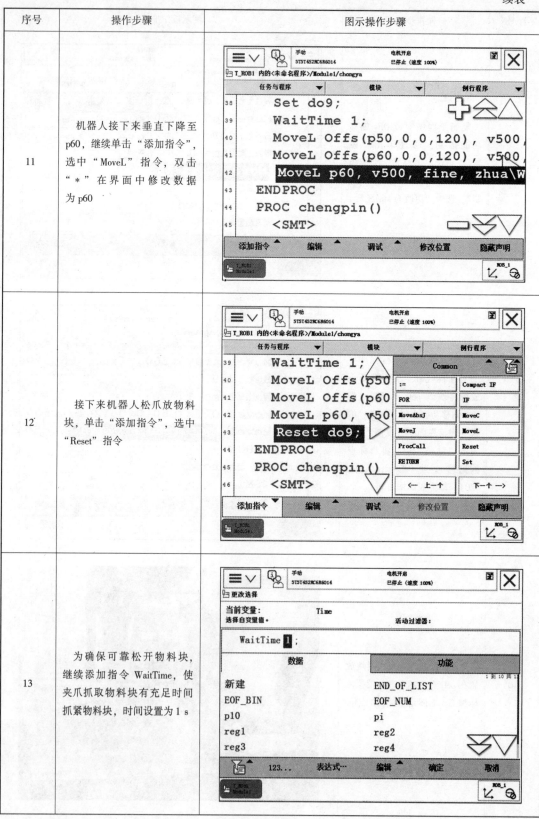
12	接下来机器人松爪放物料块，单击"添加指令"，选中"Reset"指令	
13	为确保可靠松开物料块，继续添加指令WaitTime，使夹爪抓取物料块有充足时间抓紧物料块，时间设置为1 s	

序号	操作步骤	图示操作步骤
14	机器人垂直上升至刚下去前停留高度，复制 MoveL Offs（p60，0，0，120）···，单击"编辑"，弹出界面中选中"粘贴"，即完成添加语句	
15	此时机器人要发出信号给 PLC，开始冲压加工。故添加"Set"指令，弹出界面中修改为 do10。PLC 收到信号后让气缸启动工作，将物料块捡到冲压气缸下进行冲压加工，如右图所示	
16	示教 p70 点，即搬运物料块至冲压位置处后，工业机器人移至 p70 点位置等待中	

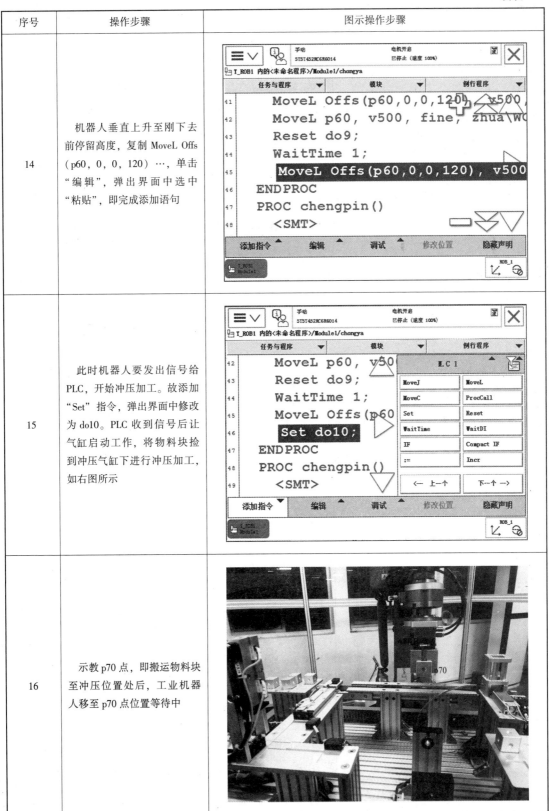

续表

序号	操作步骤	图示操作步骤
17	机器人回到 p70 点等待冲压加工，故继续添加"MoveL"指令，手动操纵机器人到达 p70 点。双击指令行中"*"将数据修改为 p70，单击"修改位置"，再单击"确定"按钮	 42 MoveL Offs(p60,0,0,120), v500, 43 MoveL p60, v500, fine, zhua\W 44 Reset do9; 45 WaitTime 1; 46 MoveL Offs(p60,0,0,120), v500, 47 Set do10; 48 MoveJ p70, v500, fine, zhua\W 49 ENDPROC 添加指令　编辑　调试　修改位置　隐藏声明

3. 成品子程序

经冲压加工后的成品物料块到达指定位置后，机器人夹取物料块通过检测区域后，达到码盘堆垛盘指定位置，"chengpin"子程序示教编程步骤如表 7–8 所示。

CHENGPIN 子程序编程

表 7–8　"chengpin"子程序示教编程

序号	操作步骤	图示操作步骤
1	在例行程序界面中选中"chengpin"例行程序，单击"显示例行程序"进入界面后，添加指令"MoveJ"，此时手动操纵机器人运行至物料块正上方，故修改指令中的数据为 Offs（p80，0，0，100），速度 v600，转弯区数据 fine，如右图所示	53 PROC chushihua() 54 MoveJ Offs(p80,0,0,100), v600 55 ENDPROC 56 PROC wuliaokuai1() 57 <SMT> 58 ENDPROC 59 PROC weichengpin() 60 MoveAbsJ *\NoEOffs, v1000, z50 添加指令　编辑　调试　修改位置　隐藏声明

续表

序号	操作步骤	图示操作步骤
2	此时机器人等待冲压加工后的成品物料块到位后 PLC 发送的信号 di10。所以单击"添加指令",选中"Wait DI"指令,双击"< EXP >"修改为 di10,如右图所示	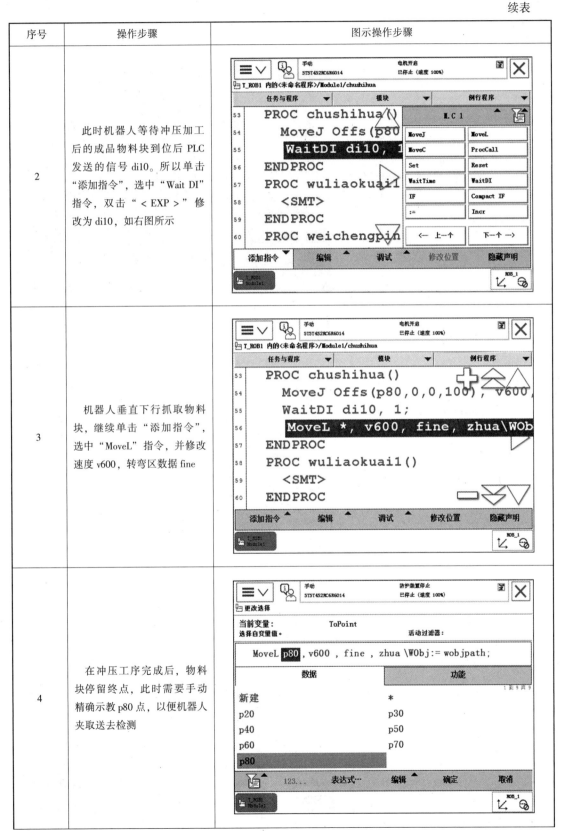
3	机器人垂直下行抓取物料块,继续单击"添加指令",选中"MoveL"指令,并修改速度 v600,转弯区数据 fine	
4	在冲压工序完成后,物料块停留终点,此时需要手动精确示教 p80 点,以便机器人夹取送去检测	

续表

序号	操作步骤	图示操作步骤
5	在示教器界面中将 MoveL 指令中双击"＊"，界面中修改为 p80 点，单击"修改位置"保存，再单击"确定"按钮	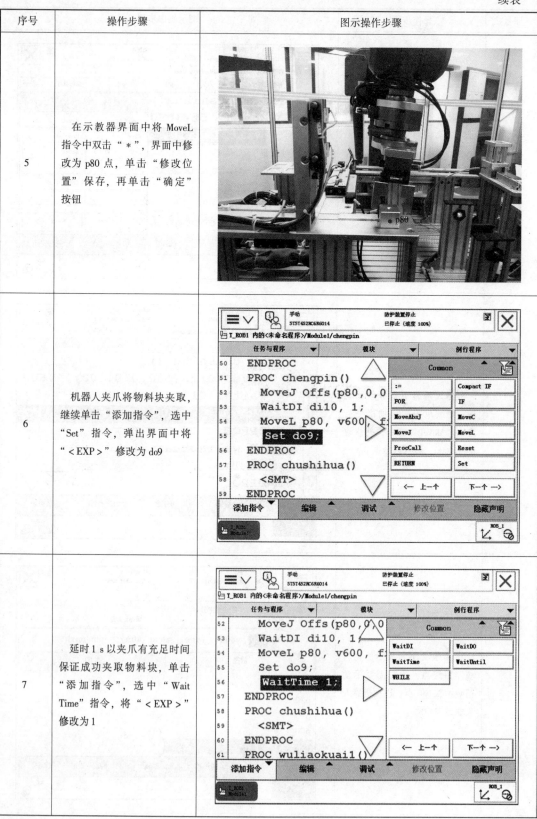
6	机器人夹爪将物料块夹取，继续单击"添加指令"，选中"Set"指令，弹出界面中将"＜EXP＞"修改为 do9	
7	延时 1 s 以夹爪有充足时间保证成功夹取物料块，单击"添加指令"，选中"WaitTime"指令，将"＜EXP＞"修改为 1	

续表

序号	操作步骤	图示操作步骤
8	复制第52行后粘贴，并通过"编辑"→"更改为MoveL"	手动 5TST452WC6R6O14 防护装置停止 已停止(速度 100%) T_ROB1 内的<未命名程序>/Module1/chengpin 任务与程序 ▼ 模块 ▼ 例行程序 ▼ 52 MoveJ Offs(p80,0,0,100), v600, fine, 53 WaitDI di10, 1; 54 MoveL p80, v600, fine, zhua\WObj:=wob 55 Set do9; 56 WaitTime 1; 57 MoveL Offs(p80,0,0,100), v600, fine, 58 ENDPROC 59 PROC chushihua() 60 <SMT> 61 ENDPROC 添加指令 编辑 调试 修改位置 隐藏声明
9	接下来手动将机器人移动到物料块检测区	
10	在示教器程序段后添加"MoveL"指令，并将目标点改为p90，再单击"修改位置"，以保存机器人当前位置	手动 5TST452WC6R6O14 防护装置停止 已停止(速度 100%) T_ROB1 内的<未命名程序>/Module1/chengpin 任务与程序 ▼ 模块 ▼ 例行程序 ▼ 54 WaitDI di10, 1; 55 MoveL p80, v600, fine, zhua\WObj:=wob 56 Set do9; 57 WaitTime 1; 58 MoveL Offs(p80,0,0,100), v600, fine, 59 MoveL p90, v600, fine, zhua\WObj:=wo 60 ENDPROC 61 PROC chushihua() 62 <SMT> 63 ENDPROC 添加指令 编辑 调试 修改位置 隐藏声明

序号	操作步骤	图示操作步骤
11	手动操纵工业机器人直线下降到检测点位置	
12	在示教器程序段添加"MoveL"指令,并将目标点改为p100,再单击"修改位置",以保存机器人当前位置	
13	手动操纵工业机器人水平移动通过检测区域(即水平向相对位置移动 4 cm 左右位置p110 点)	

续表

序号	操作步骤	图示操作步骤
14	在示教器程序段添加"MoveL"指令，并将目标点改为 p110，再单击"修改位置"，以保存机器人当前位置	
15	此时机器人夹着物料块完成检测后直线上升至上方 150 mm 处，操作：复制第 60 行中语句并粘贴，修改目标数据为 Offs（p110, 0, 0, 150）	
16	接着机器人将物料块先移动至放成品堆放区的码盘上方 80 mm 处。复制第 60 行语句并粘贴，修改目标点数据为 Offs（p120, 0, 0, 80）。提示：也可直接移动 MoveL 指令实现	

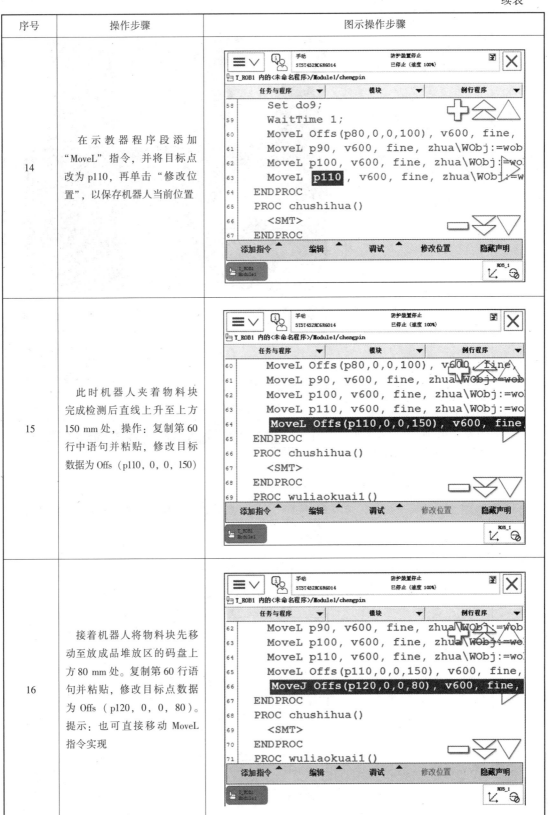

续表

序号	操作步骤	图示操作步骤
17	手动操纵机器人将物料块放在码盘第一个位置上	
18	在示教器程序段后添加"MoveL"指令，并将目标点改为p120，再单击"修改位置"，以保存机器人当前位置	
19	此时物料块已放入码盘位置，松开夹爪，放下物料块	

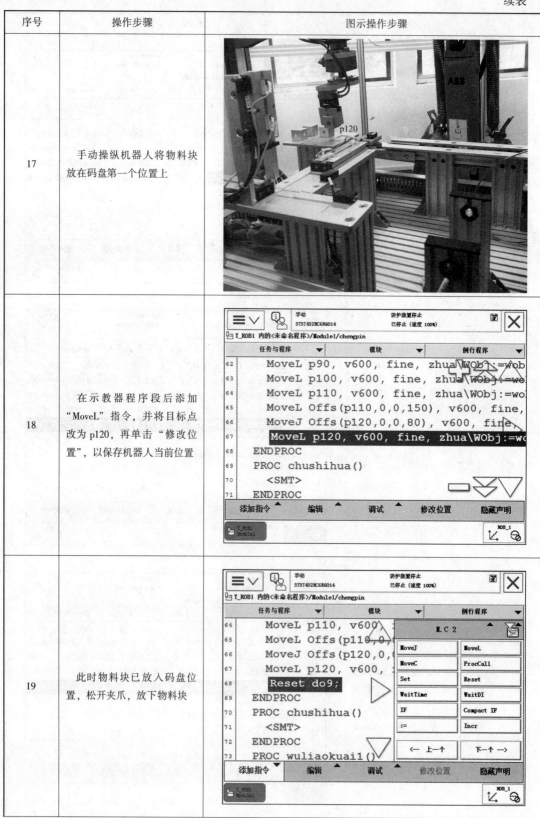

续表

序号	操作步骤	图示操作步骤
20	延时 1 s 以夹爪有充足时间保证成功松开物料块	
21	机器人松爪后直线上升至码盘第一个位置上方 80 mm 处	
22	添加使机器人回到初始位置的"MoveAbsJ"指令,将"*"修改为[0,0,0,0,90,0]数据,其他不改	

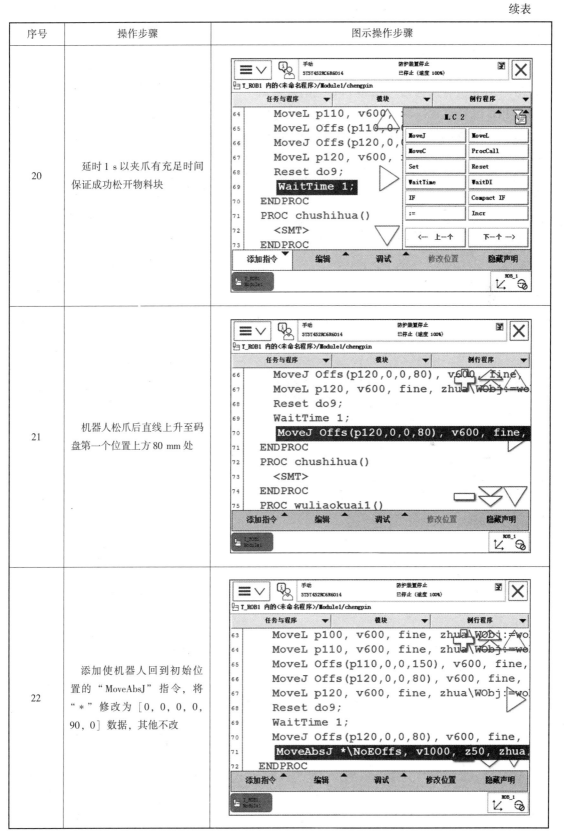

思考与练习

（1）ABB 机器人与 S7 – 1200 PLC 之间常采用_____通信来实现，需要在 TIA（计算机端或 PLC 端）设置，也需要在机器人端设置。

（2）在机器人端建立通信板卡添加 PN 从站的主要操作步骤有哪些？在示教器中操作设置。

（3）本节三个子程序中使用的 WaitTime 的作用是什么？语句 WaitDI di10，1 的含义是什么？

任务 7.4　模拟冲压流水线程序与调试

在模拟冲压流水线生产中，工业机器人实现对来自仓储位中物料块进行搬运，完成取物料块、模拟冲压工序、检测、上料至码盘位置的工作过程。可按完成第一块，再完成第二块，……，依次流水作业。

重点知识

物料块 1 在模拟冲压流水线的轨迹规划，利用 ProCall 指令编写程序实现轨迹。
正确调试模拟生产线中物料块 1 流水线工艺实现过程。

关键能力

示教器精确示教各点的手动操纵工业机器人的能力。
利用 main( ) 主程序实现多个物料块分别搬动到码盘对应位置流水线的程序编写。

任务描述

模拟冲压流水线生产全过程进行示教编程、调试。完成物料块 1 从仓位上取出送到料井，模拟完成冲压后，传送带送到终端后，由机器人夹取物料块 1 送去检测（区分质量或计数统计）后，再堆放至码盘指定位置的过程。

任务要求

利用 ProCall 指令、5 段子程序（7.3 节中已完成）实现物料块 1 模拟冲压流水线全过程的示教编程、调试。
利用已编写子程序实现连续生产对多块物料块进行搬运。

任务环境

ABB 机器人基础教学理实一体化教室，工作站（计算机）安装离线仿真软件模拟操作。
ABB 工业机器人基础教学工作站 6 套，本任务主要使用模块为冲压模块、仓位送料模块、机器人、示教器等。

 相关知识

1. 程序初始化

初始化一般来说是包括速度限定、夹具复位等，根据项目使用工具的一些要求来定，是工业机器人编程的重要内容，对于 ABB 工业机器人基础教学工作站来说，初始化程序中需要加入复位指令，使所有输出端处于复位，如用示教器在程序段中输入 Reset do9。

2. Test – Case 指令

Test 指令根据 Test 数据执行程序，Test 数据可以是数值也可以是表达式，根据该数值执行相应的 Case。

分支循环指令 Test – Case 用于对一个变量进行判断，程序指针根据不同的变量值跳转到不同的预定义 Case 指令，以实现执行不同程序的目的。如果未找到预定义的 Case，程序指针则会跳转到 Default 指令（事先已定义）。

通常用于选择分支较多时使用，对于分支不多的，则可以使用 If – Else 指令代替。

图 7 – 20（a）所示为示教器中添加指令方法；图 7 – 20（b）所示为举例，当 reg1 = 1 时执行 Case1，走直线轨迹 MoveL 指令；当 reg1 = 2 时执行 Case2，走圆弧轨迹 MoveC 指令。

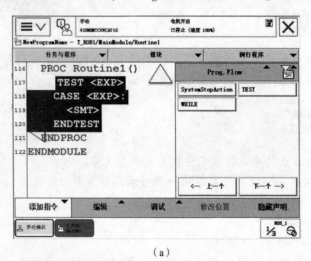

（a）

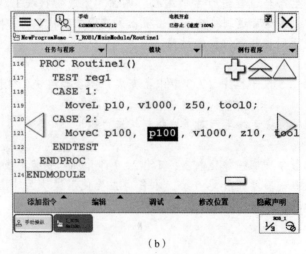

（b）

图 7 – 20　Test – Case 指令使用样例

（a）添加 Test – Case 指令；（b）Test – Case 指令举例

任务实施

　　利用示教器编写 RAPID 程序实现 4 个子程序轨迹调用，其操作步
骤如表 7-9 所示。

模拟冲压流水线联调

表 7-9　模拟冲压流水线物料块 1 示教编程操作步骤

序号	操作步骤	图示操作步骤
1	在示教器左上角按钮，主菜单中选择"程序编辑器"。 　单击"模块"，选中"Module1"，单击显示模块。 　选中"wuliaokuai1()"，再单击"显示例行程序"	
2	单击"添加指令"，在指令列表中选中"ProcCall"指令	
3	选中初始化程序"chushihua"，单击"确定"按钮	

续表

序号	操作步骤	图示操作步骤
4	再根据模拟冲压流水线工序，依次调用子程序："weichengpin"；"chongya"；"chengpin"，如右图所示	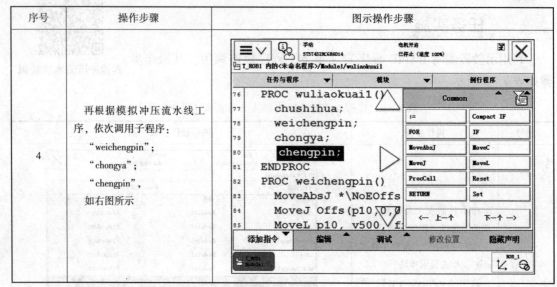

延伸阅读

多块物料块冲压流水线编程

1. 冲压流水线编程

第2块物料块搬运至码盘2号位置如何实现？根据7.4.2内容第1块物料块实现过程来看，轨迹形成过程只是最后码垛位置不同，故只要修改成品子程序"chengpin()"中最后放置的位置点，即由物料块1的p120点位改为p130。其操作步骤如表7-10所示。

表7-10　第2块物业块冲压流水线编程步骤

序号	操作步骤	图示操作步骤
1	新建例行程序"wuliaokuai2"，操作如下：①在示教器左上角按钮，主菜单中选择"程序编辑器"。②单击"模块"，选中"Module1"，单击显示模块。③选"文件"中的"新建样例程序"。④弹出界面中命名为"wuliaokuai2()"	

序号	操作步骤	图示操作步骤
2	选中"wuliaokuai2()"后，单击"显示样例程序"，弹出如右图所示界面	
3	对于物料块2在模拟冲压流水线中，码垛前工序相同，故3个子程序调用即可，完成以下操作：单击"添加指令"，在指令列表中选中"ProcCall"指令，依次加入子程序："chushihua"；"weichengpin"；"chongya"	
4	"Modulel"模块，单击"显示模块"；选中"chengpin()"，通过"文件"中"复制例行程序"选项，默认名称"chengpincopy()"。单击"确定"按钮	

续表

序号	操作步骤	图示操作步骤
5	在弹出的界面中选中"chengpincopy()",通过"文件"中的"重命名"选项,弹出界面中修改为"chengpin2()"。 单击"确定"按钮,在弹出界面中单击"显示例行程序"按钮	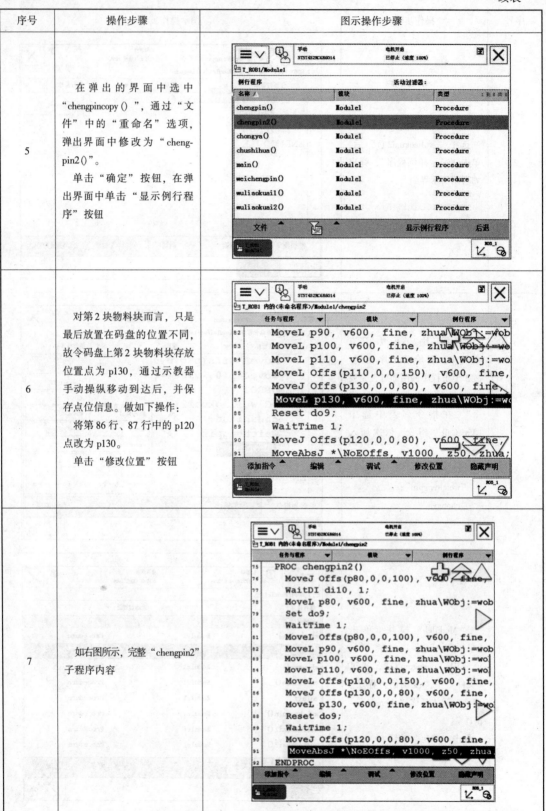
6	对第2块物料块而言,只是最后放置在码盘的位置不同,故令码盘上第2物料块存放位置点为p130,通过示教器手动操纵移动到达后,并保存点位信息。做如下操作: 将第86行、87行中的p120点改为p130。 单击"修改位置"按钮	
7	如右图所示,完整"chengpin2"子程序内容	

续表

序号	操作步骤	图示操作步骤
8	在"wuliaokuai2()"样例程序后继续添加子程序，即单击"添加指令"，再单击"ProcCall"指令，选中"chengpin2()"子程序，单击"确定"，如右图所示	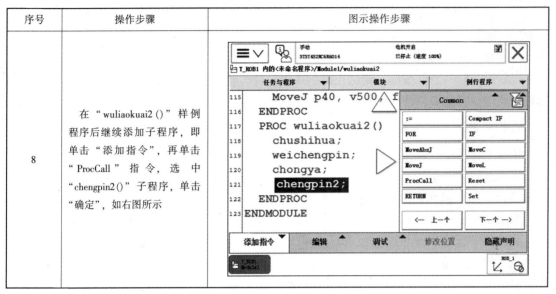

至此模拟冲压流水线生产2块物料块的示教编程就完成了，进入程序调试环节。

2. 程序调试

在图7-21所示的界面中，单击"调试"弹出图中右侧两列图标，单击"PP移至例行程序…"后，弹出例行程序选择界面，此处选默认"wuliaokuai2"例行程序，单击"确定"按钮。

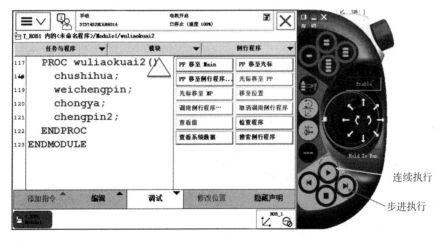

图7-21　程序调试操作界面

按下示教器使能器，再按下单步运行按钮，机器人会依次执行每一行例行程序语句。每操作一步对照冲压流水线预定轨迹是否相符，若出现移动不正确时需要手动操纵机器人移动至准确位置，单击"修改位置"保存正确的位置信息，直至全部语句正确。

上述检查正确后，进入流水线自动运行，操作步骤如下：

（1）在操作面板上将模式旋转到"流水线"，再启动"流水线运行"模式。

（2）从示教器界面中单击"调试"，再单击"PP移至例行程序…"。

（3）按下示教器的使能器，再配合按下操作面板右下角连续运行按钮，即进入流水线连续工作状态。

此时要眼看、脑想、手时刻准备着，观察机器人执行指令时行走轨迹是否出现偏差，万一出现危险及时拍急停按键，调试正确后再次运行。若行走轨迹无偏差，信号连接流畅，就可以完整地执行完模拟冲压流水线的全过程程序，即轨迹示教编辑正确。

3. 模拟冲压流水线生产示教编程全自动化思路

依据上述思路，将第3、4、5、6块依次放入码盘位置编程，同样是先新建样例程序"wuliaokuai3（）""wuliaokuai4（）""wuliaokuai5（）""wuliaokuai6（）"。分别将码盘物料块放位置命名为p140、p150、p160、p170，根据第1块物料块中"chengpin（）"子程序，将p120点依次更换为p140、p150、p160、p170。

完成各子程序编写后，分段调试，单击"调试"，再单击"PP移至例行程序…"后，弹出例行程序选择界面，依次选择"wuliaokuai3（）""wuliaokuai4（）""wuliaokuai5（）""wuliaokuai6（）"例行程序，按单步执行完成各段调试，确保各段示教编程正确。

在主程序main中编写物料块1至物料块6子程序，再进行模拟冲压流水线调试，直至全自动化程序正确。

 思考与练习

（1）Testall–Case指令的含义是什么？执行中Case可以是多个事件，但很少时可用什么指令代替？

（2）初始化可以在程序段中加入复位指令实现，如示教器在程序段中输入Reset do9，它的含义是什么？

（3）在含有多种功能的示教编程项目中，允许有几个主程序？子程序可以有多少个？

（4）本节把多个物料块搬运或码垛时均可采用数组的方式来实现，搬动过程可参照6.4节来实现，码垛利用数组应如何来实现呢？

附录一 ABB RobotStudio 6.08 软件使用

1. RobotStudio 介绍

RobotStudio 软件是 ABB 公司专门开发的工业机器人离线编程软件，作为世界工业机器人的领导者，RobotStudio 软件代表了最新的工业机器人离线编程的最高水平，为世界工业机器人的离线编程软件树立了新的标杆，RobotStudio 以其操作简单、界面友好和功能强大而得到广大机器人工程师的一致好评。

软件可通过网络的多种形式下载，如

http：//www. abb. com. cn/product/zh/9AAC111580. aspx？country = CN0

http：//www. . cn/downinfo/44482. html。

可以实现以下主要功能：

1）CAD 导入

在软件中可方便地以各种主流 CAD 格式导入数据，通过使用精确的3D 模型，机器人程序设计人员可以编写更为精确的机器人程序，从而提升产品质量。

2）自动路径生成

自动生成路径是 ABB RobotStudio 最节省时间的功能之一。通过使用待加工部件的 CAD 模型，可在数分钟内自动生成跟踪加工曲线所需的机器人位置（路径）。

3）程序编辑器

程序编辑器（ProgramMaker）可生成机器人程序，使用户能够在 Windows 环境中离线开发或维护机器人程序，可显著节省编程时间、改进程序结构。

4）路径优化

仿真监视器是一种用于机器人运动优化的可视工具，使用户能够在 Windows 环境中离线开发或维护机器人程序。

5）碰撞检测

可以对工业机器人在运动过程中是否可能与周边设备发生碰撞进行验证与确认，可避免设备碰撞造成严重损失。

6）在线作业

软件与真实机器人进行连接通信，可便捷进行监控、程序修改、参数设定、文件传送等。软件使用图形化编程、编辑、调试机器人系统来操作机器人，并模拟优化现有的机器人程序。它不仅可供学习机器人性能和应用的相关知识，还可用于远程维护和故障排除。

2. RobotStudio 软件安装与获取

RobotStudio 用于机器人单元的建模和离线仿真。允许使用离线控制器，即在 PC 上本地运行的虚拟 IRC5 控制器，这种离线控制器也被称为虚拟控制器（VC）。RobotStudio 还允许使用真实的 IRC5 控制器（简称为"真实控制器"）。当 RobotStudio 随真实控制器一起使用时，称它处于在线模式。当在未连接到真实控制器或在连接到虚拟控制器的情况下使用时 RobotStudio 处于离线模式。

1）RobotStudio 软件安装

RobotStudio6.03 必须安装在 Windows 7 或之后的 Windows 版本中，安装方法与其他 Windows 应用软件安装方法类似，提供以下安装选项：

（1）完整安装。

（2）自定义安装，允许用户自定义安装路径并选择安装内容。

（3）最小化安装，仅允许以在线模式运行 RobotStudio。

2）RobotStudio 软件安装步骤

（1）解压 RobotStudio 6.08. zip 文件。

（2）运行"setup. exe"。

（3）选择语言类型，单击"确定"。

（4）在弹出的对话框中单击"下一步"。

详细的安装过程如附表 1 所示。

附表 1　RobotStudio 6.08. 软件安装过程

步骤	说明	图示
1	将压缩包解压至当前文件夹	
2	将解压后文件找到右图所示图标"setup"，双击即安装应用程序	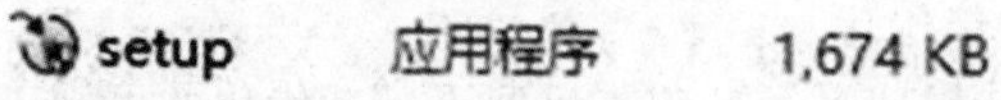
3	安装过程中会弹出"从以下选项中选择安装语言"界面，选择"中文（简体）"再确定	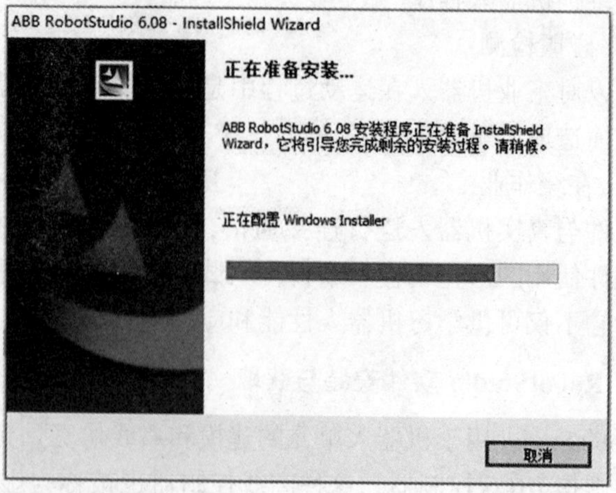

308

续表

步骤	说明	图示
4	安装路径可结合自己需要选择不同的路径	ABB RobotStudio 6.08 InstallShield Wizard　✕　**目的地文件夹**　单击"下一步"安装到此文件夹，或单击"更改"安装到不同的文件夹。　ABB　将 ABB RobotStudio 6.08 安装到：C:\Program Files (x86)\ABB Industrial IT\Robotics IT\RobotStudio 6.08\　更改(C)...　InstallShield　< 上一步(B)　下一步(N) >　取消
5	安装类型分别有最小安装、完整安装、自定义，此处选择"完整安装"	请选择一个安装类型。　○最小安装　只安装RobotStudio Online所需的组件。　⊙完整安装(O)　将安装所有的程序功能。（需要的磁盘空间最大）。
6	安装进行中	ABB RobotStudio 6.08 InstallShield Wizard　—　□　✕　**正在安装 ABB RobotStudio 6.08**　正在安装您选择的程序功能。　InstallShield Wizard 正在安装 ABB RobotStudio 6.08，请稍候。这需要几分钟的时间。　状态：　InstallShield　< 上一步(B)　下一步(N) >　取消
7	安装结束后，单击"完成"按钮	< 上一步(B)　**完成(F)**　取消

3. RobotStudio 软件界面介绍

打开 RobotStudio6.08 软件应用程序，系统默认进入"文件"选项卡下新建工作站界面，如附图 1 所示。首次运行软件时，要求激活购买许可，可根据实际情况选择激活 RobotStudio6.08。如果暂时还没有许可，可直接单击"取消"。用户仍有 30 天的全功能试用期，当 ABB RobotStudio 试用期结束后部分功能被禁用。提醒网络下载版本可搜索相关修改参数延长使用期限，详细操作步骤查阅资料。

单击"创建"后进入操作界面，选择"基本"选项卡，包括 ABB 模型库、导入模型库、机器人系统、导入几何体、框架等所需要的控件，如附图 2 所示。

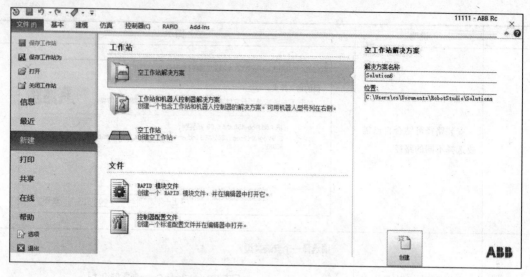

附图 1　RobotStudio6.08 软件界面

附图 2　"基本"选项卡

选择"建模"选项卡，包括组件组、空部件、smart 组件、导入几何体、框架、标记、固体、表面等所需要的控件，如附图 3 所示。

附图 3　"建模"选项卡

选择"仿真"选项卡，包括创建碰撞监控、仿真设定、工作站逻辑、播放、信号分析器等所需要的控件，如附图 4 所示。

附图 4　"仿真"选项卡

选择"控制器"选项卡，包括添加控制器、重启、备份、输入/输出、示教器等所需要的控件，如附图 5 所示。

选择"RAPID"选项卡，包括同步、比较、所选任务、程序检查、程序指针等所需要的控件，如附图 6 所示。

附图 5　"控制器"选项卡

附图 6　"RAPID"选项卡

4. 建立仿真工作站操作步骤

进入 RobotStudio6.08 软件后,单击"文件"→"新建"→"空工作站"→"创建",创建一个新的工作站。其操作步骤如附表 2 所示。

仿真软件基本操作

附表 2　建立仿真工作站详细操作步骤

步骤	说明	图示
1	进入界面后单击"文件"→"新建"→"空工作站"→"创建"	
2	单击"ABB 模型库"图标,在下拉图形中选中"IRB1410"	

续表

步骤	说明	图示
3	单击"导入模型库"下拉"设备",再下拉"工具""Training Objects"等,此处选"Mytool"。此时左侧"布局"下拉"机械装置"出现"Mytool",选中此图标并按住鼠标左键往上方机器人图标拖,当"IRB1410-5-144-01-2"呈现边框即松右键,弹出右图所示,单击"是(Y)",完成安装	
4	单击"机器人系统"图标,单击"从布局..."	
5	弹出界面中选择"下一个",再单击"下一个"	
5	弹出界面中单击"选项..."	

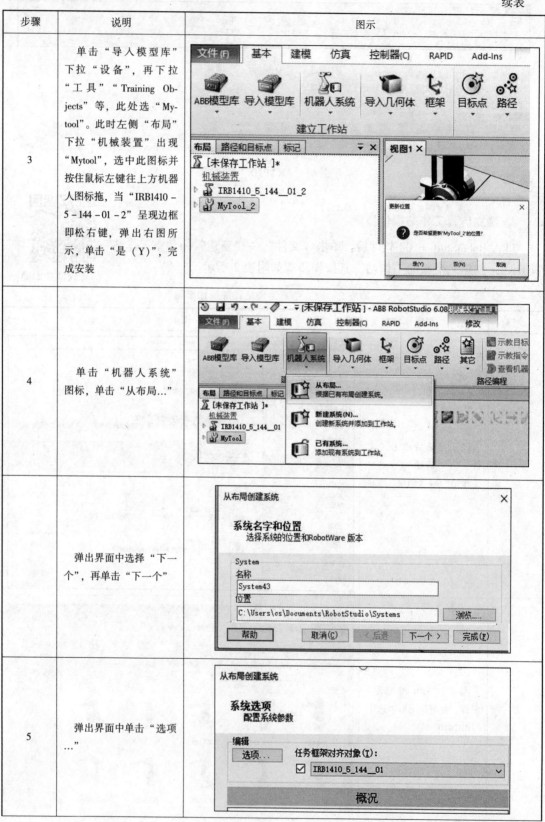

续表

步骤	说明	图示
6	弹出"类别"界面中选择"Default Language",再勾选"Chinese"	**更改选项** 过滤器 **类别** / **选项** System Options / ☑ English **Default Language** / ☐ French Industrial Networks / ☐ German Anybus Adapters / ☐ Spanish Motion Performance / ☐ Italian ☐ Chinese
7	弹出"类别"界面中选择"Industrial Networks",再勾选"709-1…"	**更改选项** 过滤器 **类别** / **选项** System Options / ☑ 709-1 DeviceNet Master/Slave Default Language / ☐ 841-1 EtherNet/IP Scanner/Adapter **Industrial Networks** / ☐ 969-1 PROFIBUS Controller Anybus Adapters / ☐ 888-2 PROFINET Controller/Device Motion Performance / ☐ 888-3 PROFINET Device ☐ 963-1 PROFIenergy ☐ 997-1 PROFIsafe F-Device
8	弹出"类别"界面中选择"Anybus Adapters",再勾选"840-4…"	**更改选项** 过滤器 **类别** / **选项** System Options / ☐ 840-1 EtherNet/IP Anybus Adapter Default Language / ☐ 840-2 PROFIBUS Anybus Device Industrial Networks / ☐ 840-3 PROFINET Anybus Device **Anybus Adapters** / ☐ 840-4 DeviceNet Anybus Slave
9	单击"确定"按钮,弹出界面单击"完成",至此完成创建仿真工作站并导入机器人系统	

软件使用过程中可灵活使用鼠标与键盘功能键实现工作站的旋转、平移、缩放。分别是:

按住 < Ctrl > + < Shift > + 鼠标左键的同时,拖动鼠标对工作站进行旋转。

按住 < Ctrl > + 鼠标左键的同时,拖动鼠标左键对工作站进行平移。

按住 < Ctrl > + 鼠标右键的同时,将鼠标拖至左侧(右侧)可以缩小(和大)工作站。

此功能也可直接滑动鼠标滚轮实现缩小、放大工作站。

5. 仿真工作站建模操作步骤

使用软件进行仿真操作时，对周边的模型要求不需要很精确，可在 RobotStudio6.08 软件建模使用。本次以在桌面摆放圆锥为例，其操作步骤如附表 3 所示。

附表 3　圆锥建模操作步骤

步骤	说明	图示
1	先导入一张存放在 Robot-Studio 6.08\ABB Library 中的桌子。单击"导入几何体"下拉"浏览几何体"	
2	根据安装此软件时的路径，如 D：\ Program Files （x86）\ABB Industrial IT\Robotics IT\RobotStudio 6.08\ ABB Library\Training Objects\\ Table. sat，单击图示箭头可移动桌子摆放位置，如右图所示	
3	单击"建模"下拉"固体"，选"圆锥体"。此处可根据需要选择其他形状的模型	

314

步骤	说明	图示
4	在弹出的界面中设定建模圆锥体的半径、高度值。若未达到要求可直接修改尺寸	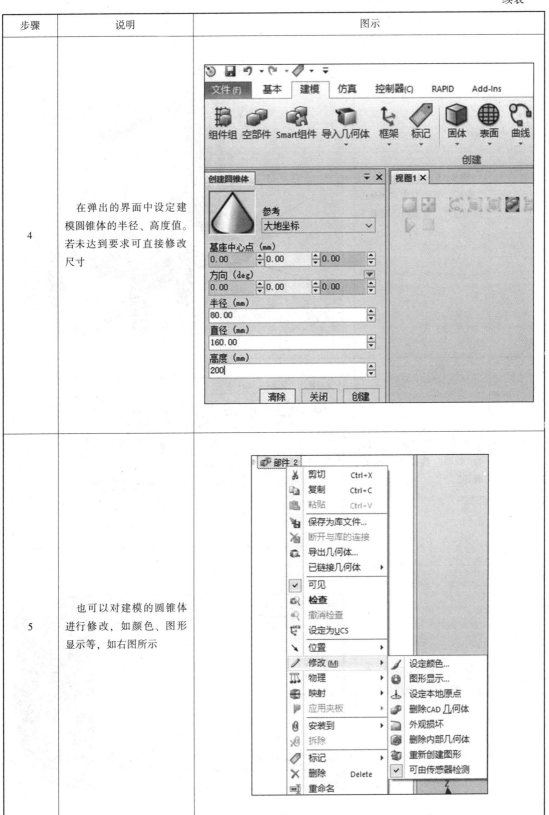
5	也可以对建模的圆锥体进行修改，如颜色、图形显示等，如右图所示	

续表

步骤	说明	图示
6	圆锥体的位置可通过"基本"选项卡中"◆→"移动位置，直至满足要求	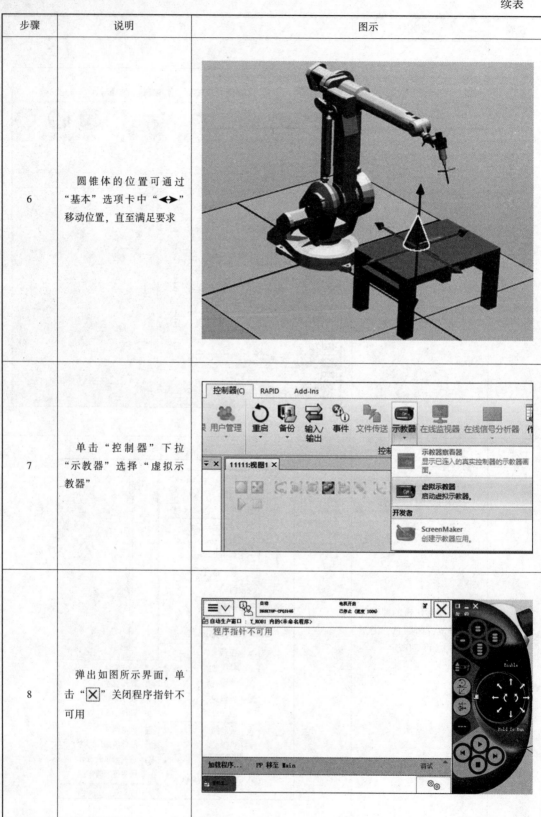
7	单击"控制器"下拉"示教器"选择"虚拟示教器"	
8	弹出如图所示界面，单击"☒"关闭程序指针不可用	

续表

步骤	说明	图示
9	单击操纵杆左侧白色小矩形，弹出带钥匙开关，单击中间显示黑点，即选择手动操作。再单击"Enable"呈绿色，此时可以操控虚拟示教器	
10	进入主菜单，选择"手动操纵"，再单击操纵杆的各方向，观察软件中导入的机器人运动方向及姿态	
	说明：虚拟示教器上可完成本教材对应操作内容，详细操作步骤结合各项目依次进行	

317

附录二　RAPID 程序指令与功能简述表

1. 程序执行的控制

序号	指令	说明
1	ProCall	调用例行程序
2	CallByVar	通过带变量的例行程序名称调用例行程序
3	Return	返回原例行程序

2. 例行程序内的逻辑控制

序号	指令	说明
1	Compact Jf	如果条件满足，就执行下一条指令
2	If	当满足不同的条件时，对应的程序
3	For	根据指定的次数，重复执行对应的程序
4	While	如果条件满足，重复执行对应的程序
5	Test	对一个变量进行判断，从不同的程序
6	Goto	跳转到例行程序内标签的位置
7	Lable	跳转标签

3. 停止程序执行

序号	指令	说明
1	Stop	停止程序执行
2	Exit	停止程序执行并禁止在停止处再开始
3	Break	临时停止程序的执行，用于手动调试
4	SystemStopAction	停止程序执行与机器人运动
5	ExitCycle	中止当前程序的运行并将程序指针 PP 复位到主程序的第一条指令，如果选择了程序连续运行模式，程序将从主程序的第一句重新执行

4. 赋值指令

序号	指令	说明
1	: =	对程序数据进行赋值
2	WaitTime	等待一个指定的时间，程序再往下执行
3	WaitUnit	等待一个条件满足后，程序继续往下执行
4	WaitDi	等待一个输入信号状态为设定值
5	WaitDo	等待一个输出信号状态为设定值

5. 程序注释指令

序号	指令	说明
1	Comment	对程序进行注释

6. 程序模块加载指令

序号	指令	说明
1	Load	从机器人硬盘加载一个程序模块到运行内存
2	Unload	从运行内存中卸载一个程序模块
3	StartLoad	在程序执行的过程中，加载一个程序模块至运行内存中
4	WaitLoad	当 SartLoad 使用后，使用此指令将程序模块连接到位任务中使用
5	CancelLoad	取消加载程序模块
6	ChechProgRef	检查程序模块
7	Save	保存程序模块
8	EraseModule	从运行内存删除程序模块

7. 变量功能指令

序号	指令	说明
1	TryInt	判断数据是否是有效的整数
2	OpMode	读取当前机器人的操作模式
3	RunMode	读取当前机器人程序的运行模式
4	NonMotionMode	读取程序任务当前是否是无运动的执行模式
5	Dim	获取一个数组的维数
6	Present	读取带参数例行程序的可选参数
7	IsPers	判断一个参数是否是可变量
8	IsVar	判断一个参数是否是变量

8. 转换功能指令

序号	指令	说明
1	StrToByte	将字符串转换为指定格式的字节数据
2	ByteToStr	将字节数据转换为字符串

9. 速度设定指令

序号	指令	说明
1	MaxRobSpeed	获取当前型号机器人可实现的最大 TCP 速度
2	VelSet	设定最大的速度与倍率
3	SpeedRefresh	更新当前运动的速度倍率
4	AccSet	定义机器人的加速度
5	WorldAccLin	设定大地坐标中工具与载荷的加速度
6	PathAccLim	设定运动路径中 TCP 的加速度

10. 轴配置管理指令

序号	指令	说明
1	ConfJ	关节运动的轴配置控制
2	ConfL	线性运动的轴配置控制

11. 奇异点的管理指令

序号	指令	说明
1	SingArea	设定机器人运动时，在奇异点的插补方式

12. 位置偏置指令

序号	指令	说明
1	PDispOn	激活位置偏置
2	PDispSet	激活指定数值的位置偏置
3	PDispOff	关闭位置偏置
4	EOffsOn	激活外轴偏置
5	EOffsSet	激活指定数值的外轴偏置
6	EOffsOff	关闭外轴位置偏置
7	DefDFrame	通过三个位置数据计算出位置的偏置
8	DefFrame	通过六个位置数据计算出位置的偏置
9	PRobT	从一个位置数据删除位置偏置
10	DefAccFrame	从原始位置和替换位置定义一个框架

13. 软伺服功能指令

序号	指令	说明
1	SoftAct	激活一个或多个轴的软伺服功能
2	SoftDeact	关闭软伺服功能
3	TuneServo	伺服调整
4	TuneReset	伺服调整复位
5	PathResol	几何路径精度调整
6	CirPathMode	在圆弧插补运动时，调整工具姿态的变换方式

14. 空间监控控制指令

序号	指令	说明
1	WZBoxDef	定义一个方形的监控空间
2	WZCylDef	定义一个圆柱形的监控空间
3	WZSphDef	定义一个球形的监控空间
4	WZHomeJointDef	定义一个关节轴坐标的监控空间
5	WZHomeJointDef	定义一个限定的不可进入的关节轴坐标监控空间
6	WZLimSup	激活一个监控空间并限定为不可进入
7	WZDOSet	激活一个监控空间并与一个输出信号关联
8	WZEnable	激活一个临时的监控空间
9	WZFree	关闭一个临时的监控空间
注：这些功能需要选项"World zones"配合		

15. 机器人运动控制指令

序号	指令	说明
1	MoveC	TCP 圆弧运动
2	MoveJ	关节运动
3	MoveL	TCP 线性运动
4	MoveAbsJ	轴绝对角度位置运动
5	MoveExtJ	外部直线轴和旋转轴运动
6	MoveCDo	TCP 圆弧运动的同时触发一个输出信号
7	MoveJDo	关节运动的同时触发一个输出信号
8	MoveLDo	TCP 线性运动的同时触发一个输出信号
9	MoveCSync	TCP 圆弧运动的同时执行一个例行程序
10	MoveJSync	关节运动的同时执行一个例行程序
11	MoveLSync	TCP 线性运动的同时执行一个例行程序

续表

序号	指令	说明
12	SearchC	TCP 圆弧搜索运动
13	SearchL	TCP 线性搜索运动
14	SearchExtJ	外轴搜索运动

16. 指定位置触发信号与中断功能指令

序号	指令	说明
1	TriggIo	定义触发条件在一个指定的位置触发输出信号
2	TriggInt	定义触发条件在一个指定的位置触发中断程序
3	TriggCheckIo	定义一个指定的位置进行 I/O 状态的检查
4	TriggEquip	定义触发条件在一个指定的位置触发输出信号，并对信号响应的延迟进行补偿设定
5	TriggRampAo	定义触发条件在一个指定的位置触发模拟输出信号，并对信号响应的延迟进行补偿设定
6	TriggC	带触发事件的圆弧运动
7	TriggJ	带触发事件的关节运动
8	TriggL	带触发事件的线性运动
9	TriggLios	在一个指定的位置触发输出信号的线性运动
10	StepBwdPath	在 RestArt 的事件程序中进行路径的返回
11	TriggStopProc	在系统中创建一个监控处理，用于在 Stop 和 QStop 中需要信号复位和程序数据复位的操作
12	TriggSpeed	定义模拟输出信号与实际 TCP 速度之间的配合

17. 出错或中断时的运动控制指令

序号	指令	说明
1	StopMove	停止机器人运动
2	StartaMove	重新启动机器人运动
3	StartMoveRetry	重新启动机器人运动及相关的参数设定
4	StopMoveReset	对停止运动状态复位，但不重新启动机器人运动
5	StorePath *	存储已生成的最近路径
6	RestoPath *	重新生成之前存储的路径
7	ClearPath	在当前的运动路径级别中，清空整个运动路径
8	PathLevel	获取当前路径级别
9	SyncMoveSuspend *	在 StorePath 的路径级别中暂停同步坐标的运动
10	SyncMoveResume	在 StorePath 的路径级别中返回同步坐标的运动

注：这些功能需要选项 "Path recovery" 配合

18. 外轴的控制指令

序号	指令	说明
1	DeactUnit	关闭一个外轴单元
2	ActUnit	激活一个外轴单元
3	MechUnitLoad	定义外轴单元的有效载荷
4	GetNesMechUnit	检索外轴单元在机器人系统中的名字
5	IsMechUnitActive	检查一个外轴单元状态是关闭还是激活

19. 独立轴控制指令

序号	指令	说明
1	IndAMove	将一个设定为独立轴模式并进行绝对位置方式运动
2	IndCMove	将一个轴设定为独立轴模式并进行连续方式运动
3	IndDMove	将一个轴设定为独立轴模式并进行角度方式运动
4	IndRMove	将一个轴设定为独立轴模式并进行相对位置方式运动
5	IndReset	取消独立轴模式
6	IndInpos	检查独立轴是否已达到指定位置
7	IndSpeed	检查独立轴是否已到达指定的速度

注：这些功能需要选项"Independent movement"配合

20. 路径修正功能指令

序号	指令	说明
1	CorrCon	连接一个路径修正生成器
2	CorrWrite	将路径坐标系统中的修正值写到修正生成器
3	CorrDiscon	断开一个已连接的路径修正生成器
4	CorrClear	取消所有已连接的路径修正生成器
5	CorrRead	读取所有已连接的路径修正生成器的总修正值

注：这些功能需要选项"Path offset or RobotWare–Arc sensor"配合

21. 路径记录功能指令

序号	指令	说明
1	PathRecStart	开始记录机器人的路径
2	PathRecStop	停止记录机器人的路径
3	PathRecMoveBwd	机器人根据记录的路径做后退动作
4	PathRecMoveFwd	机器人运动到执行 PathRecMoveBwd 这个指令的位置上

续表

序号	指令	说明
5	PathRec ValidBwd	检查是否已激活路径记录和是否可后退的路径
6	PathRecValiFwd	检查是否有可能向前的记录路径

注：这些功能需要选项"Path recovery"配合

22. 输送链跟踪功能指令

序号	指令	说明
1	WaitWobj	等待输送链上的工件坐标
2	DropWobj	放弃输送链上的工件坐标

注：这些功能需要选项"Conveyor tracking"配合

23. 传感器同步功能指令

序号	指令	说明
1	WaitSensor	将一个在开始窗口的对象与传感器设备关联起来
2	SyncToSensor	开始\停止机器人与传感器设备的运动同步
3	DropSensor	断开当前对象的连接

注：这些功能需要选项"Sensor synchronization"配合

24. 有效载荷与碰撞检测指令

序号	指令	说明
1	MotionSup *	激活\关闭运动监控
2	Loadld	工具或有效载荷的识别
3	ManLoadld	外轴有效载荷的识别

注：这些功能需要选项"Collision detection"配合

25. 关于位置的功能指令

序号	指令	说明
1	Offs	对机器人位置进行偏移
2	Retool	对工具的位置和姿态进行偏移
3	CalcRobT	从 jointtarget 计算出 robtarget
4	CPos	读取机器人当前的 X、Y、Z 坐标
5	CRobT	读取机器人当前的 robtarget
6	CJointT	读取机器人当前的关节轴角度

续表

序号	指令	说明
7	ReadMotor	读取轴电动机当前的角度
8	CTool	读取工具坐标当前的数据
9	CWobj	读取工件坐标的当前数据
10	MirPos	镜像一个位置
11	CalcJointT	从 robtarget 计算出 jointtarget
12	Distance	计算两个位置的距离
13	PFRestart	检查当路径因电源关闭而中断的时候
14	CSpeedOverride	读取当前使用的速度倍率

26. 对输入输出信号的值进行设定指令

序号	指令	说明
1	InvertDo	对一个数字输出信号的值取反
2	PulseDo	数字输出信号进行脉冲输出
3	Reset	将数字输出信号置0
4	Set	将数字输出信号置1
5	SetAo	设定模拟输出信号的值
6	SetDo	设定数字输出信号的值
7	SetGo	设定组输出信号的值

27. 读取输入输出信号值指令

序号	指令	说明
1	Aoutput	读取模拟输出信号的当前值
2	Doutput	读取数字输出信号的当前值
3	Goutput	读取组输出信号的当前值
4	TestDi	检查一个数字输入信号已置1
5	Validlo	检查 I/O 信号是否有效
6	WaitDi	等待一个数字输入信号的指定状态
7	WaitDo	等待一个数字输出信号的指定状态
8	WaitGi	等待一个组输入信号的指定值
9	WaitGo	等待一个组输出信号的指定值
10	WaitAi	等待一个模拟输入信号的指定值
11	WaitAo	等待一个模拟输出信号的指定值

28. I/O 模块的控制指令

序号	指令	说明
1	IoDisable	关闭一个 I/O 模块
2	IoEnable	开启一个 I/O 模块

29. 示教器上人机界面的功能指令

序号	指令	说明
1	TpErase	清屏
2	TpWrite	在示教器操作界面上写信息
3	ErrWite	在示教器事件日志中写报警信息并储存
4	TpReadFk	互动的功能键操作
5	TpReadNum	互动的数字键盘操作
6	TpShow	通过 RAPID 程序打开指定的窗口

30. 通过串口进行读写指令

序号	指令	说明
1	Open	打开串口
2	Write	对串口进行写文本操作
3	Close	关闭串口
4	WriteBin	写一个二进制数的操作
5	WriteAnyBin	写任意二进制数的操作
6	WriteStrBin	写字符的操作
7	Rewind	设定文件开始的位置
8	ClearIlBuff	清空输入串口的输入缓存
9	ReadAnyBin	从串口读取任意的二进制数
10	ReadNum	读取数字量
11	ReadStr	读取字符串
12	ReadBin	从二进制串口读取数据
13	ReadStrBin	从二进制串口读取字符串

31. Sockets 通信指令

序号	指令	说明
1	SocketCreate	创建新的 Socket
2	SocketConnect	连接远程计算机

序号	指令	说明
3	SocketSend	发送数据到远程计算机
4	SocketReceive	从远程计算机接收数据
5	SocketClose	关闭 Socket
6	SocketGetStatus	获取当前 Socket 状态

32. 中断设定指令

序号	指令	说明
1	Connect	连续一个中断符号到中断程序
2	IsignalDi	使用一个数字输入信号触发中断
3	IsignalDo	使用一个数字输出信号触发中断
4	IsignalGi	使用一个组输入信号触发中断
5	IsignalGo	使用一个组输出信号触发中断
6	IsignalAi	使用一个模拟输入信号触发中断
7	IsignalAo	使用一个模拟输出信号触发中断
8	Itimer	计时中断
9	TriggInt	在一个指定的位置触发中断
10	Ipers	使用一个可变量触发中断
11	Ierror	当一个错误发生时触发中断
12	Idelete	取消中断

33. 中断控制指令

序号	指令	说明
1	Isleep	关闭一个中断
2	Iwatch	激活一个中断
3	Idisable	关闭所有中断
4	Ienable	激活所有中断

34. 时间控制指令

序号	指令	说明
1	ClkReset	计时器复位
2	ClkStart	计时器开始计时
3	ClkStop	计时器停止计时
4	ClkRead	读取计时器数值

续表

序号	指令	说明
5	CDate	读取当前日期
6	CTime	读取当前时间
7	GetTime	读取当前时间为数字型数据

35. 简单运算指令

序号	指令	说明
1	Clear	清空数值
2	Add	加或减操作
3	Incr	加 1 操作
4	Decr	减 1 操作

36. 算数功能指令

序号	指令	说明
1	Abs	取绝对值
2	Round	四舍五入
3	Trunc	舍位操作
4	Sqrt	计算二次根
5	Exp	计算指数根 e^x
6	Pow	计算指数值
7	Acos	计算圆弧余弦值
8	Asin	计算圆弧正弦值
9	Atan	计算圆弧正切值 $[-90, 90]$
10	Atan2	计算圆弧正切值 $[-180, 180]$
11	Cos	计算余弦值
12	Sin	计算正弦值
13	Tan	计算正切值
14	EulerZYX	从姿态计算欧拉角
15	Orient ZYX	从欧拉角计算姿态

参 考 文 献

［1］许文稼. 工业机器人技术基础［M］. 北京：高等教育出版社，2017.

［2］魏丽君. 工业机器人技术［M］. 北京：高等教育出版社. 2017.

［3］张宏立. 工业机器人操作与编程.［M］. 北京：北京理工大学出版社. 2018.

［4］蒋正炎、郑秀丽. 工业机器人工作站安装与调试（ABB）.［M］. 北京：机械工业出版社. 2017.

［5］王亮亮. 全国工业机器人技术应用技能大赛备赛指导.［M］. 北京：机械工业出版社. 2018.

［6］邢美峰. 工业机器人电气控制与维修.［M］. 北京：电子工业出版社. 2016.

［7］甘宏波. 工业机器人技术基础.［M］. 北京：航空工业出版社. 2019.

［8］张宏立. 工业机器人典型应用.［M］. 北京：北京理工大学出版社. 2017.

［9］李春勤. 工业机器人现场编程（abb）.［M］. 北京：航空工业出版社. 2019.

［10］张春芝. 工业机器人操作与编程.［M］. 北京：高等教育出版社. 2018.

［11］吴大江. 工业机器人应用基础.［M］. 北京：北京航空航天大学出版社. 2017.